U0159373

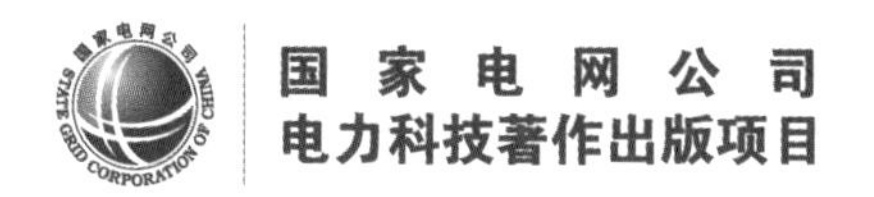


XINXING FANGXIAN SHIGONG JIJU JI JIAXIAN GONGYI YANJIU

# 新型放线施工机具及架线工艺研究

万建成　彭　飞　江　明　夏拥军
刘　晨　杨　磊　吴念朋　周亚傲
胡春华　马　勇　马一民　蔡松林
刘　开
著

中国电力出版社
CHINA ELECTRIC POWER PRESS

## 内 容 提 要


新型导线的应用需要研究与之配套的施工机具及架线工艺。作者团队基于 1660mm² 大截面碳纤维复合芯导线，研究适应于该导线的放线施工机具、张力架线工艺及新工艺、新机具的工程试验等内容，取得了多项创新性成果。

本书系统总结了这些研究成果，包括放线施工机具及架线工艺研究现状、导线施工工艺，以及张力机、放线滑车、卡线器和其他机具的设计和工程试验等内容。

本书可为线路工程施工技术人员以及机具制造技术人员提供参考，也可为新型导线配套施工技术研究提供新的思路和借鉴。



**图书在版编目（CIP）数据**

新型放线施工机具及架线工艺研究 / 万建成等著 .—北京：中国电力出版社，2022.8

ISBN 978-7-5198-6463-7

Ⅰ.①新…　Ⅱ.①万…　Ⅲ.①输配电线路－架线施工－施工机具－研究②输配电线路－架线施工－研究　Ⅳ.①TM752②TM726

中国版本图书馆 CIP 数据核字（2022）第 013118 号

---

出版发行：中国电力出版社

地　　址：北京市东城区北京站西街 19 号（邮政编码 100005）

网　　址：http://www.cepp.sgcc.com.cn

责任编辑：刘　薇

责任校对：王小鹏

装帧设计：赵丽媛

责任印制：石　雷

---

印　　刷：三河市万龙印装有限公司

版　　次：2022 年 8 月第一版

印　　次：2022 年 8 月北京第一次印刷

开　　本：787 毫米 ×1092 毫米　16 开本

印　　张：15.75

字　　数：351 千字

印　　数：0001—1000 册

定　　价：88.00 元

---

# 前 言

输电线路建设是电网建设的重要组成部分。施工是输变电工程全寿命周期的前端，优质施工是输变电工程安全稳定运行的基石，而施工机具是实现施工工艺的载体。

由于我国电网电压等级配置齐全，输电线路数量巨大、覆盖区域广、输送容量差异大，使得各类导线都有应用的可能性，对新型导线的需求很大。新型导线的应用需要研究与之配套的施工机具及架线工艺。JLZ2X1/F2A-1660/95-492 碳纤维复合芯半硬铝型导线（简称 1660mm$^2$ 导线）标称截面积达 1660mm$^2$，为中国首次研制，是当前研制的最大截面导线，是新型导线的代表。该导线首次将半硬铝❶应用于碳纤维复合芯导线（简称碳纤维芯导线）上，直径为 49.2mm，芯棒直径达 11mm。按照现有的施工及验收标准，需要大规模改造或研制新型放线施工机具，以满足新型导线的施工需求。现有碳纤维芯导线施工工艺均针对小截面❷碳纤维芯导线制定，是否适用于 1660mm$^2$ 导线还需开展进一步研究工作。国家电网公司于 2016 年底组织中国电力科学研究院有限公司（简称中国电科院）等单位正式启动了 1660mm$^2$ 导线放线施工机具及架线工艺研究工作，并于 2018 年 1 月全面完成。研究内容主要包括大截面❸碳纤维芯导线放线施工机具研究、张力架线工艺研究、新工艺与新研制机具的工程试验❹研究三个方面。

项目研究取得了多项创新性成果：成功研制了适用于 1660mm$^2$ 导线张力展放要求的施工机具，包括张力机、放线滑车、卡线器、接续管保护装置、网套连接器、牵引器和提线器；验证了现有架线工艺关键参数，包括放线张力、过滑车次数和过滑车包络角；提出了适用于非定长放线❺施工用的放线工艺、接续工艺和紧线工艺；进而总结了一套主要机具❻设计方法。项目研究依托昌吉—古泉±1100kV 特高压直流输电线路工程某区段开展了工程试验，试验表明：新工艺和新机具的适配性良好，满足 1660mm$^2$ 导线工程应用要求；部分机具（如张力机、放线滑车）也可用于大跨越导线放线施工。研究成果填补了大

---

❶ 半硬铝：一种硬度介于硬铝与软铝之间的铝材，抗拉强度约为 110MPa。

❷ 小截面：小截面导线是指导电材料标称截面积在 800mm$^2$ 以下的导线。

❸ 大截面：大截面导线是指导电材料标称截面积在 800mm$^2$ 及以上的导线。

❹ 工程试验：以实际工程为载体，为验证研究成果而开展的验证性试验。

❺ 非定长放线：与定长放线对应，直接根据导线盘上的导线长度进行导线展放，在施工过程中通过接续管将导线进行连接。

❻ 主要机具：配合完成相应型号导线展放的主要施工工器具总称，包括张力机、放线滑车、卡线器、接续管保护装置、装配式牵引器、导线提线器、网套连接器及抗弯旋转连接器等。

截面碳纤维芯导线施工技术及配套施工机具在国际上的空白，提升了我国电网线路工程施工装备水平，扩大了我国电网线路工程建设在国际上的影响力。

为系统总结该项目研究成果，作者编写了本书，旨在为线路工程施工技术人员以及机具制造技术人员提供参考，为今后新型导线配套施工技术研究提供新的思路和借鉴。全书共分七章，第一章简要介绍了放线施工机具及架线工艺研究现状；第二章介绍了导线施工工艺研究成果；第三至六章介绍了主要施工机具研究成果及设计方法；第七章介绍了工程试验过程及结论。

万建成担任本书主编，并参与了各章的编写工作。夏拥军、江明编写了第一章，周亚傲编写了第二章，彭飞、蔡松林编写了第三章，吴念朋、马勇、郝玉靖编写了第四章，刘晨、杨磊、刘开编写了第五、六章，马一民、秦剑编写了第七章。

在本书筹划过程中得到了郑怀清、郎福堂先生的大力帮助，同时，中国电科院等项目承担单位对项目研究以及本书的编写工作给予了大力支持，在此一并表示衷心感谢！

由于作者水平有限，不足之处敬请读者批评指正。

**作者**

2021 年 12 月

# 目录

# 第一章

# 放线施工机具及架线工艺研究现状

## 第一节 新型导线对施工机具与施工工艺的挑战

### 一、研发 1660mm² 导线的需求

特高压直流输电工程能够提高能源大范围配置的规模和效率，是我国西部能源外送的主要方式，已建、拟建工程众多。特高压直流输电线路具有输送容量大、送电距离远、输电损耗小、节省线路走廊等优点，使用大截面导线是特高压直流输电工程的特点之一。中国电科院等单位先后完成了 900、1000mm² 与 1250mm² 大截面导线的研制及工程应用技术的研究工作，掌握了导线、配套金具、施工机具及施工工艺等方面的一系列关键技术，并先后在宁东—山东±660kV 直流输电示范工程和锦屏—苏南、灵州—绍兴等±800kV 特高压直流输电工程中应用。

导线是特高压直流输电容量提升的技术瓶颈，截至 2016 年，特高压直流输电工程已大规模商业化应用的导线截面积达到 1250mm²。假设±800kV 直流工程输送容量为 10000MVA，额定电压为±800kV，则每极电流为 6250A，基准导线为 8×JL1/G2A-1250/100 钢芯铝绞线，则替代方案可采用 6×JLZ2X1/F2A-1660/95 碳纤维芯导线。以年费用指标分析两种方案的技术经济性，假设工程全寿命周期为 30 年，建设周期为 2 年，第一年投资费用为 60%，第二年投资费用为 40%，工程投资回报率为 8%，运行维护费为 1.4%，年费用指标如表 1-1 所示。

表 1-1 两种导线方案年费用指标 万元/km

| 年损耗小时（h） | 导线方案 | 上网电价（元/kWh） | | | |
|---|---|---|---|---|---|
| | | 0.2 | 0.3 | 0.4 | 0.5 |
| 4000 | 8×JL1/G2A-1250/100 | 80.6 | 91.68 | 102.77 | 113.85 |
| | 6×JLZ2X1/F2A-1660/95 | 79.59 | 90.19 | 100.78 | 111.38 |
| 5000 | 8×JL1/G2A-1250/100 | 85.86 | 99.57 | 113.29 | 127 |
| | 6×JLZ2X1/F2A-1660/95 | 84.69 | 97.84 | 110.98 | 124.13 |
| 6000 | 8×JL1/G2A-1250/100 | 91.12 | 107.46 | 123.81 | 140.15 |
| | 6×JLZ2X1/F2A-1660/95 | 89.77 | 105.46 | 121.14 | 136.83 |

从表 1-1 中数据可以看出，在年损耗小时数较大、上网电价较高的条件下，6×JLZ2X1/F2A-1660/95 导线的年费用优于 8×JL1/G2A-1250/100 钢芯铝绞线，在全寿命周

期内具有明显的技术经济优势。由于碳纤维复合材料芯棒的造价较高，采用镀锌钢芯的1660mm² 导线的经济优势可能更明显。

## 二、JLZ2X1/F2A-1660/95 导线技术特点

1660mm² 导线可以设计为镀锌钢芯的，也可以设计为其他加强芯的。2017 年，为推动新材料应用，首先考虑加强芯采用碳纤维复合材料芯棒，导体采用半硬铝。JLZ2X1/F2A-1660/95 为国内首次研制，直径为 49.2mm，采用 4 层绞制结构形式，如图 1-1 所示。导线铝单线为 LZ2X1 半硬态型铝，碳纤维复合材料芯棒（简称芯棒）为 F2A 型复合芯，直径为 11.0mm，具体技术参数如表 1-2～表 1-4 所示。

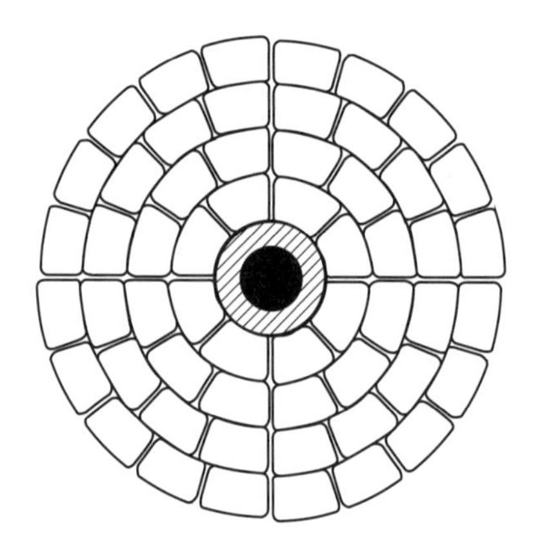

图 1-1 JLZ2X1/F2A-1660/95 导线结构形式

表 1-2 JLZ2X1/F2A-1660/95 导线技术参数

<table>
<tr><th colspan="3">项目</th><th>技术参数</th></tr>
<tr><td colspan="3">外观及表面质量</td><td>绞线表面无肉眼可见的缺陷，如明显的压痕、划痕等，无与良好产品不相称的任何缺陷</td></tr>
<tr><td colspan="3">铝线结构</td><td>4 层绞制</td></tr>
<tr><td rowspan="5">结构</td><td rowspan="4">铝型线<br>根数/等效直径<br>（根/mm）</td><td>外层</td><td>23/5.84（建议值）</td></tr>
<tr><td>邻外层</td><td>18/5.84（建议值）</td></tr>
<tr><td>邻内层</td><td>13/5.84（建议值）</td></tr>
<tr><td>内层</td><td>8/5.84（建议值）</td></tr>
<tr><td colspan="2">复合芯直径（mm）</td><td>11.0</td></tr>
<tr><td colspan="2" rowspan="3">计算截面积（mm²）</td><td>铝</td><td>1660.76</td></tr>
<tr><td>复合芯</td><td>95.03</td></tr>
<tr><td>合计</td><td>1755.79</td></tr>
<tr><td colspan="3">外径（mm）</td><td>49.2±0.5</td></tr>
<tr><td colspan="3">单位长度质量（kg/km）</td><td>4813.78±96.3</td></tr>
<tr><td colspan="3">20℃时单位长度直流电阻（Ω/km）</td><td>≤0.01725</td></tr>
<tr><td colspan="3">额定拉断力（RTS，kN）</td><td>≥401.63</td></tr>
<tr><td colspan="3">最高长期允许运行温度（℃）</td><td>120</td></tr>
</table>

续表

| 项目 | | | 技术参数 |
|---|---|---|---|
| 弹性模量（GPa） | | 迁移点温度以下 | 59.0 |
| | | 迁移点温度以上 | 120 |
| 线膨胀系数（1/℃） | | 迁移点温度以下 | $20.8\times10^{-6}$ |
| | | 迁移点温度以上 | $2.0\times10^{-6}$ |
| 节径比 | 铝 | 外层 | 10～12 |
| | | 邻外层 | 11～14 |
| | | 邻内层 | 12～15 |
| | | 内层 | 13～16 |
| 绞向 | | 外层 | 右向 |
| | | 其他层 | 相邻层绞向相反 |

**表 1-3　　LZ2X1 半硬态型铝股技术参数**

| 项目 | 技术参数 |
|---|---|
| 外观及表面质量 | 表面应光洁，并不得有与良好的商品不相称的任何缺陷 |
| 截面形状 | 梯形 |
| 等效直径 $d$（mm） | 5.84 |
| 等效直径公差（mm） | $\pm2\%d$ |
| 20℃时直流电阻率（nΩ·m） | ≤27.808 |
| 电导率（%*IACS*） | ≥62 |
| 抗拉强度（MPa） | ≥110 |
| 断裂伸长率（%） | ≥4.0 |

**表 1-4　　F2A 型芯棒技术参数**

| 项目 | 技术参数 |
|---|---|
| 外观及表面质量 | 纤维增强树脂基复合材料芯表面应圆整、光洁、平滑、色泽一致，不得有与良好的工业产品不相称的任何缺陷（如凹凸、竹节、银纹、裂纹、夹杂、树脂积瘤、孔洞、纤维裸露、划伤及磨损等） |
| 直径（mm） | $11.0^{+0.05}_{-0.05}$ |
| $f$ 值（mm） | 0.05 |
| 玻纤层厚度最小值（mm） | 0.55（建议值） |
| 抗拉强度（MPa） | ≥2400 |
| 最高长期允许运行温度（℃） | 120 |
| 弹性模量（GPa） | ≥120 |
| 线膨胀系数（1/℃） | $\leq2.0\times10^{-6}$ |
| 密度（$g/cm^3$） | ≤2.0 |
| 固化度（%） | ≥85 |
| 卷绕（50$d$，1 圈）（建议值） | 不开裂、不断裂 |
| 扭转（170$d$，360°） | 表层不开裂，抗拉强度不小于 2400MPa |
| 径向耐压（100mm，30kN） | 端部不开裂、不脱皮 |
| 玻璃化转变温度 $Tg$（DMA 法）（℃） | ≥150 |

续表

| 项目 | 技术参数 |
| --- | --- |
| 120℃、400h 高温抗拉强度试验（MPa） | ≥95%*RTS* |
| 1008h 紫外线老化性能试验 | 表面不发黏，无纤维裸露、裂纹和皲裂现象 |
| 240h 盐雾试验 | 表面不应出现腐蚀产物和缺陷 |

从 JLZ2X1/F2A-1660/95 导线技术参数可以看出，导线直径为 49.2mm（超过当前所有工程已应用的导线直径），所以刚度大；铝股为半硬铝型线，铝股抗拉强度较低；芯棒直径为 11mm，芯棒抗弯扭性能较差。这些特性将会给 JLZ2X1/F2A-1660/95 导线施工带来很大的困难。以施工机具设备能力来说，现有张力机最大放线卷筒直径为 1850mm，放线滑车最大槽底直径❶为 1000mm，按照碳纤维芯导线施工要求❷，可知现有张力机和放线滑车无法满足 1660mm² 导线施工需求。但同时也能发现，1660mm² 导线和 1250mm² 导线从结构形式来看，均为 4 层绞制结构，直径也比较接近（JL1/G2A-1250/100 型钢芯铝绞线直径为 47.85mm）。目前 1250mm² 导线已大规模应用，其配套施工机具及施工工艺的研究方法和经验对 1660mm² 导线施工机具及施工工艺研究具有一定的借鉴意义。

## 三、研发 1660mm² 导线施工机具及施工工艺的原因及意义

### （一）研发架线施工机具与施工工艺的原因

目前，我国大截面导线均采用张力放线施工工艺，即利用牵张设备架空展放导线，使导线带有一定的张力且离地面和跨越物有一定的安全距离。如果施工机具选择不当，或放线施工工艺不合理，可能在施工过程中出现事故，或为将来线路运行埋下隐患。

导线在展放过程中，若过滑轮包络角太大或导线与滑轮型号不匹配（槽底直径过小），可能导致导线散股，如图 1-2 所示。

图 1-2　导线散股

❶ 槽底直径：垂直于滑轮轴的平面且与滑轮槽相交的最小圆对应的直径。

❷ 按照 DL/T 5284—2019《碳纤维复合材料芯架空导线施工工艺导则》的规定，张力机的放线卷筒直径应大于碳纤维芯导线直径的 40 倍，展放软铝碳纤维芯导线时放线卷筒直径应不小于碳纤维芯导线直径的 50 倍。

在牵引场、张力场端锚固导线时，若卡线器选型不当，将导致芯棒与铝股受力不同步，外层铝股被拉长，出现不同程度的“灯笼股”现象，如图 1-3 所示。

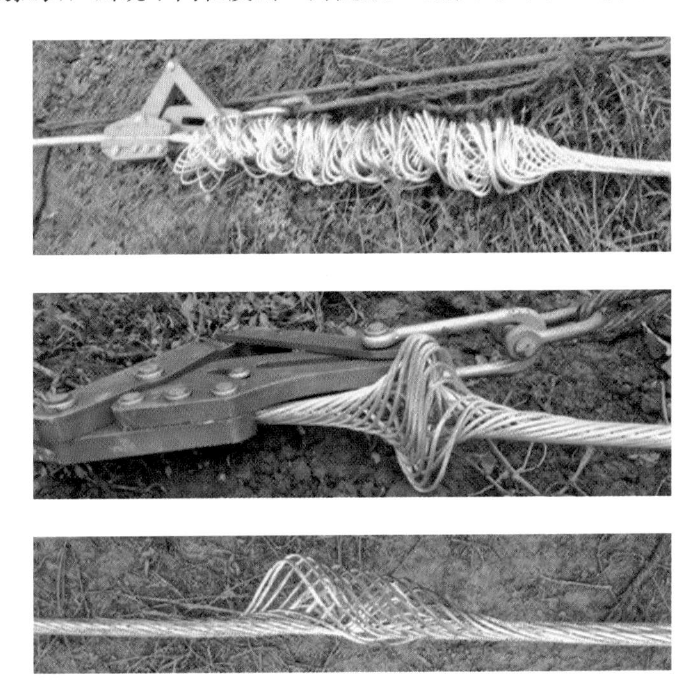

图 1-3　导线“灯笼股”现象

在紧线施工过程中，若临锚断线操作时未对卡线器尾部导线进行保护，将导致导线端部下落，在卡线器处形成锐角弯折，可能对铝股及芯棒造成损伤，严重时会发生导线芯棒断裂事故，如图 1-4 所示。

图 1-4　导线芯棒断裂

从上述问题产生的原因可以看出，施工机具和施工工艺直接决定着导线施工质量和施工安全，所以在进行新型导线施工技术研究时，应考虑施工机具和施工工艺两个方面，二者互相影响，需根据导线的结构特性和展放要求，开展施工机具适配性和施工工艺合理性研究。

（二）研发架线施工机具及施工工艺的意义

开展适用于1660mm² 导线的施工机具和施工工艺研究和应用，具有多方面的指导意义和实践价值。从推进技术发展方面来看，由于碳纤维芯导线较传统的钢芯铝绞线对施工条件耐受力差，为了提高放线施工质量和施工效率，对其施工机具和施工工艺提出了更高要求，因而决定了其研究的边界条件也更加严苛，这对提高施工机具的设计水平和施工工艺水平起到了推动作用。从提升施工质量方面来看，为确保碳纤维芯导线安全可靠运行，通过施工机具和施工工艺的改进，可以保证碳纤维芯导线施工过程中不出现断芯或芯棒与半硬铝绞线损伤的情况，从而提升施工质量，减少运行风险。从提高施工安全方面来看，采用专用施工机具和施工工艺，可以顺利完成碳纤维芯导线的放线施工，降低了施工风险，有效保障了劳动安全性。从推动行业进步方面来看，通过提高施工效率，降低工程成本，推动新产品应用步伐，有利于国内制造企业和施工企业与国际先进水平接轨。

从上述技术的扩展应用来看，适用于大截面碳纤维芯导线的施工机具也可以用于大跨越导线放线；适用于大截面碳纤维芯导线的施工工艺也可以被其他特殊导线采用；新型施工机具的设计技术也可用于其他场景，为更多新型导线应用铺平道路。

综上所述，研发成果将带来巨大的社会效益和经济效益，具有广阔的应用前景和市场推广价值。

## 第二节 施工工艺

### 一、国内外大截面导线施工工艺

日本是国际上较早在输电线路中采用大截面导线的国家，并开发了相应的施工机具和施工工艺。日本大截面导线截面积为810～1520mm²，810mm² 导线展放采用了装配式放线施工工艺（定长放线❶工艺之一），以“一牵1”放线施工工艺为主，用耐张线夹代替了牵引管。

中国在20世纪80年代逐步采用张力放线，在21世纪初逐渐使用大截面导线。中国与国外在大截面导线展放施工工艺上有所不同，采用不定长放线工艺，并以 $N$×“一牵2”（$N$ 根据导线分裂数确定）同步展放工艺为主，接续管完成压接后外加装接续管保护装置，可以直接通过滑车，大幅提高了导线展放施工效率。中国电科院已先后完成了900、1000mm² 与1250mm² 大截面导线施工工艺研究及工程应用。

### 二、国内外碳纤维芯导线施工工艺

20世纪90年代，日本东京制纲研制的碳纤维芯导线的芯棒采用多股绞合方式，柔韧性较

---

❶ 定长放线：依据耐张段的长度及牵张场的布置，确定导线的制造长度，在施工过程中不进行接续管连接。

好，对施工机具和施工工艺的要求较低。碳纤维芯导线的施工机具和施工工艺与钢芯铝绞线比较接近，但是由于其芯棒抗拉强度只比普通钢芯略高，导致该导线应用存在一定局限性，工程应用极少。日本东京制纲对该导线接续管和耐张线夹采用铝管一次压接工艺，这种金具结构及压接工艺难以用于 400mm$^2$ 及以上的导线。近几年，中国也有厂家开发了类似导线产品，芯棒抗拉强度达到约 2000MPa，接续管和耐张线夹采用芯棒、铝管二次压接工艺，已应用在个别工程中。

2002 年，美国复合技术公司（Composite Technology Corporation，CTC）开发了碳纤维复合芯梯形绞线，该复合芯为芯棒形式。美国 CTC 采用楔形套管连接芯棒，铝股采取压接方式，同时在施工工艺中规定了许多避免对芯棒产生锐角弯折的措施。

中国自主研发的碳纤维芯导线约在 2010 年开始商业化应用，至今已初具规模。2016 年以前碳纤维芯导线主要应用于增容改造工程，截面较小，导线展放使用定长放线工艺，施工难度大、效率低，不利于大截面碳纤维芯导线大规模应用。

中国电科院在 2016～2017 年度科研项目“710mm$^2$ 及以下碳纤维复合芯导线规模化应用施工关键技术研究”中开展了非定长放线工艺研究，研制了蛇节型接续管保护装置，解决了碳纤维芯导线接续管不能带张力通过放线滑车的难题。同时，对碳纤维芯导线直线接续管进行优化创新，简化碳纤维复合芯中间连接方式，不再压定位模❶。

### 三、1660mm$^2$ 导线施工工艺研究重点

2012 年，针对碳纤维芯导线施工，国内制定了 DL/T 5284—2012《碳纤维复合材料芯架空导线施工工艺导则》。DL/T 5284—2012 是针对小截面碳纤维芯导线施工制定的，是否适用 1660mm$^2$ 导线施工，还需开展进一步的研究工作。接续工艺、放线工艺和紧线工艺是影响碳纤维芯导线施工质量的关键工艺，故本书主要针对这三个工艺展开论述。

接续工艺：1660mm$^2$ 导线的接续金具为新研制金具，需根据接续金具结构尺寸，重点研究接续管和耐张线夹安装工艺步骤和安装控制参数。

放线工艺：开展导线放线张力、过滑车次数和过滑车包络角等施工关键工艺参数验证性试验，验证性试验包括试验室试验和工程验证试验。

紧线工艺：通过反证法❷研究方法，总结紧线施工出现的问题，开展应对措施研究。

## 第三节 施 工 机 具

### 一、国内外大截面导线张力放线用施工机具研究现状

国外在大截面导线张力放线用施工机具方面已开展了一些研究，并取得了一定的

---

❶ 定位模：接续管压接时，为避免铝管压接变形后左右不对称，先在铝管中部压一模，称为定位模。

❷ 反证法：间接论证的方法之一，也称逆证法，是指通过现场出现的问题来反推出现问题的原因并提出解决措施。

研究成果。我国 900、1000mm² 和 1250mm² 大截面导线已在多条特高压输电线路中广泛应用，也已经形成了一系列成熟的配套施工机具产品。

（一）张力机

根据张力产生和控制的原理，张力机可分为液压制动张力机、机械摩擦制动张力机、电流涡流制动张力机和空气压缩制动张力机。随着液压技术的发展，我国电力行业放线施工普遍使用液压制动张力机，液压制动具有张力稳定、张力大小调节方便、安全性高等优点。世界上不少国家都制造了系列化的液压制动张力放线机械设备。意大利 TESMEC 公司研制了 AFS804 型液压牵张一体机，其放线卷筒槽底直径为 2400mm，最大张力为 200kN，可展放导线最大直径为 60mm。德国 ZECK 公司研制了 WB2400/20 型液压牵张一体机，其放线卷筒槽底直径为 2400mm，最大张力为 200kN，可展放导线最大直径为 60mm。

针对 1250mm² 大截面导线展放施工，我国研制了 SA-ZY-2×80 型张力机，其放线卷筒槽底直径为 1850mm，最大张力为 160kN。SA-ZY-2×80 型张力机是国产的最大型号张力机，具备展放 1250mm² 或导线直径不超过 50mm 的钢芯铝绞线的能力，其主要参数如表 1-5所示。SA-ZY-2×80 型张力机已先后应用于灵州—绍兴、酒泉—湖南和晋北—南京等多个特高压直流输电工程，累计展放 1250mm² 大截面导线超过 10000km。

**表 1-5　　SA-ZY-2×80 型张力机主要参数**

| 项目 | 设计值 |
|---|---|
| 卷筒槽底直径（mm） | 1850 |
| 轮槽个数（个） | 2×6 |
| 槽宽（mm） | 65 |
| 槽深（mm） | 17 |
| 整机尺寸（mm×mm×mm） | 5500×2350×2900 |

（二）放线滑车

放线滑车按结构形式主要分为单轮放线滑车和多轮装配式放线滑车，按材料选型主要分为铝合金放线滑车、MC 尼龙放线滑车和钢放线滑车。目前我国主要使用 MC 尼龙单轮放线滑车，以浇注成形，制造成本低，质量轻，更适用于施工现场作业。在特殊情况下，如大跨越或大转角施工环境下，也使用钢放线滑车。

国外曾在 1220mm² 大截面导线的张力放线中应用过意大利 TESMEC 公司研制的全铝合金大底径放线滑车，该放线滑车槽底直径为 1200mm，其结构外观如图 1-5（a）所示。此外，挪威在大跨越工程上应用过 TESMEC 公司研制的槽底直径为 1500mm 的单轮铝合金放线滑车，其质量约为 140kg，结构外观如图 1-5（b）所示。

欧洲、日本、埃及、墨西哥、斯里兰卡、菲律宾及智利等地区或国家在较小截面导线施工中应用了装配式放线滑车，主要有日本装配式放线滑车和多轮装配式放线滑车两种结构形式，如图 1-6 所示，多轮装配式放线滑车存在摩擦阻力系数❶大的缺点，所以未在大

❶ 摩擦阻力系数，指滑轮进线侧与出线侧的线索张力之比，简称摩阻系数。

截面导线施工中应用。

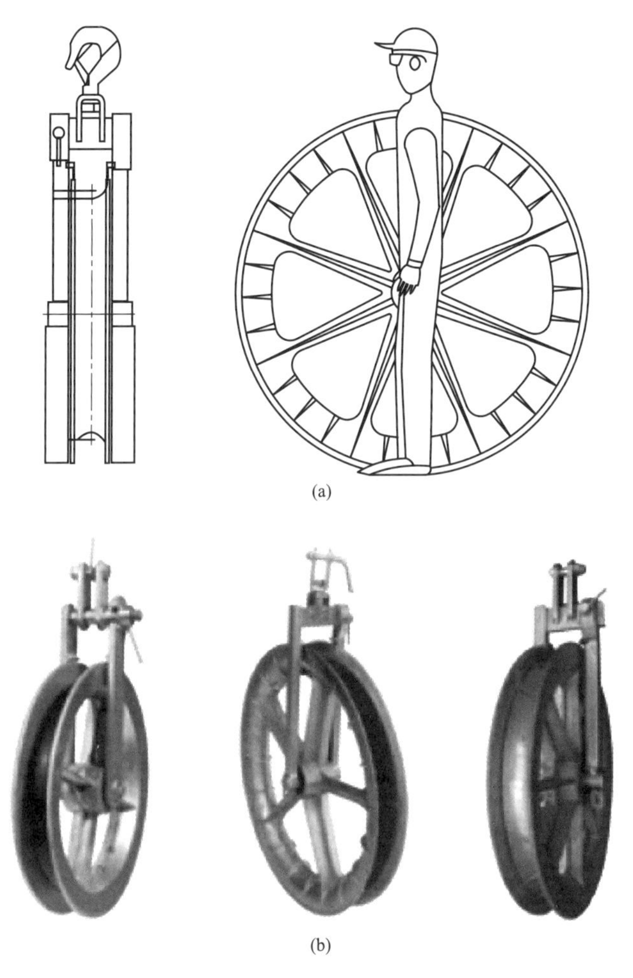

图 1-5　意大利 TESMEC 公司的全铝合金放线滑车

（a）槽底直径 1200mm；（b）槽底直径 1500mm

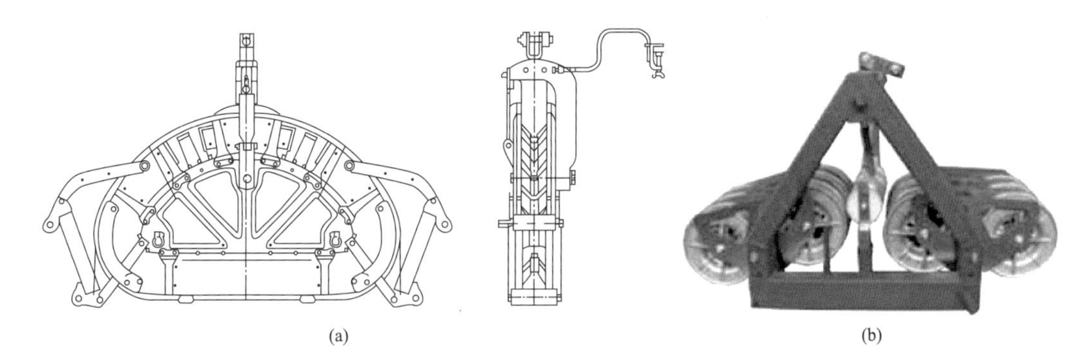

图 1-6　装配式放线滑车

（a）日本装配式放线滑车；（b）多轮装配式放线滑车

截至2016年底，我国广泛应用的最大放线滑车为SHD-3NJ-1000/120型放线滑车（主要参数见表1-6），用于展放1250mm$^2$大截面导线。该放线滑车存在质量偏大、运输不便等缺点。

表1-6　SHD-3NJ-1000/120型三轮放线滑车主要参数

| 项目 | 设计值 |
|---|---|
| 额定载荷（kN） | 120 |
| 槽底直径（mm） | 1000 |
| 滑轮直径（mm） | 1160 |
| 导线轮轮片宽度（mm） | 150 |
| 钢丝绳轮轮片宽度（mm） | 130 |
| 轮槽深度（mm） | 80 |

### （三）卡线器

卡线器按结构形式分为平行移动式卡线器、双片螺栓紧定式卡线器和楔形卡线器等。平行移动式卡线器使用简单方便，能够有效保护卡线器尾部导线，因而得到广泛应用。在大跨越导线施工时，多使用双片螺栓紧定式卡线器，也有少量使用楔形卡线器。

国外常用导线卡线器与我国平行移动式卡线器结构相似。德国ZECK公司制造的平行移动式卡线器如图1-7所示。该类卡线器主要零件由特殊钢材锻造制成，具有体积小、质量轻的特点，同时卡线器夹嘴衬片采用可更换设计，通过更换夹嘴内部衬片以适应不同直径的导线，大幅提高了该类卡线器的技术经济性。

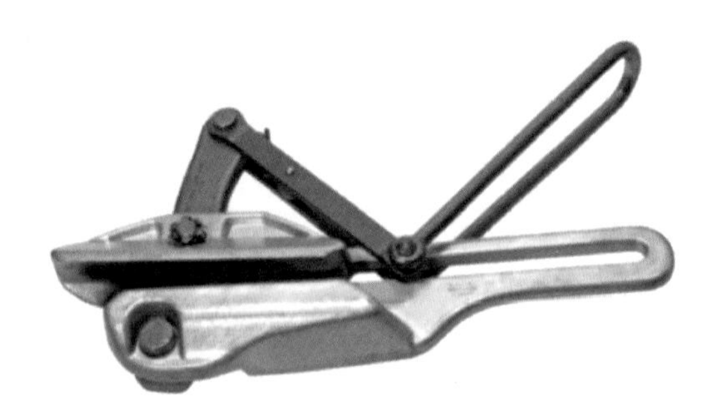

图1-7　ZECK公司的平行移动式卡线器

意大利TESMEC公司根据山区大跨越地形条件特点研发了一种楔形卡线器，如图1-8所示。该楔形卡线器具有强度高、额定载荷大的特点，在较大放线张力施工场合具有一定

图1-8　TESMEC公司的楔形卡线器

优势，主要用于大跨越施工紧线临锚。

我国导线卡线器的研究和应用随着新型导线的应用逐步发展。目前国内主要使用平行移动式卡线器，一般为高强铝合金材质。中国电科院组织施工机具厂家相继研发了适用于630、1250$mm^2$ 和 1520$mm^2$ 导线施工的卡线器，如 SKL-100 型卡线器主要用于 1250$mm^2$ 大截面导线施工，其技术参数如表 1-7 所示。在卡线器研发过程中发现，随着导线截面和放线张力逐渐增大，导线卡线器的外形尺寸和质量越来越大，过大的质量给现场施工造成一定的困难，需在满足导线临锚要求的前提下开展卡线器轻量化研究。

**表 1-7　　SKL-100 型卡线器主要技术参数**

| 适用导线 | JL1/G3A-1250/70-76/7 | JL1/G2A-1250/100-84/19 |
|---|---|---|
| 额定载荷（kN） | 90 | 100 |
| 夹嘴长度 $L$（mm） | $300 \leqslant L \leqslant 355$ | |
| 开口尺寸（mm） | ⩾51 | |
| 整体质量（kg） | ⩽23 | |
| 破坏载荷（kN） | ⩾300 | |

### （四）网套连接器

网套连接器具有连接简单、经济性好的特点，用于线路施工中导线端头连接。对于800$mm^2$ 及以下截面导线，单头网套连接器主要用于牵引板后连接导线，双头网套连接器主要用于张力场更换导线线盘。对于大截面导线，双头网套连接器过张力机时会受扭，为了避免双头网套连接器受扭破坏，导线更换线盘时采用 2 个单头网套连接器组合连接一个80kN 抗弯旋转连接器来代替双头网套连接器。在重要跨越的大截面导线施工时，导线牵引连接一般采用安全性相对较高的压接式牵引管。我国 1250$mm^2$ 大截面导线施工使用SLW-120 型单头网套连接器，其夹持长度不小于 1800mm。

### （五）接续管保护装置

导线接续管通过滑车时，需采用接续管保护装置避免接续管受弯。日本在 800$mm^2$ 及以上截面导线施工用的环形压接管保护器（如图 1-9 所示）与我国蛇节型接续管保护装置的结构基本类似。接续管保护装置按结构形式分类可分为常规型和蛇节型。我国在 1250$mm^2$ 大截面导线施工中使用蛇节型接续管保护装置，单边蛇节数为 3 节。当蛇节型接续管保护装置过滑车时，若过滑车包络角为 30°，则蛇形标准节组整体弯曲

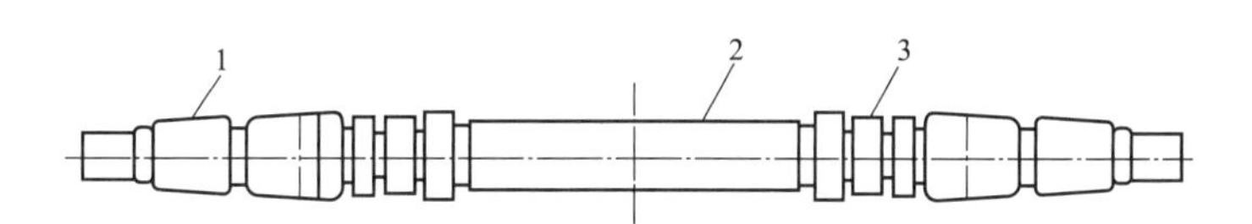


图 1-9　日本环形压接管保护器

1—橡胶套；2—本体；3—圆环

成最小弯曲半径为500mm的弧形，能在最大限度上降低接续管保护装置端部出线处导线应力集中的问题，从而有效保护导线。

## 二、国内外碳纤维芯导线用施工机具研究现状

在碳纤维芯导线用施工机具研究方面，中国电科院曾组织相关单位开展了“710mm² 及以下碳纤维芯导线规模化应用施工关键技术”课题研究，研制了710mm² 碳纤维芯导线配套用施工机具，编制了《碳纤维芯导线施工工艺导则及配套施工机具技术条件》，用于指导碳纤维芯导线现场施工，取得了良好的应用效果。

### （一）张力机

与常规钢芯铝绞线相比，碳纤维芯导线抗弯性能差，弯曲半径过小易对碳纤维复合芯造成损伤，须选用更大槽底直径的张力机进行放线施工。国内对JLRX1/F1A-710/55-325型碳纤维芯导线进行展放试验时，主张力机使用SA-ZY-4×60型张力机，其最大持续张力为240kN，主卷筒槽底直径$D$为1600mm，满足$D \geqslant 50d$（$d$为导线直径，约为30mm）的要求。

### （二）放线滑车

JLRX1/F1A-710/55-325碳纤维芯导线配套用放线滑车，轮片采用展放1250mm² 导线的SHD-3NJ-1000/120型放线滑车轮片，其槽底直径为1000mm，满足$D \geqslant 30d$的要求。该放线滑车已应用在田湾核电站二期500kV送出线路工程，试用结果表明该放线滑车性能满足使用要求。

### （三）卡线器

中国电科院研制了710mm² 碳纤维芯导线用SKLT-60型卡线器，并通过了工程应用，取得了良好的效果。SKLT-60型卡线器技术参数如表1-8所示。

**表1-8　SKLT-60型卡线器主要技术参数**

| 型号 | SKLT-60 |
|---|---|
| 适用导线 | JLRX1/F1A-710/70-328 |
| 额定载荷（kN） | 60 |
| 夹嘴长度（mm） | ≥320 |
| 开口尺寸（mm） | ≥38 |
| 整体质量（kg） | ≤12 |
| 破坏载荷（kN） | ≥180 |

### （四）其他机具

中国电科院还研发了710mm² 碳纤维芯导线用网套连接器、装配式牵引器、提线器及接续管保护装置，均通过了工程应用。其中，网套连接器额定载荷为60kN，夹持长度不小于1600mm；装配式牵引器额定载荷为60kN，总长度不小于1000mm；提线器单钩额定

载荷为 21kN；接续管保护装置保护长度为 980mm，额定载荷为 21kN。

在 400、500、550、710mm$^2$ 等多个规格碳纤维芯导线规模化应用工程中，配套的张力机、放线滑车、卡线器等施工机具已得到广泛应用。工程应用效果表明，我国自主研发的碳纤维芯导线施工机具完全满足工程需要，能够保障碳纤维芯导线施工安全与质量要求。

## 三、以往施工机具设计方法总结

总结大截面钢芯铝绞线配套放线施工机具的研发规律，可以得到以下结论：

（1）配套机具结构尺寸具有随着导线截面增大而增大的趋势。通常按照倍率比确定张力机主卷筒槽底直径和滑轮槽底直径的取值，如张力机放线主卷筒槽底直径 $D$ 不宜小于 $40d-100$mm；导线滑轮槽底直径不宜小于 $20d$。但倍率比取值均为经验取值，不同国家取值也不一样，以张力机主卷筒槽底直径倍率比来说，日本为 $30d$，美国、加拿大为 $35d$，意大利为 $40d$，取值并没有相应的理论支撑，也没有开展槽底直径对导线损伤的影响研究。

（2）主要以过往工程经验作为机具设计的依据。

（3）采用试错法，依据试验结果确定机具关键尺寸，并没有精确计算机具和导线受力状态，如卡线器夹嘴长度和网套连接器夹持长度的取值，均采用反复试验的方法确定取值，并没有在结构受力分析计算的基础上开展研究。

（4）较少应用新材料。目前新材料在施工机具上的研究和应用较少，如采用 40Cr、BG890QL、Q1100 等高强材料，能够大幅降低施工机具质量。

## 四、1660mm$^2$ 导线施工机具研究重点

张力放线用到的施工机具主要包括牵引机、张力机、放线滑车、卡线器、接续管保护装置、装配式牵引器、提线器、网套连接器和牵引板共 9 种，根据 1660mm$^2$ 导线与机具的使用场景和结构特点，设计重点各有不同。目前国内牵引机最大牵引力为 380kN，满足 1660mm$^2$ 导线放线要求，只需根据导线施工要求进行选型即可；张力机放线主卷筒和放线滑车滑轮直接与导线接触，张力机放线主卷筒槽底直径和放线滑车滑轮槽底直径直接影响导线受力，需考虑导线结构特性和技术参数，开展槽底直径取值研究；卡线器钳口直接接触导线，通过钳口作用在导线上的载荷直接决定导线应力，需开展钳口长度取值研究；接续管保护装置、装配式牵引器、提线器和网套连接器应根据受力特点进行计算设计；牵引板应根据导线放线方式（一牵 $n$）和放线张力确定其结构形式和额定载荷。

# 第二章

# 导线施工工艺

## 第一节 现有工艺概述

现有的施工工艺行业标准和企业标准针对小截面碳纤维芯导线制定，是否适用于1660mm$^2$导线，需开展进一步研究。接续工艺、放线工艺、紧线工艺是影响1660mm$^2$导线施工质量的关键工艺，故需对这三种工艺进行研究，保留适用的工艺，提出新的工艺或措施。

### （一）接续工艺

2016年以前碳纤维芯导线主要应用于增容改造工程，导线截面积较小，不超过710mm$^2$。1660mm$^2$导线的接续金具为新研制金具，其结构形式、尺寸规格与之前相比均有改变，需专门研究大截面碳纤维芯导线适用的接续工艺。

### （二）放线工艺

Q/GDW 388—2009《碳纤维复合芯铝绞线施工工艺及验收导则》规定碳纤维芯导线接续管不得通过放线滑车，应根据放线段和线盘长度合理选择布线方案，确定接续管的位置及分散压接方式。2016年以前在国内工程中应用的碳纤维芯导线截面积不超过710mm$^2$，全部采用定长放线方式进行导线展放，施工难度大、效率低，不利于大截面碳纤维芯导线大规模应用。中国电科院在“710mm$^2$及以下碳纤维复合芯导线规模化应用施工关键技术研究”中开展了非定长放线施工工艺研究，设计出蛇节型接续管保护装置，解决碳纤维芯导线不能通过放线滑车的难题，使碳纤维芯导线可以使用非定长放线方式进行张力放线。中国电科院根据此研究成果对Q/GDW 388—2009《碳纤维复合芯铝绞线施工工艺及验收导则》进行修订，形成Q/GDW 10388—2017《碳纤维复合芯架空导线施工工艺及验收导则》，规定“新建线路宜采用非定长放线和集中压接；有条件的区段可采用定长放线”。

1660mm$^2$导线与小截面碳纤维芯导线有较大不同，应针对1660mm$^2$导线张力放线允许通过的滑车个数、导线承受最大张力、导线在滑车上的最大包络角等关键工艺参数进行研究。

### （三）紧线工艺

Q/GDW 10388—2017《碳纤维复合芯架空导线施工工艺及验收导则》及DL/T 5284—

2012《碳纤维复合芯铝绞线施工工艺导则》都规定碳纤维芯导线紧线过程中在每个滑车上往返次数不宜超过5次。弧垂观测参照GB 50233—2014《110kV～750kV架空输电线路施工及验收规范》执行。在碳纤维芯导线放线过程中，曾出现过不同类型的导线损伤事故，工程人员不断从中吸取教训，也积累了大量施工经验。半硬铝首次提出并应用在1660mm$^2$导线上，没有工程应用案例可供参考，故可通过搜集碳纤维复合芯软铝导线的一些紧线施工案例进行分析，用于研究1660mm$^2$导线紧线施工工艺。

## 第二节　接　续　工　艺

接续工艺研究要考虑接续金具的结构形式和尺寸，要确保足够的导线握力和良好的导电性，不损伤导线。

### 一、导线接续常见问题分析

#### （一）压接顺序

碳纤维芯导线接续管若采用顺压工艺，则受压的铝线和铝管沿着接续管轴向往楔形组件方向变形移动，预偏量（前期工艺试验设定）合适且工人操作恰当，才能保证压接合格。如果预偏量不足，则楔形夹芯的一侧会被导线挤压，如图2-1所示，产生楔形夹解锁的风险，所以不推荐碳纤维芯导线接续管采用顺压工艺，推荐采用正压工艺。

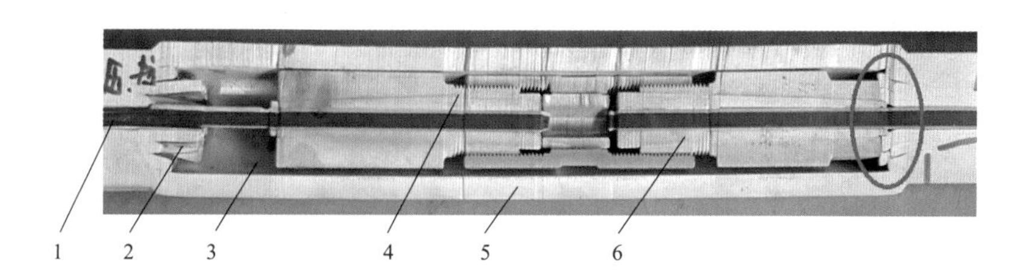


图2-1　顺压预偏量不足造成夹芯被严重挤压

1—芯棒；2—楔形夹座；3—连接器；4—楔形夹芯；5—铝管；6—铝绞线

#### （二）过压损伤

2016年11月10日，西南地区某220kV碳纤维芯导线工程双回塔北线N82下线大号侧导线紧线过程中，压接管管口处的导线发生断裂。2016年11月13日，北线N57中线大号侧导线紧线过程中，压接管管口处的导线发生断裂。2016年11月23日，北线N64左边线小号侧导线挂好线后第13天从压接管管口处断落。对上述3起事故涉及的耐张线夹的对边距进行测量，发现耐张线夹对边距的测量值均小于标准上限值，如表2-1所示，依据DL/T 5284—2012《碳纤维复合芯铝绞线施工工艺导则》可判为合格，但是此标准未规定耐张线夹的对边距标准下限值。

表 2-1　　　　耐张线夹压后对边距　　　　mm

| 塔号 | 标准上限值 | 测量值 | | | 判定 |
|---|---|---|---|---|---|
| N82 | 43.20 | 42.23 | 42.56 | 42.80 | 过压 |
| N57 | 43.20 | 42.61 | 42.71 | 43.02 | 过压 |
| N64 | 43.20 | 42.24 | 42.67 | 42.85 | 过压 |

进一步对工程中使用的 L50 压模进行分析，测量压模对边距，发现 L50 压模对边距均小于规定下限值（42.87mm），如表 2-2 所示，因而判定为因压模过小导致耐张线夹过压[铝压接管压接区（包含线夹两侧压接区）压接后对边距小于压模对边距标准下限值]。

表 2-2　　　　压　模　尺　寸　　　　mm

| 压模型号 | 规定下限值 | 对边距 1 | 对边距 2 | 评判 |
|---|---|---|---|---|
| L50 | 42.87 | 42.19 | 41.93 | 过压 |
| L50 | 42.87 | 41.56 | 41.71 | 过压 |
| L50 | 42.87 | 42.26 | 42.18 | 过压 |

利用 X 射线对耐张线夹进行内部质量检查，发现耐张线夹内部芯棒已经被压坏，如图 2-2所示。

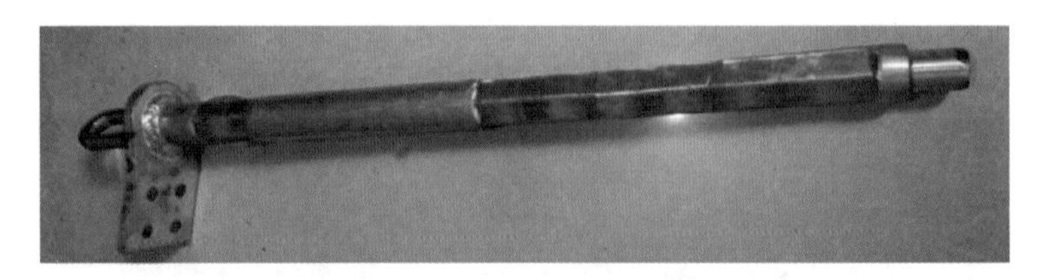

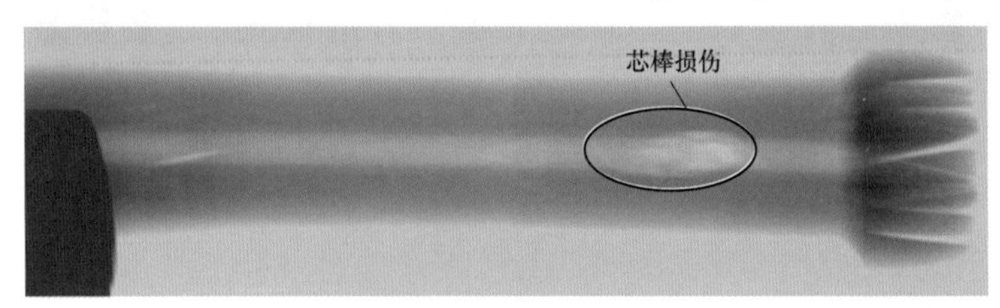


图 2-2　过压造成芯棒损伤

综上所述，标准未明确规定耐张线夹的对边距标准下限值是不合理的，应明确耐张线夹的对边距标准上限值和下限值，耐张线夹的对边距 $S=0.86D\pm0.2$mm，$D$ 为铝管直径。

（三）铝管欠压

2017 年 9 月，河南送变电工程有限公司开展了 1660mm² 导线压接试验，压接试件 A 压接后对边距尺寸如表 2-3 所示，对边距不合格。对试件 A 进行了拉断力测试，发现试件 A 耐张线夹出口拉脱，拉断力为 381.0kN，拉断力小于 95%$RTS$，不满足标准要求。

表 2-3　　　　　　　　　　试件 A 压接后对边距尺寸　　　　　　　　　　mm

| 参数 | 推荐值 | | 测试点 1 | | 测试点 2 | |
|---|---|---|---|---|---|---|
| | 最大 | 最小 | 最大 | 最小 | 最大 | 最小 |
| 导线侧 | 69.0 | 68.6 | 68.66 | 68.71 | 69.31 | 68.77 |
| 钢锚侧 | 69.0 | 68.6 | 68.73 | 68.77 | 68.88 | 68.76 |

试件 A 拉断形态和断裂部位见图 2-3。可以看出，被拔出的导线并未压实，铝单线成分散状态。

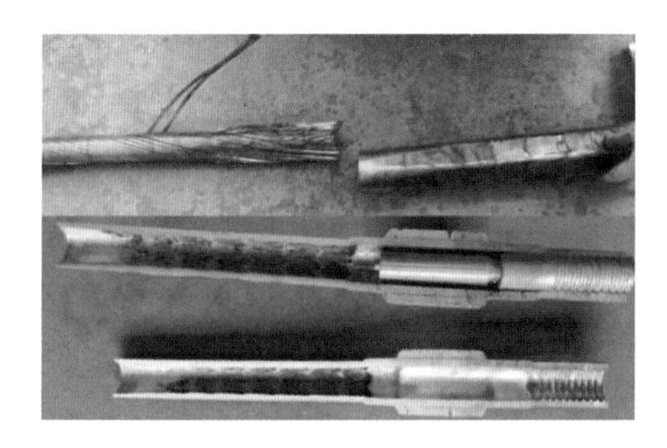

图 2-3　试件 A 拉断形态和断裂部位

分析试件 A 欠压的原因可能为压接安装操作不规范，未合模或压力不足，导致铝管欠压。

### （四）楔形夹具安装不合格

2017 年 9 月，对某厂家生产的 1660mm² 导线开展压接试验，并对压接后的试件进行拉断力测试，发现其中试件 C 试验数据不合格，见表 2-4。

表 2-4　　　　　　　　　　试件 C 试验数据

| 试件 C 拉断力（kN） | 评判数据（kN）（≥95%*RTS*） | 破坏部位 | 结果判定 |
|---|---|---|---|
| 380.0 | 381.6 | 接续管不压区断裂 | 不合格 |

通过表 2-4 可以看出，试件 C 的拉断力小于 95%*RTS*，即导线压接试件握力不合格。在拉断力试验过程中，铝管不压区在拉伸变形后断裂，楔形夹芯出口处芯棒断裂。试件 C 的拉断形态和断裂部位见图 2-4。

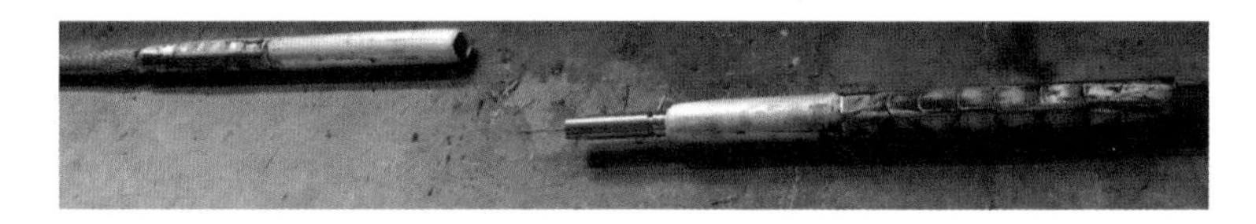

图 2-4　试件 C 拉断形态断裂部位

分析试件不合格的原因可能为工人对楔形连接件安装操作不熟练、不规范，或安装前芯棒表面的擦拭处理不规范，导致楔形夹对芯棒的预紧力不足。在拉断力试验过程中，芯棒滑移，铝管不压区受拉断力破断后，芯棒才开始受力，进而破断，导致整体握力不合格。

## 二、导线接续金具设计

### （一）接续工艺及设备选择

1. 芯棒接续工艺选择

（1）压接接续工艺。芯棒采用挤压压接工艺，挤压过程中容易使玻璃纤维产生拉伸微型裂纹，树脂固化过程中因搅拌时灰尘、水汽等杂物的侵入，固化层内易产生夹杂、气泡和孔洞等宏观缺陷。这些缺陷因复合材料徐变特性，缺陷随时可能扩大而至破裂。若对芯棒采用压接工艺，压接应力较大，容易造成芯棒损伤，故压接工艺和压缩型金具不能应用于芯棒接续。

（2）扣压接续工艺。棒形悬式复合绝缘子芯棒为玻璃纤维和树脂复合制造，机械强度的薄弱部位在芯棒与端部附件连接界面处，棒形悬式复合绝缘子芯棒与端部金具连接方式已由楔形连接变化为扣压连接。2000 年之后，国内复合绝缘子端部与金具连接方式只有扣压连接，经过多年工程应用，扣压连接方式安全可靠。借鉴扣压连接技术研究成果，开展 $1660mm^2$ 导线芯棒的扣压接续工艺研究，确定直径 11mm 的芯棒扣压压强为 13.5MPa，通过对芯棒配套扣压金具的试制及芯棒握力试验，得出以下结论：扣压金具对芯棒握力试验数据离散性较大，握力不稳定；相比于芯棒楔形连接的接续工艺，采用芯棒扣压接续工艺握力降低 11.5%，存在一定不足，因而不推荐采用扣压接续工艺。

（3）楔形接续工艺。碳纤维芯导线楔形接续工艺的关键在于接续金具和芯棒连接部分，接续金具由楔形夹芯和楔形夹座两部分组成，如图 2-5 所示。楔形接续工艺能够避免芯棒的玻璃纤维、碳纤维及树脂在压缩后产生各种数量不同且形状各异的微裂纹，带来芯棒损伤。楔形夹座和楔形夹芯的锥度配合精度、楔形夹芯与芯棒之间的摩擦系数是保证楔形线夹握力的关键。

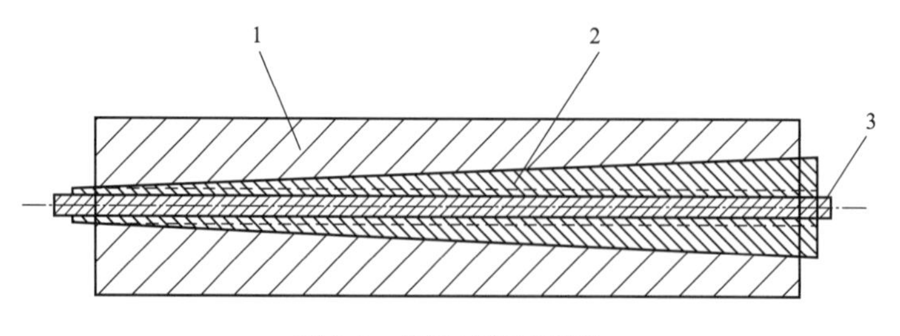


图 2-5 楔形结构示意图

1—楔形夹座；2—楔形夹芯；3—芯棒

楔形夹芯和芯棒整体沿轴向与楔形夹座相对移动，此时楔形夹座受到预紧力 $P$，因楔形夹芯上开有双向不贯通伸缩缝，楔形夹芯的孔径可在楔形夹座的约束下作径向压缩变形。随着 $P$ 增大，楔形夹芯表面的正压力 $N$ 也增大。当 $P$ 足够大时，碳纤维复合芯棒的正压力（即握力）使连接部位达到不可逆的自锁。其受力如图 2-6 所示。

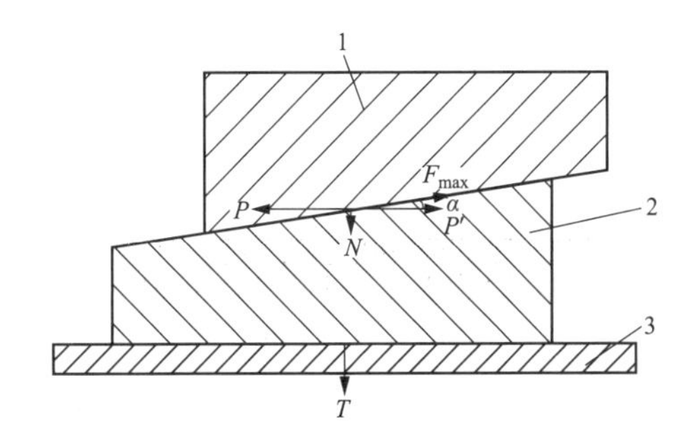


图 2-6　楔形接续金具受力图

1—楔形夹座；2—楔形夹芯；3—芯棒

$P$—预紧力；$P'$—楔形夹芯所受力的合力；$F_{max}$—最大静摩擦力；

$\alpha$—摩擦角（楔形锥度）；$T$—楔形夹芯对芯棒的握力

中国电科院对 1660mm² 导线专门设计了楔形接续金具，与 CTC 型直线楔形接续金具❶的芯棒连接件相比，1660mm² 导线的直线楔形接续金具芯棒连接件缩减为 2 个，通过螺纹将楔形夹座直接与中间连接器连接在一起，如图 2-7 所示。这种结构缩短了芯棒连接件的长度，进而使直线接续管的整体长度也缩短。综上所述，推荐使用芯棒楔形接续工艺。

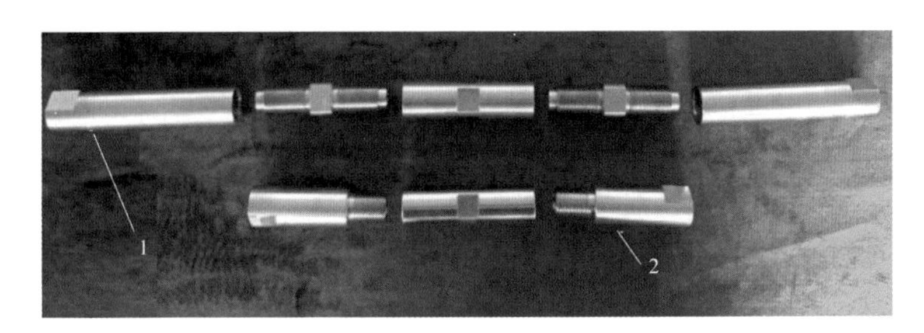


图 2-7　芯棒连接件

1—CTC 型直线楔形接续金具的芯棒连接件；

2—中国电科院设计的直线楔形接续金具的芯棒连接件

2. 引流板

（1）单引流板耐张线夹。单引流板耐张线夹的引流板与铝管中心轴垂直（即引流板端面与铝管中心线成 90°），下接引流线夹，俗称为锄头式耐张线夹。单引流板耐张线夹便于生产、简单易用，以往工程上用得多，但耐张线夹引流板根部易产生应力集中，因而发生断裂，不建议 1660mm² 导线采用单引流板耐张线夹。

（2）整体式双板接触耐张线夹。1660mm² 导线采用了整体式双板接触耐张线夹，耐张线夹的主体为铝管，引流板套焊在铝管中部，既提高了引流板强度又缩短了铝管的长度。

---

❶ CTC 型直线楔形接续金具：由美国 CTC 公司发明的一种用于碳纤维芯导线的套筒型接续管、耐张线夹装置。

引流板部分为双板结构，增大了引流板的强度，提高了引流板载流面积，避免了运行时引流板的发热现象。耐张线夹引流板与耐张铝管的轴平行，受力更加合理。双板接触耐张线夹引流板如图 2-8 所示。

图 2-8　双板接触耐张线夹引流板

3. 压接区内衬套管

为了保证压接管压接后对导线的握力，需控制导线与接续管铝管和耐张线夹铝管之间的安装间隙，710mm² 及以下截面积的碳纤维芯导线外径比配套的芯棒楔形金具外径小，在设计铝管内径时以芯棒楔形金具外径为基准，导致铝管安装后与导线之间的间隙太大，需在导线压接区安装内衬套管，而 1660mm² 导线外径为 49.2mm，比配套的芯棒楔形金具外径大，可直接根据导线外径设计铝管内径，不再需要在导线压接区安装内衬套管。

## （二）耐张线夹及接续管技术参数

中国电科院对 1660mm² 导线配套耐张线夹和接续管进行优化设计，最终确定 NY-JLZ2X1/F2A-1660/95 型耐张线夹和 JY-JLZ2X1/F2A-1660/95 型接续管的结构形式、材料、有效压接长度、压缩比等设计参数。

1. 夹芯及夹座结构尺寸

NY-JLZ2X1/F2A-1660/95 型耐张线夹楔形夹具包括夹芯和夹座，夹芯结构示意图如图 2-9 所示，主要尺寸如表 2-5 所示，夹座结构示意图如图 2-10 所示，主要尺寸如表 2-6 所示。

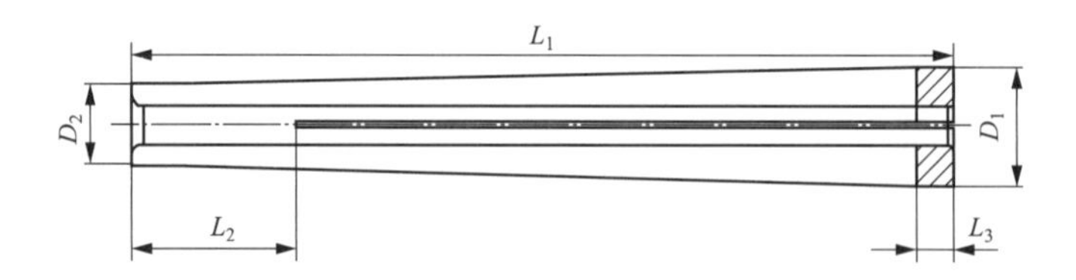


图 2-9　夹芯结构示意图

表 2-5　　夹芯主要尺寸

| 规格型号 | 适配导线 | 主要尺寸（mm） | | | | |
|---|---|---|---|---|---|---|
| | | $L_1$ | $L_2$ | $L_3$ | $D_1$ | $D_2$ |
| JX-1 | JLZ2X1/F2A-1660/95-492 | 218 | 16 | 6 | 25.3 | 14.7 |

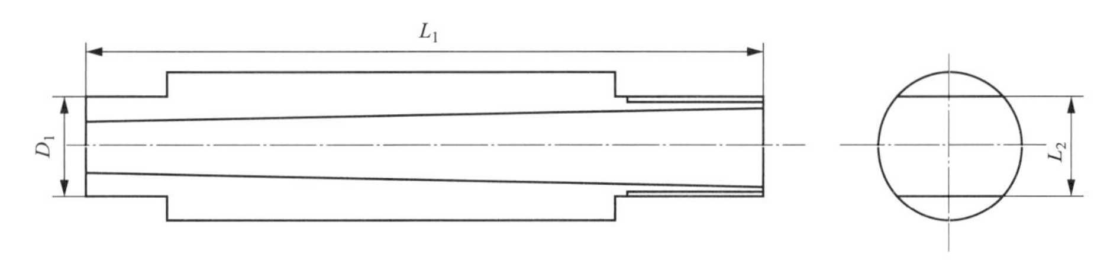


图 2-10　夹座结构示意图

**表 2-6**　　**夹座主要尺寸**

| 规格型号 | 适配导线 | 主要尺寸（mm） | | |
|---|---|---|---|---|
| | | $L_1$ | $L_2$ | $D_1$ |
| JZ-1 | JLZ2X1/F2A-1660/95-492 | 200 | 34 | 41 |

2. 耐张线夹

NY-JLZ2X1/F2A-1660/95 型耐张线夹的结构示意图和主要尺寸分别见图 2-11 和表 2-7。

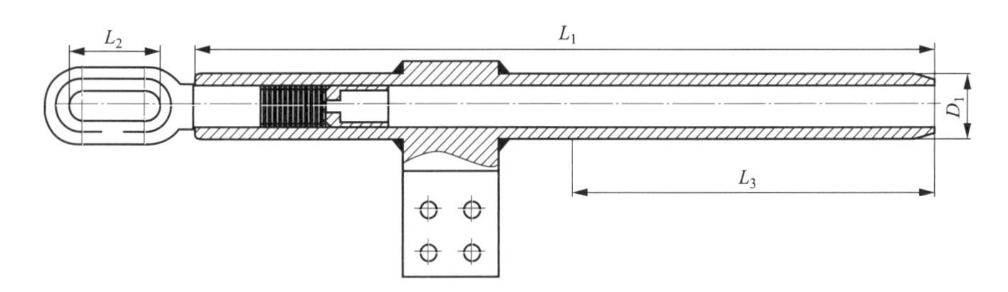


图 2-11　NY-JLZ2X1/F2A-1660/95 型耐张线夹结构示意图

**表 2-7**　　**NY-JLZ2X1/F2A-1660/95 型耐张线夹主要尺寸**

| 规格型号 | 适配导线 | 主要尺寸（mm） | | | |
|---|---|---|---|---|---|
| | | $L_1$ | $L_2$ | $L_3$ | $D_1$ |
| NY-JLZ2X1/F2A-1660/95 | JLZ2X1/F2A-1660/95-492 | 800 | 110 | 410 | 80 |

NY-JLZ2X1/F2A-1660/95 型耐张线夹 G-1 型钢锚的结构示意图和主要尺寸分别见图 2-12 和表 2-8。

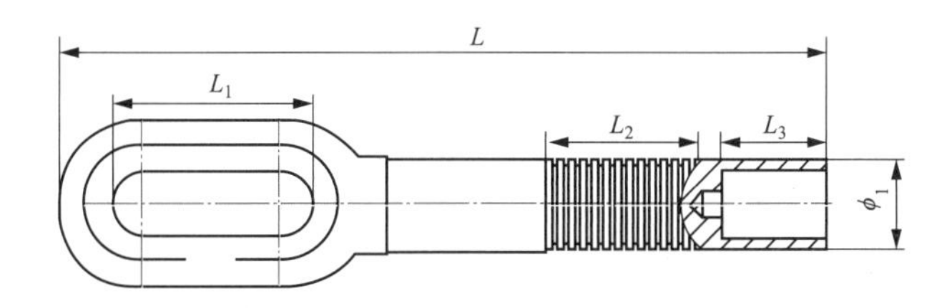


图 2-12　G-1 型钢锚结构示意图

**表 2-8**　　**G-1 型钢锚主要尺寸**

| 规格型号 | 适配导线 | 主要尺寸（mm） | | | | |
|---|---|---|---|---|---|---|
| | | $L$ | $L_1$ | $L_2$ | $L_3$ | $\phi_1$ |
| G-1 | JLZ2X1/F2A-1660/95-492 | 390 | 110 | 100 | 45 | 50 |

3. 接续管

JY-JLZ2X1/F2A-1660/95 型接续管的结构示意图和主要尺寸分别见图 2-13 和表 2-9。

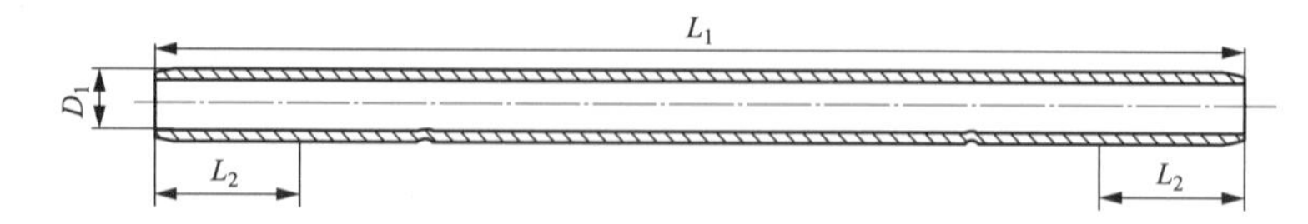


图 2-13　JY-JLZ2X1/F2A-1660/95 型接续管结构示意图

**表 2-9　　JY-JLZ2X1/F2A-1660/95 型接续管主要尺寸**

| 规格型号 | 适配导线 | 主要尺寸（mm） | | |
|---|---|---|---|---|
| | | $L_1$ | $L_2$ | $D_1$ |
| JY-JLZ2X1/F2A-1660/95 | JLZ2X1/F2A-1660/95-492 | 1380 | 410 | 80 |

JY-JLZ2X1/F2A-1660/95 型接续管 LJQ-1 型中间连接器的结构示意图和主要尺寸分别见图 2-14 和表 2-10。

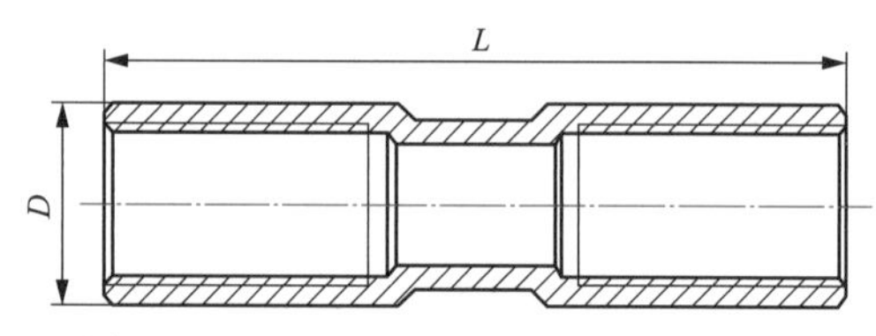


图 2-14　LJQ-1 型中间连接器结构示意图

**表 2-10　　LJQ-1 型中间连接器主要尺寸**

| 规格型号 | 适配导线 | 主要尺寸（mm） | |
|---|---|---|---|
| | | $L$ | $D$ |
| LJQ-1 | JLZ2X1/F2A-1660/95-492 | 125 | 41.5 |

### （三）接续金具试制与试验

1. 楔形夹具的试制及试验

耐张线夹钢锚材质按 GB/T 699—2015《优质碳素结构钢》的规定，选用牌号为 40Cr 的合金钢。钢锚采用整体锻造工艺加工，并进行热镀锌防腐。楔形夹座和楔形夹芯选用 304 不锈钢。试制的楔形夹具三件套如图 2-15 所示。

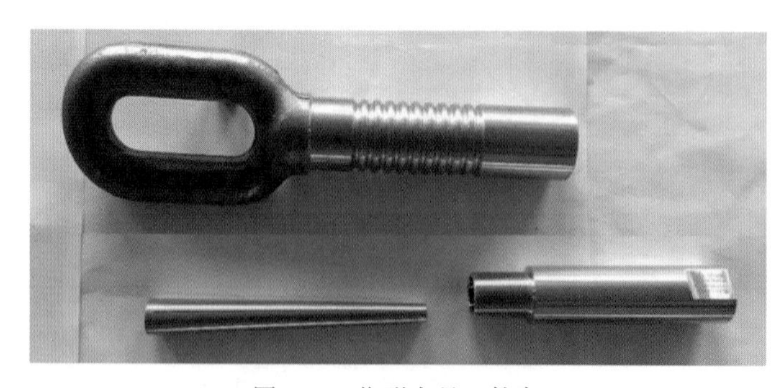

图 2-15　楔形夹具三件套

2017 年 4 月，中国电科院对试制楔形夹具进行了 $\phi$11mm 芯棒握力试验，$\phi$11mm 芯棒的额定拉断力为 228.07kN。楔形夹具握力试验数据见表 2-11。

**表 2-11　　楔形夹具握力试验数据**

| 试件编号 | 1 | 2 | 3 | 4 | 5 |
|---|---|---|---|---|---|
| 试验拉断力（kN） | 268.40 | 262.40 | 260.60 | 245.20 | 273.80 |
| 试验拉断力/额定拉断力 | 1.177 | 1.151 | 1.143 | 1.075 | 1.201 |

由表 2-11 可以看出，楔形夹具夹持芯棒的试验拉断力都大于额定拉断力，安全系数高，可以满足工程应用要求。

2. 耐张线夹与直线接续管的试制与试验

为进行 1660mm$^2$ 导线压接试验，研究大截面碳纤维芯导线接续工艺，中国电科院进行了 NY-JLZ2X1/F2A-1660/95 型耐张线夹和 JY-JLZ2X1/F2A-1660/95 型接续管试制，样品见图 2-16、图 2-17。

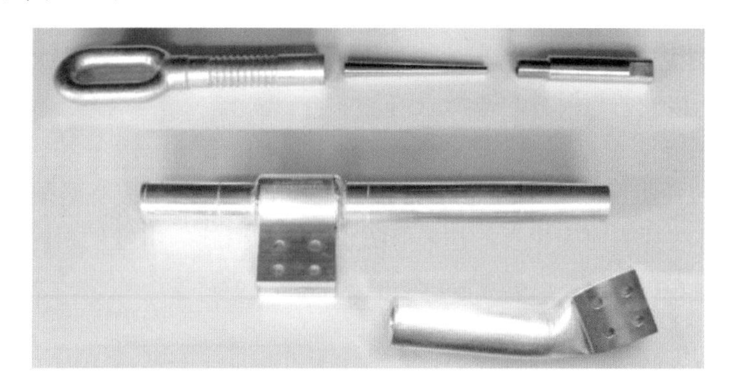

图 2-16　NY-JLZ2X1/F2A-1660/95 型耐张线夹

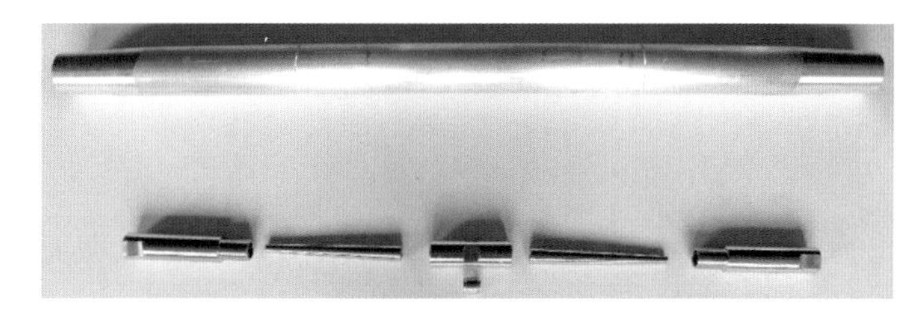

图 2-17　JY-JLZ2X1/F2A-1660/95 型接续管

按照 Q/GDW 10388—2017《碳纤维复合芯架空导线施工工艺及验收导则》的要求，碳纤维芯导线金具（耐张线夹、接续管）对绞线的握力应不小于绞线额定拉断力（*RTS*）的 95%。1660mm$^2$ 导线耐张线夹和接续管握力要求值见表 2-12。

**表 2-12　　1660mm$^2$ 导线耐张线夹和接续管握力要求值**

| 配套导线型号 | 导线 *RTS*（kN） | 95%*RTS*（kN） |
|---|---|---|
| JLZ2X1/F2A-1660/95-492 | 401.6 | 381.5 |

为了综合评估耐张线夹、接续管对 1660mm$^2$ 导线的适用性，选用了两个厂家试制的 1660mm$^2$ 导线进行握力试验，结果见表 2-13。

**表 2-13　　1660mm$^2$ 导线握力试验情况**

| 厂家 | 绞后铝股强度平均值（MPa） | 芯棒抗拉强度平均值（MPa） | 要求握力（kN） | 握力试验结果（kN） | | | 握力最小值/额定拉断力 *RTS*（%） |
|---|---|---|---|---|---|---|---|
| 厂家 A | 119 | 2807 | ≥381.5（95%*RTS*） | 401.6 | 400.1 | 401.5 | 99.6 |
| 厂家 B | 115 | 2761 | | 409.8 | 425.0 | 414.4 | 102.0 |

由试验数据可知，研制的 1660mm$^2$ 导线耐张线夹、接续管握力均达到标准要求，满足工程应用要求。

## 三、导线接续工艺

### （一）碳纤维芯导线接续准备及要求

在 1660mm$^2$ 导线配套耐张线夹、接续管研制及试验的基础上，中国电科院研究了 1660mm$^2$ 导线接续工艺，穿管、楔形连接件安装及铝管压接的方法，以及质量检查方法与判据，并确定了压接设备与模具的选择原则。

1. 导线检查准备

压接前导线的受压部分应顺直完好，距管口 15m 范围内不应有必须处理或不能修复的缺陷。导线端部在切割前应校直，并采取防止散股的措施。用量尺画好定位印记后应立即复查，确保准确无误。

2. 压接机具准备

在使用压接机之前应检查其完好程度，油压表必须处于有效检定期内。压接用的压模应与铝管配套，压接钳应与压模匹配，工作正常，压力指示准确，同时应检查压模的使用状况和压模的尺寸。

（1）压接机选择。根据 1660mm$^2$ 导线接续管、耐张线夹、引流线夹的外形尺寸，应选择 3000kN 压接机。

（2）压模。

1）对边距：考虑压接后尺寸不能超过 Q/GDW 1571—2014《大截面导线压接工艺导则》规定的最大允许值，确定对边距 $S$ 为 $68.8^{-0.1}_{-0.2}$mm。

2）压模压口长：经计算，压模压口长 $L_m$ 确定为 100mm。

3. 连接金具检查

接续管和耐张线夹安装前应按厂家图纸核查所有配套零件，避免错用、混用；尺寸及公差应满足图纸和相关标准要求；规格应符合设计要求，零件配套齐全；导线与金具的规格和间隙必须匹配，并符合产品技术文件要求。

金具表面应光洁，无裂纹、伤痕、砂眼、锈蚀、毛刺和凹凸不平等缺陷，锌层不应剥落。

（1）接续管。接续管主要包括铝管、楔形夹座、楔形夹芯、连接器、连接器内管等部件，见图 2-18。

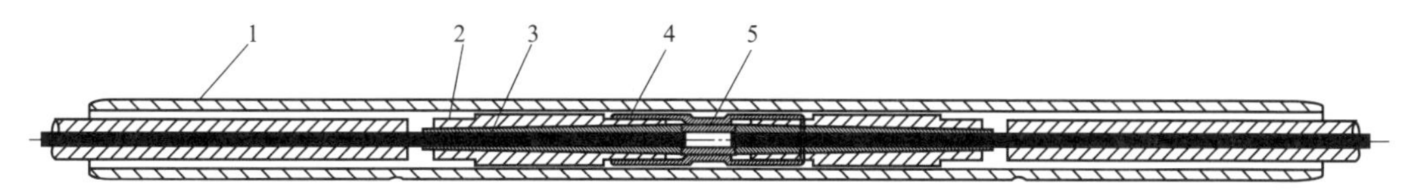


图 2-18　接续管结构示意图

1—铝管；2—楔形夹座；3—楔形夹芯；4—连接器；5—连接器内管

（2）耐张线夹。耐张线夹主要包括连接钢锚、铝管、楔形夹座、楔形夹芯等部件，见图 2-19。

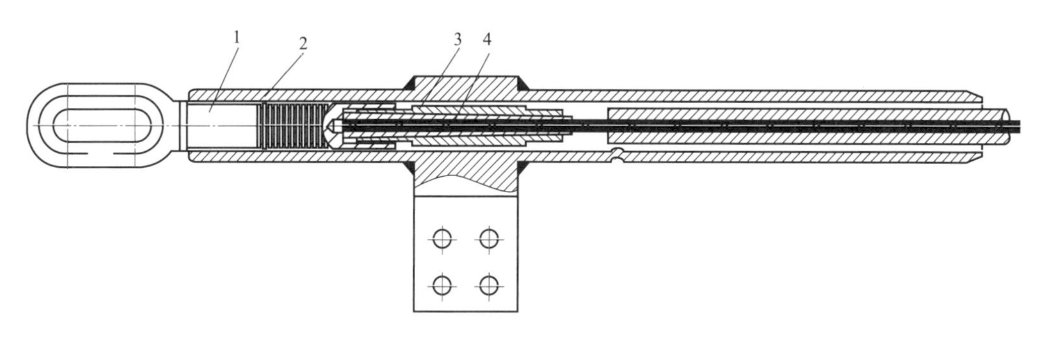


图 2-19　耐张线夹结构示意图

1—连接钢锚；2—铝管；3—楔形夹座；4—楔形夹芯

### （二）碳纤维芯导线耐张线夹安装压接工艺

1. 穿管

用洁布将导线表面擦净，导线擦净长度不小于铝管压接长度的 3 倍，将导线端头穿入耐张线夹铝管。

2. 剥线

碳纤维芯导线必须采用钢锯（或不损伤碳纤维芯的工具）进行剥线，具体步骤如下：

（1）用游标卡尺测量楔形夹座的实际长度 $L_1$。

（2）采用正压工艺时，自碳纤维芯导线端口处量取 $L_1+35$mm，画好标记 N，并用胶布缠绕绑扎，如图 2-20 所示。

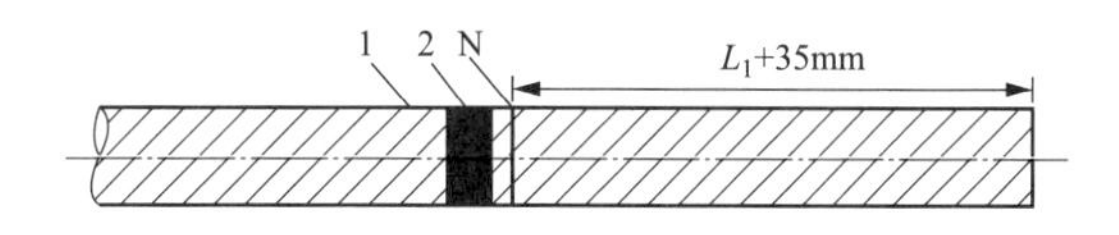


图 2-20　画剥线长度标记

1—碳纤维芯导线；2—胶布；N—标记

（3）在标记处将铝单线分层锯掉，最内层铝线只可锯开一半，然后通过弯折去除，以确保芯棒不被切割损伤，见图 2-21。先用洁布擦去芯棒上的污渍，再用 0 号细砂纸（砂纸不得重复使用）轻轻打磨芯棒，保证全部表面被均匀打磨且直径不减小，然后用洁布将粉末擦干净。

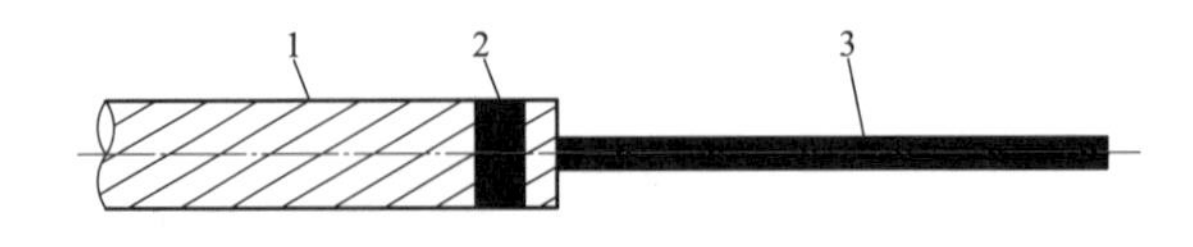


图 2-21 剥铝线

1—碳纤维芯导线；2—胶布；3—芯棒

3. 耐张线夹组件安装

（1）将芯棒从楔形夹座小内径一端穿入，然后将芯棒从楔形夹芯小端穿入并夹住芯棒，芯棒露出楔形夹芯大端端面 5～10mm。

（2）回拉楔形夹座，将楔形夹芯连同芯棒整体滑进楔形夹座内。要求楔形夹座与铝线截面间的距离为 25～30mm，楔形夹芯锥形端头应从楔形夹座端向外伸出 5mm，如图 2-22 所示。

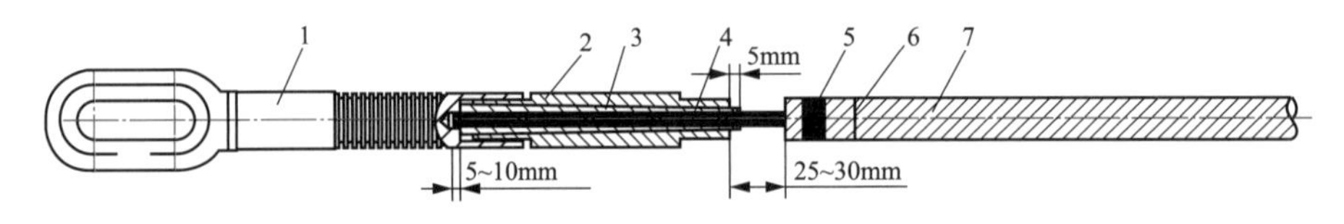


图 2-22 耐张线夹安装示意图

1—钢锚；2—楔形夹座；3—楔形夹芯；4—芯棒；5—胶布；6—压接印记；7—碳纤维芯导线

（3）将钢锚拧入楔形夹座，用扳手拧紧。钢锚安装过程中，一名操作人员使用扳手卡紧楔形夹座扁平端并固定扳手，另一名操作人员使用另一把扳手将钢锚拧入楔形夹座内。需要注意的是负责固定的操作人员不能转动扳手，以免芯棒在拧紧过程中受损。

4. 耐张线夹钢锚环与铝管引流板的相对方位确定

（1）确定耐张线夹钢锚环与铝管引流板的方向，在耐张线夹钢锚环与铝管穿位完成后，转动铝管至规定的方向。

（2）耐张线夹钢锚环定位：用标记笔自耐张铝管至钢锚环画一直线作为标记，压接时保持耐张铝管与钢锚环的标记线在一条直线上。

5. 导线耐张线夹的液压部位及施压顺序

（1）将碳纤维芯导线压接部分的铝股表面均匀涂刷电力脂并完全覆盖，用钢丝刷沿导线捻绕方向进行擦刷，并用洁布除掉多余电力脂。

（2）拆除缠绕胶带，将耐张线夹铝管安装到钢锚极限位置，并将钢锚与耐张线夹铝管引流板方向调整至所要求的角度。

（3）在靠近钢锚压接标记处开始压接第一模。

（4）自距耐张线夹铝管压接印记 5mm 处向管口端部依次施压。压接叠模长度不应小于 10mm。压接时应保持耐张线夹连接钢锚与耐张线夹铝管引流板的位置正确，不应歪斜，见图 2-23。

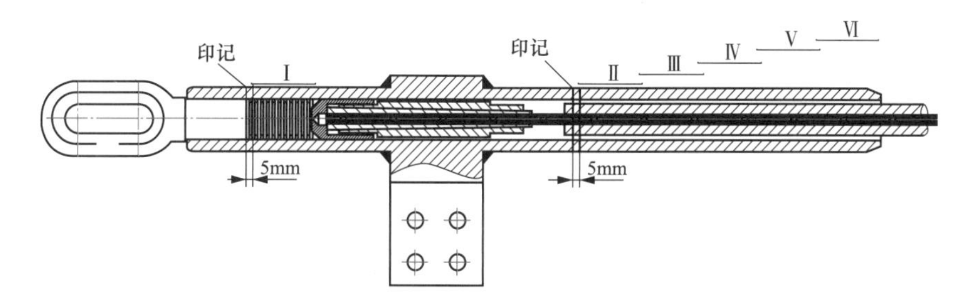


图 2-23　耐张线夹施压顺序

注：Ⅰ～Ⅵ代表压模的压接顺序。

## （三）碳纤维芯导线接续管安装压接工艺

1. 穿管

用洁布将导线端部表面擦净，擦净长度不小于铝管压接长度的 3 倍，将铝管从任一导线端部套入。

2. 剥线

接续管安装剥线技术要求与耐张线夹剥线技术要求相同。

3. 连接器组件安装

将芯棒从楔形夹座小内径一端穿入，然后将芯棒从楔形夹芯小端穿入并夹住芯棒，芯棒露出楔形夹芯 5～10mm，回拉楔形夹座，将楔形夹芯连同芯棒整体滑进楔形夹座内。要求楔形夹座与铝线截面间的距离为 25～30mm，楔形夹芯锥形端头应从楔形夹座端向外伸出约 5mm，见图 2-24。然后再将另一端的楔形夹芯和楔形夹座安装好。

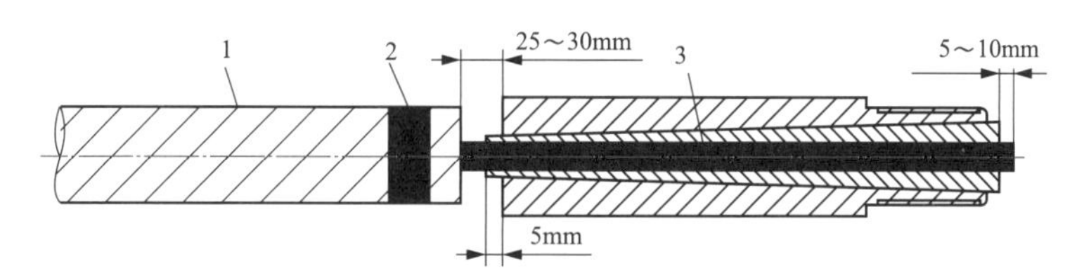


图 2-24　碳纤维复合芯棒穿入楔形夹座、楔形夹芯

1—碳纤维芯导线；2—胶布；3—芯棒

将连接器内管装入连接器中，如图 2-25 所示。

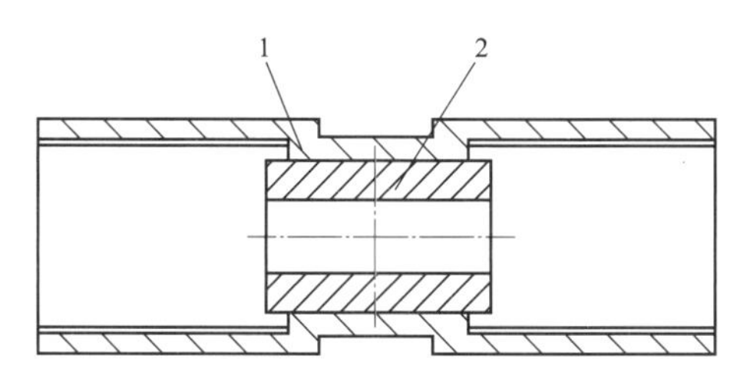


图 2-25　连接器内管装入连接器

1—连接器；2—连接器内管

将连接器同时拧入两端楔形夹座，然后用扳手同步拧紧，拧入前请注意螺纹方向。接续管安装示意图如图 2-26 所示。

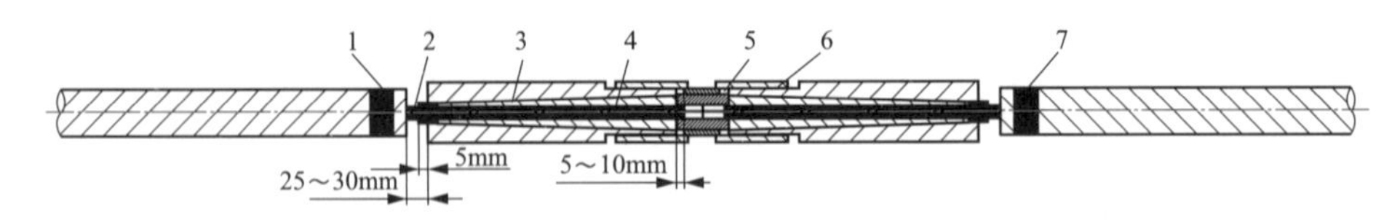


图 2-26　接续管安装示意图

1—胶布；2—芯棒；3—楔形夹座；4—楔形夹芯；5—连接器内管；6—连接器；7—胶布

4. 导线接续管的液压部位及操作顺序

用钢卷尺从连接器中心向导线两端测量 1/2 铝管长度，并在导线两端画好印记（连接器中心至铝管端口距离），见图 2-27。

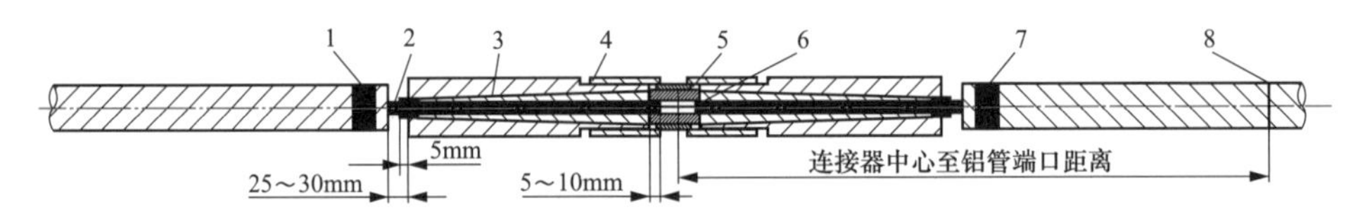


图 2-27　量取连接器中心至铝管端口距离

1—胶布；2—芯棒；3—楔形夹座；4—楔形夹芯；5—连接器内管；6—连接器；7—胶布；8—印记

对进入压接部分的导线涂刷电力脂直至完全均匀覆盖。用钢丝刷沿导线捻绕方向对已涂电力脂部分进行涂抹，然后用洁布擦去多余电力脂。拆除缠绕胶带，将铝管的端口移至印记位置，保证不产生滑动。开始压接前在铝管表面缠绕铝管包装膜或涂抹防止黏模的油脂或者塑料薄膜，在距离铝管上压接印记 5mm 处开始压接，确保第一模刚好压上压接区印记，然后向管口端部依次压接。在第一模压接好后应检查压接后对边距尺寸，符合规定后再继续压接。压接叠模长度不应小于 10mm，实测压接后铝管对边距及管长。接续管压接顺序见图 2-28。

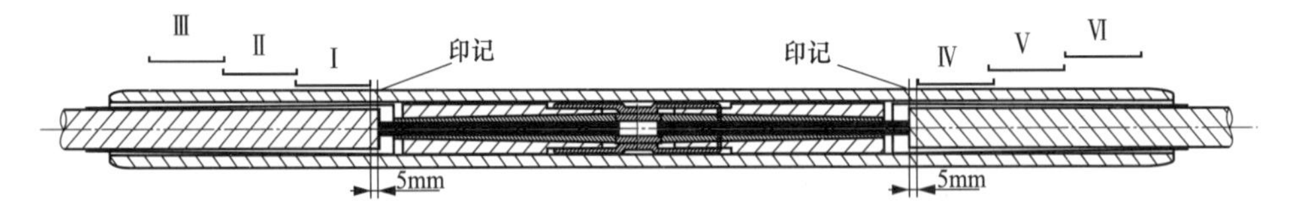


图 2-28　接续管压接顺序

注：Ⅰ～Ⅵ代表压模的压接顺序。

## （四）碳纤维芯导线安装压接质量控制

进行碳纤维芯导线安装、压接等接续操作时应有质量检查人员在场进行监督，并对关键压接过程、尺寸进行记录，作为后续项目验收材料。

压接管压接后，其弯曲度不应大于压接管全长的 1%，压接管表面应光滑、无裂纹，且压接管口附近导线不应有隆起和松股现象。

铝管压接后对边距最大允许值为 0.86$D$+0.2mm，最小允许值为 0.86$D$−0.2mm（$D$ 为压接管标称外径），三个对边距只允许有一个达到最大值或最小值，当铝管任何一个压接后对边距超出允许值时应更换压模。

当压接管压接后有飞边时，应将飞边锉掉，同时用 0 号砂纸将锉过处磨光。

各液压管施压后应认真检查压接尺寸并记录，压接人员自检合格并经监理人员验证后，双方在铝管的指定部位打上钢印。

### （五）压接试件工艺质量评定

放线施工前应按要求制作导线压接试件，应对试件进行工艺质量评定。工艺质量评定合格应满足以下条件：

（1）压接管出口的导线外观应无明显的松股、散股、背股现象。

（2）压接管对边距和弯曲度应符合要求。

（3）握力试验合格。

### （六）碳纤维芯导线压接试验

为验证 1660mm² 导线压接工艺参数的正确性，选择两个导线厂家的 1660mm² 导线进行了压接，并完成了握力试验。试验结果分析如下。

#### 1. 厂家 A 导线试件压接试验结果

厂家 A 生产的 1660mm² 导线试件压接试验结果见表 2-14。

**表 2-14　　厂家 A 生产的 1660mm² 导线试件压接试验结果**

| 样品编号 | 直线管外径（mm） | 直线管长度（mm） | | 导线外径（mm） | 直线管对边距（mm） | 耐张线夹对边距（mm） | 握力（kN） | 破坏位置 | 结果判定 |
|---|---|---|---|---|---|---|---|---|---|
| | | 压接前 | 压接后 | | | | | | |
| 1号 | 80.40 | 1380.0 | 1461.5 | 49.20 | 68.67 | 68.68 | 451.0 | 芯棒 | 合格 |
| 2号 | 80.38 | 1380.2 | 1460.2 | 49.12 | 68.66 | 68.64 | 443.0 | 耐张线夹出口 | 合格 |
| 3号 | 80.39 | 1379.9 | 1460.0 | 49.27 | 68.64 | 68.62 | 432.8 | 芯棒 | 合格 |
| 推荐对边距（mm）（0.86$D$±0.2mm） | | | | 68.8±0.2 | | | 评判数据（≥381.5kN） | ≥95%$RTS$ | |

**注**　表格中的数值均为平均值。

由表 2-14 可以得出，厂家 A 生产的 3 个导线试件的拉断力均大于 95%$RTS$，故导线压接试验合格，可用于试展放工程试验。3 个导线试件破断后的形态见图 2-29～图 2-31。

由图 2-29～图 2-31 可以看出，1 号导线试件拉断后外表无明显破坏痕迹，初步推测是由于芯棒破断导致握力不再上升，且直线接续管表面出现拉伸趋势。为验证上述推断，将 1 号导线试件再次进行拉断试验，最终导线试件在直线接续管的中部断裂。2 号导线试件破坏明显，导线多处呈现较大幅度的散股且一个耐张线夹出口处的碳纤维呈放射状破断。3 号导线试件与 1 号导线试件拉断后外表一致，首次发出破断声响后导线表面无明显破坏痕迹，之后选择继续拉伸，最终试件在直线接续管中部断裂。

图 2-29　1 号导线试件破断形态

图 2-30　2 号导线试件破断形态

图 2-31　3 号导线试件破断形态

2. 厂家B导线试件压接试验结果

厂家B生产的1660mm$^2$ 导线试件压接试验结果见表2-15。

**表2-15　　　　厂家B生产的1660mm$^2$ 导线试件压接试验结果**

| 样品编号 | 直线管外径（mm） | 直线管长度（mm） | | 导线外径（mm） | 直线管对边距（mm） | 耐张线夹对边距（mm） | 握力（kN） | 破坏位置 | 结果判定 |
|---|---|---|---|---|---|---|---|---|---|
| | | 压接前 | 压接后 | | | | | | |
| 1号 | 80.18 | 1380.0 | 1464.0 | 49.71 | 68.64 | 68.62 | 430.6 | 接续管出口 | 合格 |
| 2号 | 80.20 | 1380.0 | 1465.0 | 49.53 | 68.74 | 68.66 | 428.5 | 芯棒 | 合格 |
| 3号 | 80.21 | 1380.0 | 1464.5 | 49.66 | 68.66 | 68.68 | 411.1 | 芯棒 | 合格 |
| 推荐对边距（mm）（0.86D±0.2mm） | | | | 68.6±0.2 | | | 评判数据（≥381.5kN） | ≥95%*RTS* | |

**注**　表格中的数值均为平均值。

由表2-15可以得出，厂家B生产的3个导线试件的拉断力均大于95%的导线额定拉断力，故导线压接试验合格，可用于试展放工程试验。3个导线试件破断后的形态见图2-32～图2-34。

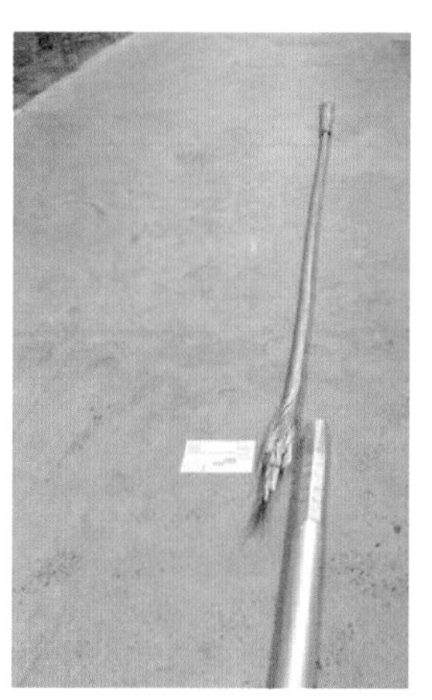

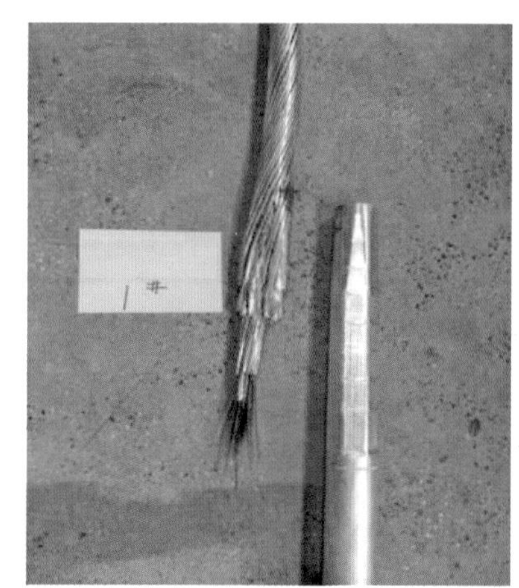

图2-32　1号导线试件破断形态

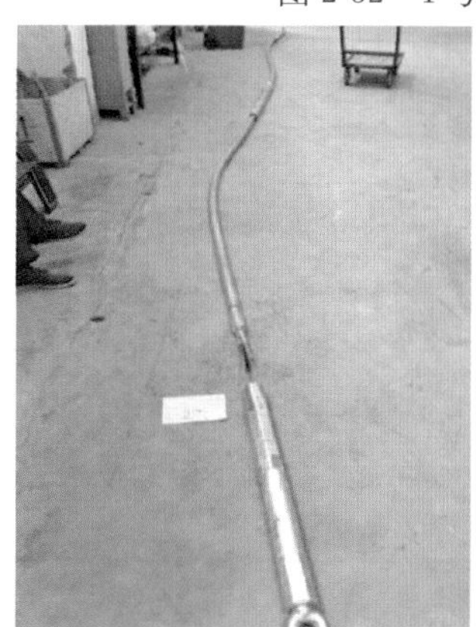

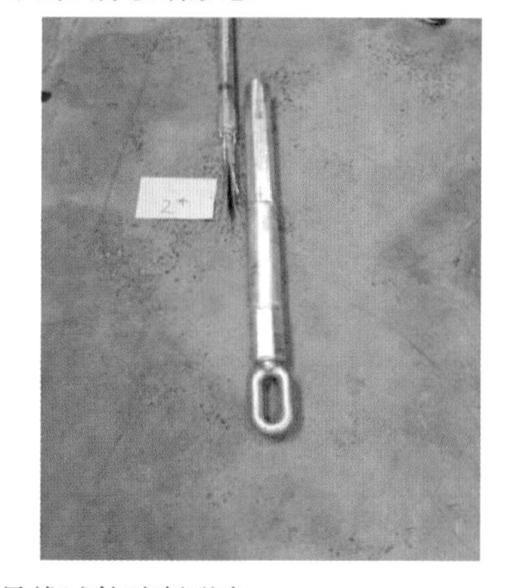

图2-33　2号导线试件破断形态

 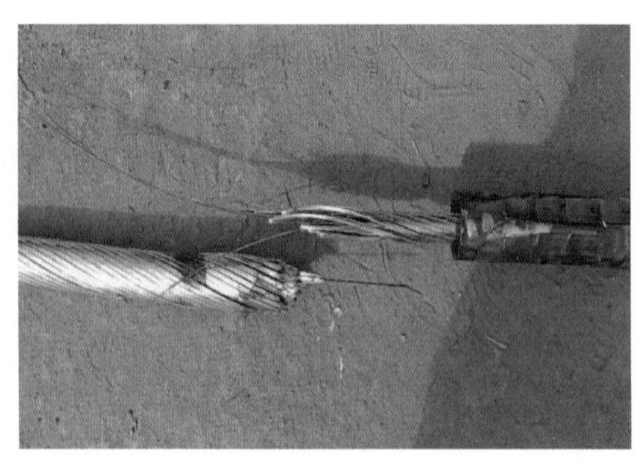

图 2-34　3 号导线试件破断形态

由图 2-32～图 2-34 可以看出，1 号导线试件从耐张管内拔出，在铝绞线端面处芯棒断裂。2 号和 3 号导线试件出现第一声破断声响时导线表面均无明显破坏，通过测量发现 2 号导线试件接续管长度由 1464mm 伸长为 1520mm，3 号导线试件接续管长度由 1465mm 伸长为 1500mm，之后继续加载至 2 号和 3 号导线试件断裂，破断部位均在耐张线夹出口。

3. 试验小结

根据压接试验可知，1660mm² 导线金具在压接工艺正确且压接后对边距合格的情况下，金具的握力可以达到工程要求。

碳纤维芯导线接续金具的握力试验一般包括两种破坏形态：①导线在连接金具出口处破断；②听到芯棒破断声时，握力不再上升，但是试件表面无明显破坏。

### 四、接续工艺研究成果

大截面碳纤维芯导线接续工艺研究主要从接续问题分析、接续金具设计、接续工艺三个方面进行研究，得到以下成果：

（1）对大截面碳纤维芯导线压接握力不足的案例进行分析，查找握力不足原因，提出了 1660mm² 导线接续施工的注意要点。

（2）确定 1660mm² 导线使用楔形接续工艺，并完成了配套耐张线夹和直线接续管的设计。1660mm² 导线金具与小截面碳纤维芯导线金具相比，少了内衬套管；与 CTC 直线接续管相比，1660mm² 导线直线接续管减少了两个连接件。这种结构缩短了直线接续管中芯棒中间连接件的长度，有利于过滑车时保护导线。

（3）完成了 1660mm² 导线压接工艺研究，并编制压接工艺手册。通过 1660mm² 导线压接及试件拉断力试验，验证了 1660mm² 导线压接工艺的正确性。

## 第三节　放　线　工　艺

### 一、张力放线关键工艺参数

碳纤维芯导线不定长张力放线施工的三个关键工艺参数为通过滑车次数、导线承受最大张力、最大包络角。

### （一）过滑车次数

Q/GDW 388—2009《碳纤维复合芯铝绞线施工工艺及验收导则》规定，张力放线施工段不宜超过20个滑车的长度。DL/T 5284—2012《碳纤维复合芯铝绞线施工工艺导则》规定，碳纤维芯导线放线段不应超过5km，包含的放线滑车次数不应超过15次。这两个标准的规定均是建立在碳纤维芯导线直线接续管不通过放线滑车且导线铝股为软铝的基础上。1660mm² 导线为半硬铝导线，且接续管在蛇节型接续管保护装置的保护下可以通过滑车，故需通过过滑车试验，确定过滑车次数。由于试验条件限制，这里仅指带张力通过直线塔滑车的数量，虽然转角滑车对放线影响更大，但是试验无法实现。

### （二）导线承受最大张力

随着碳纤维芯导线在张力放线过程中承受的张力增大，相应地，导线对放线滑车的压力也会随之增大，有可能导致导线变形、松股等现象。由于不推荐在高山大岭地区使用碳纤维芯导线，以平丘地区的放线张力进行类比分析。昌吉—古泉±1100kV特高压直流输电工程架空输电线路某放线段位于平丘地区，使用大截面钢芯铝绞线7.9km，共14基杆塔。在该放线段内包络角大于25°的塔位（6基）增挂双滑车，滑车总数达到20个。放线过程中导线到达每个塔位时的计算牵引力（导线承受的最大张力）及其与导线额定拉断力的比值见表2-16。

**表2-16　导线到达每个塔位时的计算牵引力及其与导线额定拉断力的比值**

| 塔号 | 档距（m） | 转角 | 放线滑车悬挂 | 滑车高程（m） | 包络角（°） | 导线到塔牵引力（kN） | 导线到塔牵引力/导线额定拉断力（*RTS*） |
|---|---|---|---|---|---|---|---|
| N8401 | 200 | 14°40′ | 双 | 118.57 | 27 | 61.8870 | 0.154 |
| N8402 | 451 | | 单 | 124.85 | 20 | 62.0732 | 0.155 |
| N8403 | 590 | | 单 | 121.98 | 22 | 61.9850 | 0.154 |
| N8404 | 608 | | 双 | 121.39 | 27 | 61.9654 | 0.154 |
| N8405 | 798 | | 双 | 121.42 | 27 | 61.9654 | 0.154 |
| N8406 | 571 | | 单 | 115.62 | 21 | 61.7939 | 0.154 |
| N8407 | 547 | 17°12′05″ | 单 | 118.6 | 23 | 61.8821 | 0.154 |
| N8408 | 605 | | 单 | 121.72 | 24 | 61.9801 | 0.154 |
| N8409 | 583 | | 双 | 125.84 | 26 | 62.1124 | 0.155 |
| N8410 | 539 | | 单 | 102.71 | 20 | 61.3774 | 0.153 |
| N8411 | 560 | | 单 | 112.5 | 24 | 61.6910 | 0.154 |
| N8412 | 554 | | 双 | 117.58 | 27 | 61.8919 | 0.154 |
| N8413 | 640 | | 单 | 112.25 | 25 | 61.6812 | 0.154 |
| N8414 | 518 | | 双 | 113.13 | 30 | 61.7106 | 0.154 |

从表2-16看出，在张力放线过程中导线承受的最大张力占*RTS*的15.4%～15.5%。回溯以往多个工程，平丘地区的放线张力极少超过18%*RTS*，因此规定平丘地区1660mm² 导线放线张力一般不超过20%*RTS*。

### （三）最大包络角

随着碳纤维芯导线在张力放线过程中在放线滑车上的包络角增大，相应地，导线受到的弯矩也会随之增大，有可能导致芯棒损伤及导线松股现象。Q/GDW 388—2009《碳纤维复合芯铝绞线施工工艺及验收导则》规定，在放线张力正常的情况下，导线在放线滑车上的包络角超过 30°，必须加挂双滑车。DL/T 5284—2012《碳纤维复合材料芯架空导线施工工艺导则》规定，碳纤维复合芯软铝导线与放线滑车的包络角超过 25°应加挂滑车。上述标准是否适用于 1660mm² 导线，仍需开展进一步试验验证，确定导线过滑车包络角。

## 二、导线及接续管保护装置过滑车试验

为了确定 1660mm² 导线过滑车次数和过滑车包络角，需开展导线及接续管保护装置过滑车试验，为保证工程使用有一定的安全裕度，试验参数应稍严苛，过滑车次数为 20 次，放线张力为 25%*RTS*，包络角取 30°和 35°，并根据试验前后的导线性能确定合理的工艺参数。

### （一）试验设备及金具

1660mm² 导线及接续管保护装置过滑车试验所需设备及金具如表 2-17 所示。

**表 2-17　　试验设备及金具**

| 名称 | 规格型号 | 数量 |
| --- | --- | --- |
| 试验架 | — | 1 |
| 卷扬机 | 120kN | 1 |
| 角度测量仪 | 精度为±0.2° | 1 |
| 放线滑车 | 槽底直径为 1500mm | 1 |
| 网套连接器 | SLW-120 | 2 |
| 接续管 | 1380mm×$\phi$80 | 12 |
| 接续管保护装置 | $SJ_{II}$－$\phi$80×1380/49 | 1 |
| 液压压接机 | 3000kN | 1 |
| 钢丝绳 | $\phi$30 | 若干 |
| 导线 | JLZ2X1/F2A-1660/95 | 12 根 15m 长 |
| 电子秤 | ±0.1% | 1 |
| 游标卡尺 | 0.01mm | 1 |
| 千分尺 | 0.001 | 1 |
| 显微镜 | 0.25 级 | 1 |
| 芯棒卷绕试验装置 | — | 1 |
| 立式拉力试验机 | 50kN | 1 |
| 芯棒径向耐压装置 | — | 1 |

### （二）试验方案

1660mm² 导线及接续管保护装置过滑车试验布置如图 2-35 所示。

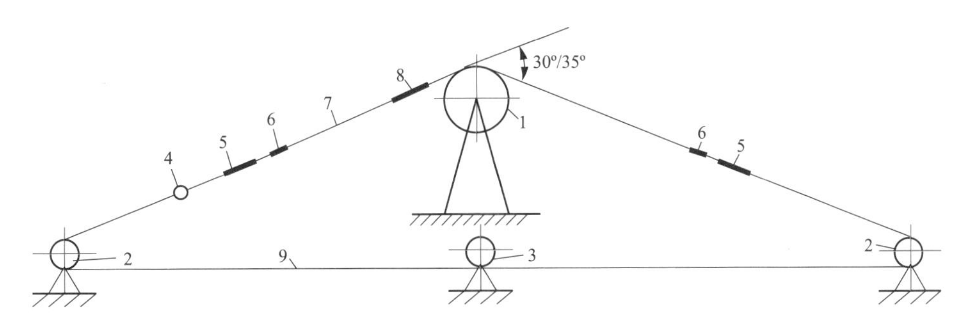


图 2-35　1660mm² 导线及接续管保护装置过滑车试验布置图

1—放线滑车；2—支座滑轮（位置可调节）；3—卷扬机；4—测力计；5—网套连接器；
6—旋转连接器；7—被测试导线；8—接续管保护装置；9—钢丝绳

按照 1660mm² 导线及接续管保护装置过滑车试验布置图搭建试验平台，试验平台如图 2-36 所示。设定导线过滑车张力为 25%*RTS*。

图 2-36　1660mm² 导线及接续管保护装置过滑车试验平台

参考 DL/T 5286—2013《±800kV 架空输电线路张力架线施工工艺导则》的要求，试验主要参数如表 2-18 所示，先后完成包络角为 30°和 35°的导线过滑车试验。在卷扬机的牵引作用下，使导线及接续管保护装置反复通过滑车，当过滑车次数达到规定次数（20 次）后停止试验，卸载并拆除导线，截取导线开展性能检测。

**表 2-18　　试验主要参数**

| 名称 | 数值 | 备注 |
|---|---|---|
| 导线张力（kN） | 25%*RTS* | 约 100.4kN |
| 包络角（°） | 30 | 工况一 |
| | 35 | 工况二 |
| 过滑车次数（次） | 20 | — |
| 过滑车速度（m/min） | 6 | — |
| 滑车轮槽底直径（mm） | 1500 | — |
| 试验样品数量 | 3 | — |

## （三）试验前导线检测

试验前在新导线上截取空白试件，进行性能检测试验，试验项目见表 2-19。

表 2-19　　导线常规性能检测试验项目

| 序号 | 类别 | 检测试验项目 |
|---|---|---|
| 1 | 绞线试验 | 外观（表面质量） |
| 2 | | 线密度、铝截面积、导线外径、节径比 |
| 3 | 铝单线试验 | 外观（表面质量） |
| 4 | | 抗拉强度、断裂伸长率、等效直径及偏差 |
| 5 | 芯棒试验 | 外观 |
| 6 | | 直径测量及 $f$ 值、玻璃纤维层厚度 |
| 7 | | 卷绕、扭转、抗拉 |
| 8 | | 径向耐压性能 |
| 9 | | 染色试验 |

## （四）试验步骤

1660mm$^2$ 导线及接续管保护装置过滑车试验前应熟悉放线滑车试验架、放线滑车、接续管、接续管保护装置、网套连接器、卷扬机、压接机等设备和施工机具使用和操作规范，并对其工作能力进行检测，以防误操作及事故的发生。具体试验步骤如下：

（1）按操作规程将蛇节型接续管保护装置安装在对应的接续管位置并绑扎牢固，如图 2-37 所示。

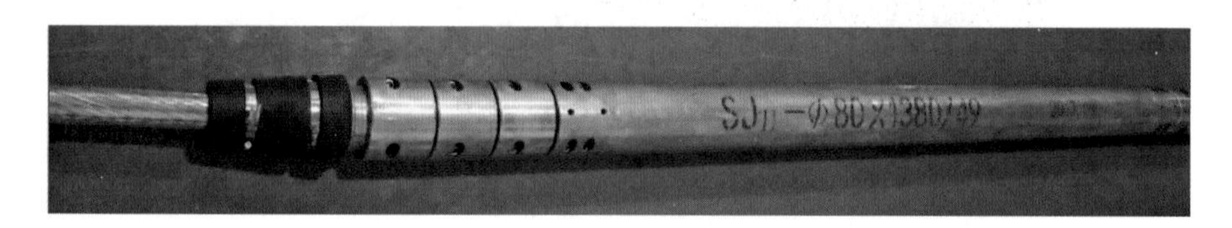

图 2-37　接续管保护装置安装

（2）将导线通过连接件与过滑车试验架的钢丝绳相连。试验前需保证过滑车包络角为试验要求角度（第一组试验过滑车包络角为 30°，第二组试验过滑车包络角为 35°），过滑车包络角可通过调节滑车高度调整，如图 2-38 所示。

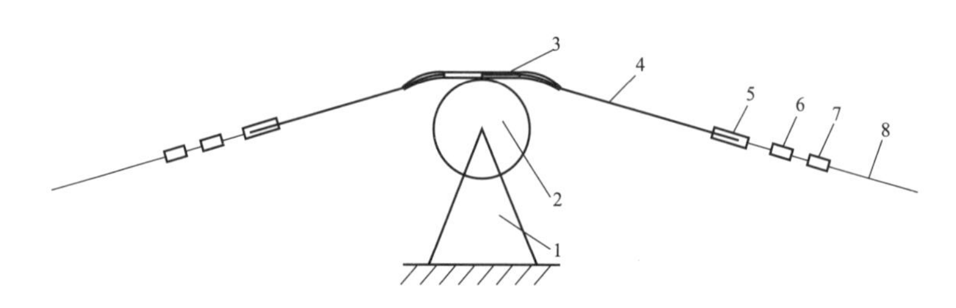


图 2-38　试验布置示意图

1—试验架；2—放线滑车；3—接续管保护装置；4—被测试导线；
5—网套连接器；6—旋转连接器；7—卸扣；8—钢丝绳

(3) 对导线施加 100.4kN (25%*RTS*) 的张力，以 6m/min 的速度往复通过滑车 20 次。试验过程中应对加载设备、拉力传感器、滑车的转动情况、导线通过滑车情况进行监测。

(4) 卸载后取下导线进行取样。采用数码照相机对导线进行图像记录。

### (五) 导线试件检测

导线及接续管保护装置过滑车后对导线性能进行检测，导线试件截取方法如图 2-39 所示。

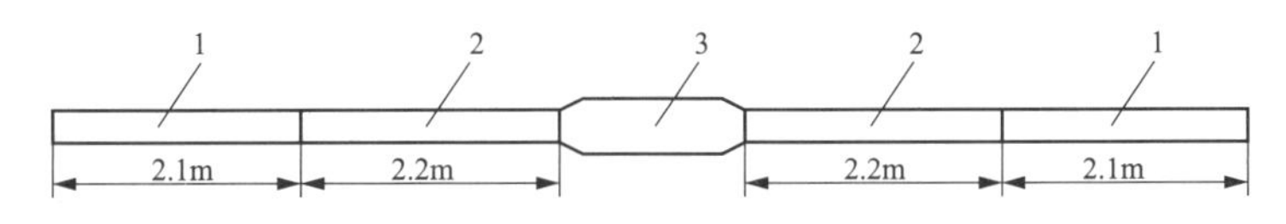


图 2-39　导线试件截取方法

1—导线过滑车试样；2—接续管保护装置过滑车试样；3—接续管保护装置

如图 2-39 所示，取接续管保护装置两端各 2.2m 长导线，作为接续管保护装置过滑车后的导线试件；剩余两端各 2.1m 长导线作为导线过滑车后导线试件。取样后进行导线常规性能检测，样品数量及试件编号如表 2-20 所示。

**表 2-20　　碳纤维芯导线常规性能检测样品数量及试件编号**

| 序号 | 样品数量 | 试件编号 | 备注 |
|---|---|---|---|
| 1 | 3 根 | (Y/Z) - (1、2、3) | 未过滑车导线，用于对比 |
| 2 | 6 根 | (Y/Z) -30-A- (1、2、3、4、5、6) | 包络角为 30°，A 为导线过滑车后导线试件 |
| 3 | 6 根 | (Y/Z) -30-B- (1、2、3、4、5、6) | 包络角为 30°，B 为接续管保护装置过滑车后导线试件 |
| 4 | 6 根 | (Y/Z) -35-A- (1、2、3、4、5、6) | 包络角为 35°，A 为导线过滑车后导线试件 |
| 5 | 6 根 | (Y/Z) -35-B- (1、2、3、4、5、6) | 包络角为 35°，B 为接续管保护装置过滑车后导线试件 |

**注**　试件编号 Y/Z 为厂家编码。

1. 绞线试验

(1) 外观。过滑车 20 次后，加载情况下采用数码照相机对接续管保护装置两端导线外观进行记录。导线外观良好，未出现明显散股现象，如图 2-40 所示。

图 2-40　加载情况下被检测导线表面

卸载后卸下导线，拆掉接续管保护装置，目测观察接续管保护装置出口处及出口 2m 外碳纤维芯导线外观，并进行图像记录，如图 2-41～图 2-48 所示。

图 2-41　厂家 Y 30°包络角导线过滑车试件外观

图 2-42　厂家 Y 30°包络角接续管保护装置过滑车试件外观

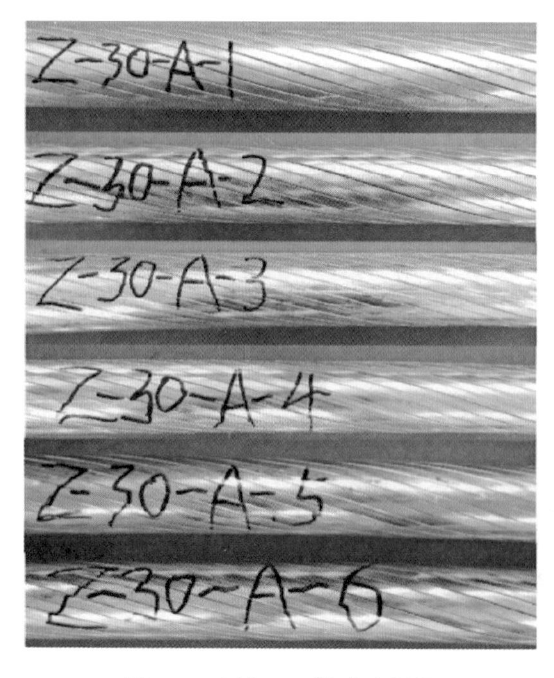


图 2-43　厂家 Z 30°包络角导线过滑车试件外观

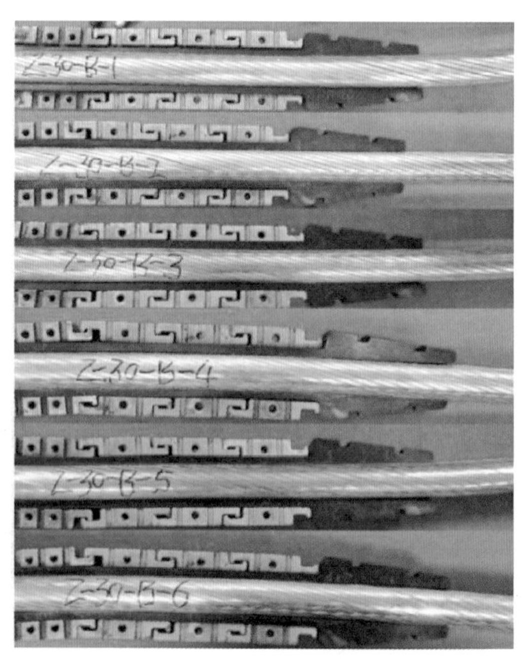


图 2-44　厂家 Z 30°包络角接续管保护装置过滑车试件外观

图 2-45　厂家 Y 35°包络角导线过滑车试件外观

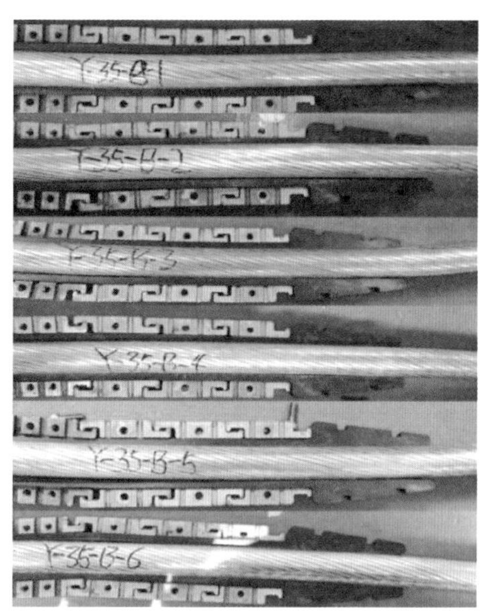


图 2-46　厂家 Y 35°包络角接续管保护装置过滑车试件外观

图 2-47　厂家 Z 35°包络角导线过滑车试件外观

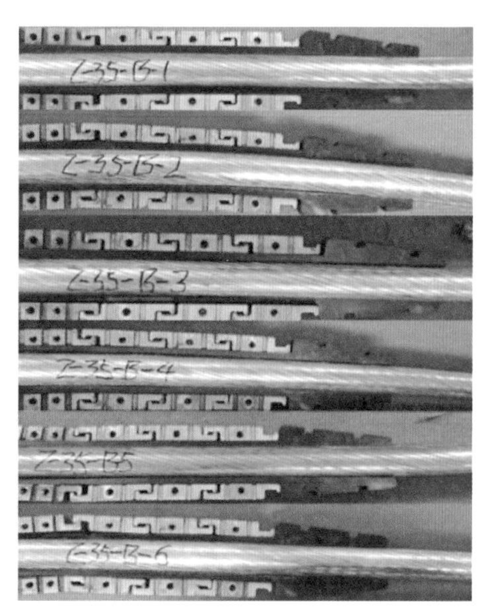


图 2-48　厂家 Z 35°包络角接续管保护装置过滑车试件外观

由图 2-41～图 2-48 可以看出，两个厂家的导线及接续管保护装置过滑车后导线试件外观良好，均无明显散股、压痕或其他现象。

（2）线密度。碳纤维芯导线的线密度（单位长度质量）应使用精度为±0.1％的仪器测量。碳纤维芯导线的线密度偏差应不超过标称值的±2％。由表 2-21、表 2-22 试验结果可知，导线试件线密度符合要求。

表 2-21　　　　　　Y 厂家导线试件的外径、线密度、铝截面积、节径比

| 试件编号 | 导线外径（mm） | 外径偏差（%） | 线密度（kg/km） | 线密度偏差（%） | 铝截面积（$mm^2$） | 铝截面积偏差（%） | 外层节径比（10～12） | 邻外层节径比（11～14） | 邻内层节径比（12～15） | 内层节径比（13～16） |
|---|---|---|---|---|---|---|---|---|---|---|
| Y-1 | 49.33 | 0.26 | 4769.2 | 0.8 | 1651.4 | 0.6 | 10.7 | 12.3 | 13.7 | 15.6 |
| Y-2 | 49.32 | 0.24 | 4762.4 | 0.7 | 1653.4 | 0.4 | 10.8 | 12.3 | 14.1 | 15.4 |
| Y-3 | 49.33 | 0.26 | 4770.4 | 0.5 | 1655.9 | 0.3 | 10.8 | 12.3 | 14.1 | 15.3 |
| Y-30-A-1 | 49.33 | 0.26 | 4764.6 | 0.9 | 1650.0 | 0.6 | 10.9 | 12.3 | 13.9 | 15.4 |
| Y-30-A-3 | 49.36 | 0.33 | 4765.1 | 1.1 | 1647.0 | 0.8 | 11.0 | 12.4 | 14.1 | 15.3 |
| Y-30-A-5 | 49.26 | 0.12 | 4773.8 | 0.9 | 1650.3 | 0.6 | 10.8 | 12.1 | 14.1 | 15.4 |
| Y-30-B-1 | 49.38 | 0.37 | 4775.7 | 1.0 | 1648.3 | 0.8 | 10.9 | 12.3 | 14.0 | 15.7 |
| Y-30-B-3 | 49.44 | 0.49 | 4774.2 | 1.0 | 1648.4 | 0.7 | 10.9 | 12.3 | 13.9 | 15.8 |
| Y-30-B-5 | 49.19 | 0.02 | 4773.6 | 0.8 | 1650.9 | 0.6 | 10.8 | 12.1 | 13.9 | 15.4 |
| Y-35-A-1 | 49.36 | 0.33 | 4766.7 | 0.8 | 1651.8 | 0.5 | 11.0 | 12.1 | 13.7 | 15.5 |
| Y-35-A-3 | 49.33 | 0.26 | 4768.4 | 0.8 | 1651.5 | 0.6 | 10.8 | 13.4 | 13.8 | 15.4 |
| Y-35-A-5 | 49.4 | 0.41 | 4766.1 | 0.8 | 1650.8 | 0.6 | 10.8 | 13.4 | 13.8 | 15.4 |
| Y-35-B-1 | 49.30 | 0.20 | 4780.2 | 0.9 | 1649.1 | 0.7 | 10.6 | 11.6 | 14.0 | 15.3 |
| Y-35-B-3 | 49.35 | 0.30 | 4775.2 | 1.0 | 1649.6 | 0.7 | 10.9 | 12.3 | 14.0 | 15.6 |
| Y-35-B-5 | 49.30 | 0.20 | 4787.7 | 1.0 | 1649.4 | 0.7 | 11.0 | 12.6 | 13.7 | 15.3 |

表 2-22　　　　　　Z 厂家导线试件的外径、线密度、铝截面积、节径比

| 试件编号 | 导线外径（mm） | 外径偏差（%） | 线密度（kg/km） | 线密度偏差（%） | 铝截面积（$mm^2$） | 铝截面积偏差（%） | 外层节径比（10～12） | 邻外层节径比（11～14） | 邻内层节径比（12～15） | 内层节径比（13～16） |
|---|---|---|---|---|---|---|---|---|---|---|
| Z-1 | 49.15 | −0.10 | 4799.4 | 0.22 | 1662.0 | 1.19 | 10.5 | 12.3 | 13.8 | 15.0 |
| Z-2 | 49.27 | 0.14 | 4799.9 | −0.27 | 1662.2 | 0.10 | 10.4 | 12.9 | 12.7 | 15.1 |
| Z-3 | 49.32 | 0.24 | 4795.3 | −0.56 | 1660.5 | −0.20 | 10.1 | 12.7 | 13.5 | 15.3 |
| Z-30-A-1 | 49.35 | 0.3 | 4798.0 | 0.3 | 1659.7 | 0.1 | 10.8 | 12.0 | 13.3 | 14.9 |
| Z-30-A-3 | 49.35 | 0.3 | 4796.4 | 0.4 | 1659.6 | 0.1 | 10.6 | 11.9 | 13.3 | 14.8 |
| Z-30-A-5 | 49.28 | 0.2 | 4795.7 | 0.4 | 1658.8 | 0.1 | 10.7 | 11.9 | 13.3 | 14.8 |
| Z-30-B-1 | 49.42 | 0.4 | 4798.3 | 0.3 | 1659.8 | 0.1 | 10.9 | 12.0 | 13.2 | 14.8 |
| Z-30-B-3 | 49.32 | 0.2 | 4796.9 | 0.4 | 1659.9 | 0.1 | 10.7 | 11.9 | 13.2 | 14.7 |
| Z-30-B-5 | 49.35 | 0.3 | 4803.3 | 0.2 | 1661.6 | 0.1 | 10.8 | 11.9 | 13.1 | 14.9 |
| Z-35-A-1 | 49.39 | 0.4 | 4795.0 | 0.4 | 1658.5 | 0.1 | 10.8 | 11.8 | 13.2 | 15.1 |
| Z-35-A-3 | 49.38 | 0.4 | 4801.3 | 0.3 | 1660.8 | 0.1 | 10.8 | 12.0 | 13.2 | 14.9 |
| Z-35-A-5 | 49.29 | 0.2 | 4797.3 | 0.3 | 1659.4 | 0.1 | 10.7 | 11.9 | 13.3 | 15.0 |
| Z-35-B-1 | 49.38 | 0.4 | 4795.8 | 0.4 | 1659.0 | 0.1 | 10.7 | 11.8 | 13.4 | 14.8 |
| Z-35-B-3 | 49.41 | 0.4 | 4802.8 | 0.2 | 1661.5 | 0 | 10.7 | 11.9 | 13.2 | 14.8 |
| Z-35-B-5 | 49.40 | 0.4 | 4797.5 | 0.3 | 1659.6 | 0.1 | 10.7 | 11.8 | 13.4 | 14.8 |

（3）铝截面积、软铝型线面积和等效圆单线直径应按规定的质量、长度方法进行测量，密度按称重法进行测量。碳纤维芯导线铝截面积偏差应不大于计算截面积的±2%。由表 2-21、表 2-22 试验结果可知，导线试件铝截面积符合要求。

（4）导线外径。碳纤维芯导线外径应在绞线机上的并线模与牵引轮之间测量。导线外径应使用精度为 0.01mm 的量具测量。外径应取在同一圆周上互成直角的两个位置的读数平均值，并修约到两位小数（单位 mm）。碳纤维芯导线外径偏差应不大于±1%$d$。由表 2-21、表 2-22 试验结果可知，导线试件外径符合要求。

（5）节径比。导线节径比通过测量导线节距和导线直径并经过计算得出，如表 2-21、表 2-22 所示。对比表 1-2，导线试件节径比均满足要求。

综上所述，1660mm$^2$ 导线试验前后绞线的外观、线密度、铝截面积、外径、节径比合格。

2. 铝单线

（1）外观。经试验后铝单线外观如图 2-49 所示，无较严重压痕，为可接受状态。

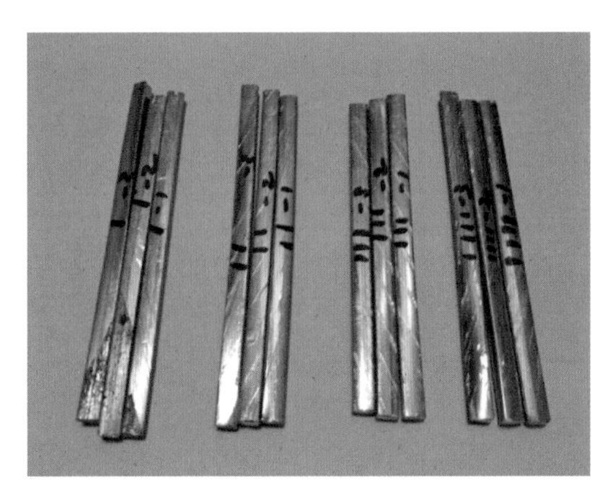

图 2-49　铝单线外观

（2）抗拉强度。铝单线拉断力试验通过立式拉力试验机进行，如图 2-50 所示。要求铝单线抗拉强度不小于 110MPa，根据表 2-23、表 2-24 的试验数据，导线试件铝单线抗拉强度合格。

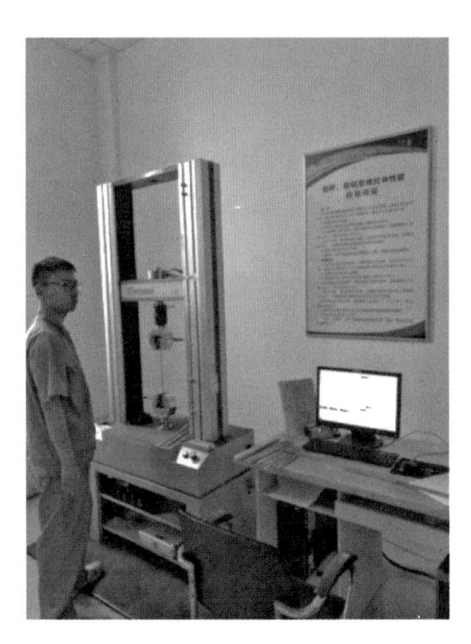

图 2-50　铝单线拉断力试验

表 2-23　Y 厂家铝单线拉断力、断裂伸长率及等效直径

| 试件编号 | 外层 | | | | 邻外层 | | | | 邻内层 | | | | 内层 | | | |
|---|---|---|---|---|---|---|---|---|---|---|---|---|---|---|---|---|
| | 抗拉强度（MPa） | 断裂伸长率（%） | 等效直径（mm） | 直径偏差（%） | 抗拉强度（MPa） | 断裂伸长率（%） | 等效直径（mm） | 直径偏差（%） | 抗拉强度（MPa） | 断裂伸长率（%） | 等效直径（mm） | 直径偏差（%） | 抗拉强度（MPa） | 断裂伸长率（%） | 等效直径（mm） | 直径偏差（%） |
| Y-1 | 112 | 7.5 | 5.84 | 0.0 | 113 | 6.5 | 5.83 | −0.2 | 112 | 6.8 | 5.84 | 0.0 | 112 | 8.3 | 5.84 | 0.0 |
| Y-2 | 113 | 6.0 | 5.84 | 0.0 | 110 | 8.7 | 5.84 | 0.0 | 113 | 7.1 | 5.84 | 0.0 | 111 | 6.9 | 5.84 | 0.0 |
| Y-3 | 113 | 7.1 | 5.84 | 0.0 | 112 | 7.7 | 5.84 | 0.0 | 113 | 7.2 | 5.84 | 0.0 | 111 | 7.6 | 5.84 | 0.0 |
| Y-30-A-1 | 112 | 9.2 | 5.84 | 5.86 | 0.3 | 7.1 | 5.84 | 0.0 | 112 | 8.0 | 5.84 | 0.0 | 111 | 6.1 | 5.84 | 0.0 |
| Y-30-A-3 | 112 | 6.4 | 5.84 | 0.0 | 111 | 6.5 | 5.84 | 0.0 | 113 | 6.7 | 5.84 | 0.0 | 112 | 6.3 | 5.84 | 0.0 |
| Y-30-A-5 | 113 | 8.5 | 5.84 | 0.0 | 112 | 8.8 | 5.84 | 0.0 | 112 | 8.3 | 5.84 | 0.0 | 111 | 8.8 | 5.84 | 0.0 |
| Y-30-B-1 | 113 | 7.2 | 5.84 | 0.0 | 111 | 8.8 | 5.84 | 0.0 | 112 | 8.5 | 5.84 | 0.0 | 111 | 6.5 | 5.86 | 0.3 |
| Y-30-B-3 | 110 | 9.0 | 5.84 | 0.0 | 110 | 5.9 | 5.84 | 0.0 | 111 | 8.2 | 5.86 | 0.3 | 110 | 6.5 | 5.84 | 0.0 |
| Y-30-B-5 | 113 | 7.1 | 5.84 | 0.0 | 111 | 8.0 | 5.84 | 0.0 | 110 | 8.7 | 5.84 | 0.0 | 112 | 7.5 | 5.84 | 0.0 |
| Y-35-A-1 | 114 | 6.4 | 5.84 | 0.0 | 112 | 6.4 | 5.85 | 0.2 | 110 | 6.3 | 5.84 | 0.0 | 112 | 6.1 | 5.84 | 0.0 |
| Y-35-A-3 | 110 | 6.0 | 5.84 | 0.0 | 110 | 7.9 | 5.84 | 0.0 | 113 | 8.9 | 5.84 | 0.0 | 111 | 8.3 | 5.84 | 0.0 |
| Y-35-A-5 | 111 | 7.2 | 5.84 | 0.0 | 112 | 7.7 | 5.84 | 0.0 | 112 | 8.5 | 5.84 | 0.0 | 111 | 6.9 | 5.84 | 0.0 |
| Y-35-B-1 | 113 | 7.6 | 5.83 | −0.2 | 114 | 6.4 | 5.84 | 0.0 | 113 | 6.6 | 5.84 | 0.0 | 112 | 7.5 | 5.84 | 0.0 |
| Y-35-B-3 | 111 | 6.7 | 5.84 | 0.0 | 113 | 6.2 | 5.84 | 0.0 | 114 | 6.8 | 5.84 | 0.0 | 114 | 6.8 | 5.84 | 0.0 |
| Y-35-B-5 | 110 | 6.5 | 5.84 | 0.0 | 113 | 6.4 | 5.84 | 0.0 | 114 | 7.3 | 5.84 | 0.0 | 111 | 7.5 | 5.84 | 0.0 |

表 2-24　Z厂家铝单线拉断力、断裂伸长率及等效直径

| 试件编号 | 外层 | | | | 邻外层 | | | | 邻内层 | | | | 内层 | | | |
|---|---|---|---|---|---|---|---|---|---|---|---|---|---|---|---|---|
| | 抗拉强度(MPa) | 断裂伸长率(%) | 等效直径(mm) | 直径偏差(%) | 抗拉强度(MPa) | 断裂伸长率(%) | 等效直径(mm) | 直径偏差(%) | 抗拉强度(MPa) | 断裂伸长率(%) | 等效直径(mm) | 直径偏差(%) | 抗拉强度(MPa) | 断裂伸长率(%) | 等效直径(mm) | 直径偏差(%) |
| Z-1 | 120 | 8.0 | 5.83 | −0.2 | 124 | 6.4 | 5.84 | 0.0 | 118 | 5.5 | 5.85 | 0.2 | 119 | 7.2 | 5.84 | 0.0 |
| Z-2 | 123 | 8.9 | 5.79 | −0.9 | 120 | 8.7 | 5.84 | 0.0 | 120 | 7.6 | 5.84 | 0.0 | 117 | 6.9 | 5.86 | 0.3 |
| Z-3 | 121 | 6.2 | 5.84 | 0.0 | 124 | 5.6 | 5.83 | −0.2 | 120 | 7.7 | 5.83 | −0.2 | 120 | 6.9 | 5.84 | 0.0 |
| Z-30-A-1 | 119 | 12.7 | 5.84 | 0.0 | 117 | 10.4 | 5.84 | 0.0 | 114 | 11.2 | 5.84 | 0.0 | 115 | 12.4 | 5.84 | 0.0 |
| Z-30-A-3 | 115 | 10.0 | 5.84 | 0.0 | 114 | 12.0 | 5.84 | 0.0 | 117 | 9.1 | 5.84 | 0.0 | 113 | 11.1 | 5.84 | 0.0 |
| Z-30-A-5 | 114 | 12.8 | 5.84 | 0.0 | 111 | 13.1 | 5.84 | 0.0 | 113 | 14.4 | 5.84 | 0.0 | 115 | 11.7 | 5.84 | 0.0 |
| Z-30-B-1 | 113 | 11.3 | 5.84 | 0.0 | 114 | 10.7 | 5.84 | 0.0 | 112 | 12.3 | 5.84 | 0.0 | 115 | 12.1 | 5.84 | 0.0 |
| Z-30-B-3 | 115 | 12.0 | 5.84 | 0.0 | 113 | 13.7 | 5.84 | 0.0 | 112 | 11.3 | 5.84 | 0.0 | 115 | 10.5 | 5.84 | 0.0 |
| Z-30-B-5 | 111 | 12.4 | 5.84 | 0.0 | 110 | 11.2 | 5.84 | 0.0 | 118 | 10.3 | 5.84 | 0.0 | 115 | 10.3 | 5.84 | 0.0 |
| Z-35-A-1 | 114 | 11.9 | 5.84 | 0.0 | 119 | 10.4 | 5.84 | 0.0 | 113 | 13.5 | 5.84 | 0.0 | 115 | 12.1 | 5.84 | 0.0 |
| Z-35-A-3 | 114 | 13.3 | 5.84 | 0.0 | 115 | 12.3 | 5.84 | 0.0 | 111 | 13.7 | 5.84 | 0.0 | 117 | 11.1 | 5.84 | 0.0 |
| Z-35-A-5 | 115 | 10.1 | 5.84 | 0.0 | 115 | 9.1 | 5.84 | 0.0 | 113 | 9.9 | 5.84 | 0.0 | 115 | 10.4 | 5.84 | 0.0 |
| Z-35-B-1 | 116 | 12.0 | 5.84 | 0.0 | 112 | 12.4 | 5.84 | 0.0 | 115 | 12.4 | 5.84 | 0.0 | 118 | 10.5 | 5.84 | 0.0 |
| Z-35-B-3 | 119 | 11.5 | 5.84 | 0.0 | 112 | 12.8 | 5.84 | 0.0 | 113 | 12.1 | 5.84 | 0.0 | 117 | 10.6 | 5.84 | 0.0 |
| Z-35-B-5 | 113 | 13.2 | 5.84 | 0.0 | 112 | 12.1 | 5.84 | 0.0 | 116 | 13.6 | 5.84 | 0.0 | 121 | 12.7 | 5.84 | 0.0 |

图 2-51　采用称重法测量铝单线截面积

（3）断裂伸长率。假设铝单线原始标距长度为 $L_0$，断裂时标距长度为 $L_a$，断裂伸长率是将断时伸长 $L_a-L_0$ 表示为 $L_0$ 的百分数。要求铝单线断裂伸长率不小于4%，由表 2-23、表 2-24 试验数据可知，导线试件铝单线断裂伸长率合格。

（4）等效直径及偏差。铝单线截面积采用称重法测量，如图 2-51 所示，取不少于 1m 长的导线试件，手工校直，两端做端面处理，采用精度为 1mm 的卷尺测量导线试件的长度，再用精度为 1‰的天平秤称取导线试件质量，然后按照测量的长度和质量计算铝单线截面积及等效直径。碳纤维芯导线铝单线等效直径偏差应不大于±2%。根据表 2-23、表 2-24 试验数据可知，导线试件铝单线等效直径满足要求。

综上所述，1660mm$^2$ 导线铝单线的外观、抗拉强度、断裂伸长率及等效直径合格。

3. 芯棒

（1）外观。通过目测法检查芯棒外观质量，试件芯棒外观无明显损伤，如图 2-52 所示。

图 2-52　试件芯棒外观

（2）直径及 $f$ 值（同一截面两个相互垂直方向上测量的直径的差值，技术条件规定不大于 0.05mm）。芯棒直径测量应使用精度不低于 0.002mm 的量具。直径应取在同一截面上两个相互垂直方向上的读数的平均值，修约到两位小数。根据表 2-25、表 2-26 的试验数据可知，导线试件芯棒直径及 $f$ 值合格。

**表 2-25　　Y 厂家芯棒直径、$f$ 值及玻璃纤维层厚度**

| 试件编号 | 芯棒直径（mm） | | | $f$ 值（mm，要求不大于 0.05mm） | 玻璃纤维层厚度（mm，要求不小于 0.55mm） |
|---|---|---|---|---|---|
| | 1 | 2 | 平均值 | | |
| Y-1 | 10.986 | 10.992 | 10.989 | 0.01 | 1.19 |
| Y-2 | 10.987 | 10.989 | 10.988 | 0 | 1.22 |
| Y-3 | 10.987 | 10.989 | 10.988 | 0 | 1.15 |

续表

| 试件编号 | 芯棒直径（mm） | | | f 值（mm，要求不大于 0.05mm） | 玻璃纤维层厚度（mm，要求不小于 0.55mm） |
|---|---|---|---|---|---|
| | 1 | 2 | 平均值 | | |
| Y-30-A-1 | 10.986 | 10.989 | 10.988 | 0 | 1.12 |
| Y-30-A-3 | 10.987 | 10.990 | 10.989 | 0 | 1.21 |
| Y-30-A-5 | 10.986 | 10.985 | 10.986 | 0 | 1.08 |
| Y-30-B-1 | 10.985 | 10.987 | 10.986 | 0 | 1.25 |
| Y-30-B-3 | 10.986 | 10.988 | 10.987 | 0 | 1.22 |
| Y-30-B-5 | 10.985 | 10.988 | 10.987 | 0 | 0.92 |
| Y-35-A-1 | 10.987 | 10.984 | 10.986 | 0 | 1.15 |
| Y-35-A-3 | 10.987 | 10.986 | 10.987 | 0 | 1.26 |
| Y-35-A-5 | 10.990 | 10.986 | 10.988 | 0 | 1.22 |
| Y-35-B-1 | 10.986 | 10.988 | 10.987 | 0 | 1.20 |
| Y-35-B-3 | 10.985 | 10.985 | 10.985 | 0 | 1.15 |
| Y-35-B-5 | 10.988 | 10.987 | 10.988 | 0 | 1.05 |

**表 2-26　　Z 厂家芯棒直径、*f* 值及玻璃纤维层厚度**

| 试件编号 | 芯棒直径（mm） | | | f 值（mm，要求不大于 0.05mm） | 玻璃纤维层厚度（mm，要求不小于 0.55mm） |
|---|---|---|---|---|---|
| | 1 | 2 | 平均值 | | |
| Z-1 | 10.954 | 10.959 | 10.957 | 0 | 1.15 |
| Z-2 | 10.962 | 10.962 | 10.962 | 0 | 1.05 |
| Z-3 | 10.956 | 10.959 | 10.958 | 0 | 1.07 |
| Z-30-A-1 | 10.998 | 11.000 | 10.999 | 0 | 0.95 |
| Z-30-A-3 | 10.996 | 10.996 | 10.996 | 0 | 0.93 |
| Z-30-A-5 | 10.997 | 10.993 | 10.995 | 0 | 0.92 |
| Z-30-B-1 | 11.000 | 11.002 | 11.001 | 0 | 0.94 |
| Z-30-B-3 | 10.999 | 10.998 | 10.999 | 0 | 0.76 |
| Z-30-B-5 | 10.999 | 10.999 | 10.999 | 0 | 1.05 |
| Z-35-A-1 | 10.998 | 10.996 | 10.997 | 0 | 0.92 |
| Z-35-A-3 | 10.994 | 10.999 | 10.997 | 0.01 | 1.07 |
| Z-35-A-5 | 11.000 | 10.999 | 11.000 | 0 | 0.81 |
| Z-35-B-1 | 10.998 | 10.999 | 10.999 | 0 | 1.03 |
| Z-35-B-3 | 11.000 | 10.999 | 11.000 | 0 | 0.95 |
| Z-35-B-5 | 10.996 | 10.999 | 10.998 | 0 | 1.14 |

（3）玻璃纤维层厚度。从导线试件上截取 30mm 芯棒，抛光横截面直至能明显区分碳纤维和玻璃纤维，将芯棒置于读数显微镜或放大倍率不小于 10 倍的投影仪工作面上，选取三处最薄点进行玻璃纤维层厚度测量，取其中最小值，测量值精确到小数点后三位。要求玻璃纤维层厚度不小于 0.55mm，根据表 2-25、表 2-26 的试验数据可知，芯棒玻璃纤维层厚度合格。

（4）卷绕。芯棒卷绕试验用芯棒长度应不少于 200$D$（$D$ 为芯棒直径），芯棒应在直径为 50$D$ 的筒体上以不大于 3r/min 的速度卷绕 1 圈，保持 2min，芯棒应不开裂、不断裂，芯棒卷绕试验如图 2-53 所示。

图 2-53　芯棒卷绕试验

分别取未过滑车导线、经包络角 30°过滑车和包络角 35°过滑车的导线试件芯棒进行卷绕试验，各试件卷绕试验均合格。

（5）扭转。芯棒扭转试验用芯棒❶长度应不少于 170$D$，一端固定在试验设备旋转夹头中，另一端固定在试验设备定位夹头中，定位夹头加载 40kg 砝码，试样以不大于 2r/min 的扭转速度在导轮上完成 360°的扭转，保持 2min，再将芯棒展直，其表层应不开裂。芯棒扭转试验如图 2-54 所示。各试件扭转试验均合格。

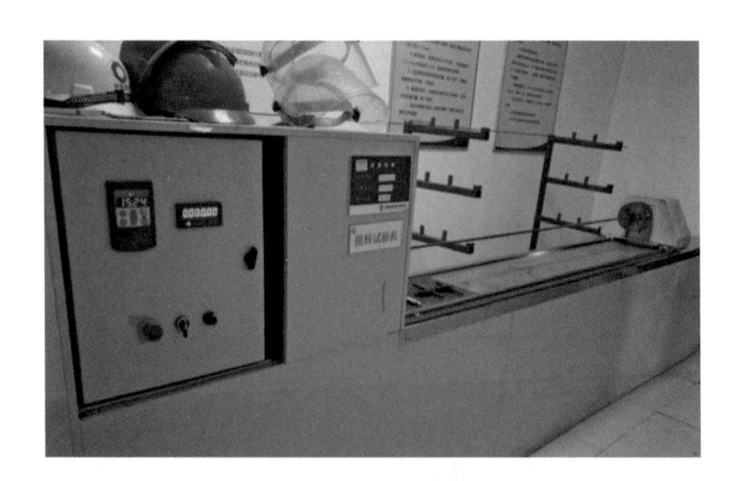


图 2-54　芯棒扭转试验

❶ 芯棒扭转试验用芯棒应已通过卷绕试验且试验合格。

（6）抗拉强度。芯棒抗拉强度试验用芯棒[1]有效拉伸长度不小于 70$D$。试验中保证芯棒的纵轴线与拉伸的中线重合，试验拉伸速度为 2mm/min。芯棒抗拉强度试验如图 2-55 所示，抗拉强度试验数据如表 2-27 所示。

图 2-55 芯棒抗拉强度试验

**表 2-27 芯棒抗拉强度试验数据**

| 序号 | 厂家 Y | | | 厂家 Z | | |
|---|---|---|---|---|---|---|
| | 试件编号 | 最大载荷（kN） | 抗拉强度（MPa） | 试件编号 | 最大载荷（kN） | 抗拉强度（MPa） |
| 1 | Y-1 | 229.33 | 2413.11 | Z-1 | 247.02 | 2608.83 |
| 2 | Y-2 | 252.79 | 2659.98 | Z-2 | 256.23 | 2696.18 |
| 3 | Y-3 | 245.17 | 2579.80 | Z-3 | 261.28 | 2759.38 |
| 4 | Y-30-A-1 | 247.23 | 2601.50 | Z-30-A-1 | 274.46 | 2888.10 |
| 5 | Y-30-A-3 | 255.02 | 2683.50 | Z-30-A-3 | 259.01 | 2725.50 |
| 6 | Y-30-A-5 | 238.33 | 2507.90 | Z-30-A-5 | 256.23 | 2696.18 |
| 7 | Y-30-B-1 | 243.43 | 2561.50 | Z-30-B-1 | 279.43 | 2940.30 |
| 8 | Y-30-B-3 | 248.09 | 2610.50 | Z-30-B-3 | 273.85 | 2881.60 |
| 9 | Y-30-B-5 | 237.06 | 2494.40 | Z-30-B-5 | 266.90 | 2808.50 |
| 10 | Y-35-A-1 | 247.48 | 2604.10 | Z-35-A-1 | 283.25 | 2980.50 |
| 11 | Y-35-A-3 | 239.41 | 2519.20 | Z-35-A-3 | 241.13 | 2537.33 |
| 12 | Y-35-A-5 | 251.78 | 2649.40 | Z-35-A-5 | 250.17 | 2632.49 |
| 13 | Y-35-B-1 | 228.99 | 2409.60 | Z-35-B-1 | 276.56 | 2910.10 |
| 14 | Y-35-B-3 | 228.34 | 2402.80 | Z-35-B-3 | 271.93 | 2861.50 |
| 15 | Y-35-B-5 | 242.48 | 2551.50 | Z-35-B-5 | 276.17 | 2906.10 |

如表 2-27 所示，导线试件芯棒抗拉强度均大于设计值 2400MPa，抗拉强度合格。同

[1] 芯棒抗拉强度试验用芯棒应已通过扭转试验且试验合格。

样可以看出，两个厂家的芯棒抗拉强度数值离散性较大，无明显规律。

（7）径向耐压性能。芯棒径向耐压试验用芯棒长度不小于 100mm，以 1～2mm/min 速度平稳径向加载直至破坏，其他试验条件应符合 GB/T 29324—2012《架空导线用纤维增强树脂基复合材料芯棒》的规定，记录最大压力值并目测试样端部开裂情况。芯棒径向耐压试验如图 2-56 所示，试验数据如表 2-28 所示。

图 2-56　芯棒径向耐压试验

**表 2-28　　芯棒径向耐压试验数据**

| 序号 | 厂家 Y | | 厂家 Z | |
|---|---|---|---|---|
| | 试件编号 | 最大载荷（kN） | 试件编号 | 最大载荷（kN） |
| 1 | Y-1 | 52.15 | Z-1 | 48.83 |
| 2 | Y-2 | 48.16 | Z-2 | 45.92 |
| 3 | Y-3 | 47.89 | Z-3 | 50.00 |
| 4 | Y-30-A-1 | 48.61 | Z-30-A-1 | 51.00 |
| 5 | Y-30-A-3 | 50.14 | Z-30-A-3 | 50.36 |
| 6 | Y-30-A-5 | 50.54 | Z-30-A-5 | 53.10 |
| 7 | Y-30-B-1 | 50.02 | Z-30-B-1 | 50.05 |
| 8 | Y-30-B-3 | 47.57 | Z-30-B-3 | 49.62 |
| 9 | Y-30-B-5 | 46.19 | Z-30-B-5 | 51.40 |
| 10 | Y-35-A-1 | 50.83 | Z-35-A-1 | 51.41 |
| 11 | Y-35-A-3 | 46.47 | Z-35-A-3 | 48.82 |
| 12 | Y-35-A-5 | 50.58 | Z-35-A-5 | 46.62 |
| 13 | Y-35-B-1 | 51.14 | Z-35-B-1 | 50.96 |
| 14 | Y-35-B-3 | 48.22 | Z-35-B-3 | 51.75 |
| 15 | Y-35-B-5 | 50.86 | Z-35-B-5 | 51.35 |

由表 2-28 可知，试验所得导线试件芯棒的径向耐压数据均大于标准规定的 30kN，径向耐压试验合格。

（8）染色试验。在卷绕试验之前在碳纤维芯棒上滴染料（如图 2-57 所示），观察芯棒有无细微损伤，未发现肉眼可见的裂纹损伤。

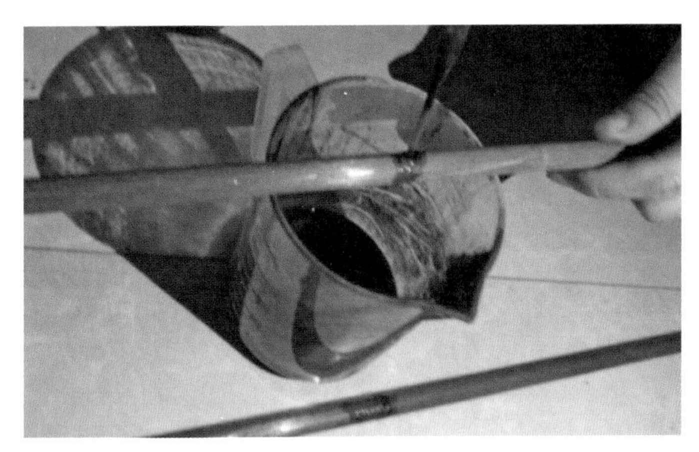

图 2-57　卷绕试验之前对芯棒染色

在卷绕试验之后，依据 DL/T 810—2012《±500kV 及以上电压等级直流棒形悬式复合绝缘子技术条件》开展碳纤维芯棒的染色试验，检测碳纤维芯棒是否受损。

试件制作过程如下：在流动的冷水下，用有金刚石层的圆锯片从芯棒上沿芯棒轴线垂直的方向切割下试件，试件长度为 10mm±0.5mm。切面应用 180 目细纱布磨光，两端切面应清洁且平行。

将芯棒试件垂直放入玻璃容器里，置于一层直径（1～2mm）相同的钢球或玻璃球上，将 1%的品红乙醇溶液（1g 的品红放入 100g 的乙醇中）染料倒入容器中，使其液面比球层的上平面高 2～3mm，染料可因毛细作用而从芯棒内上升，测量染料上升贯通试品的时间。染料上升贯通试品所用的时间长于 15min 为合格。卷绕试验后的染色试验如图 2-58、图 2-59 所示。

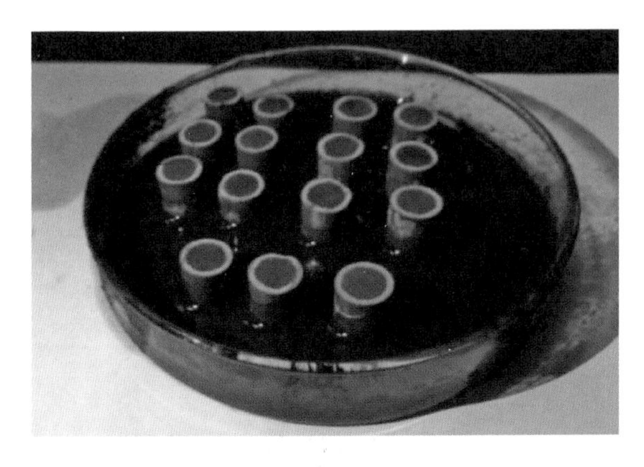

图 2-58　芯棒染色开始

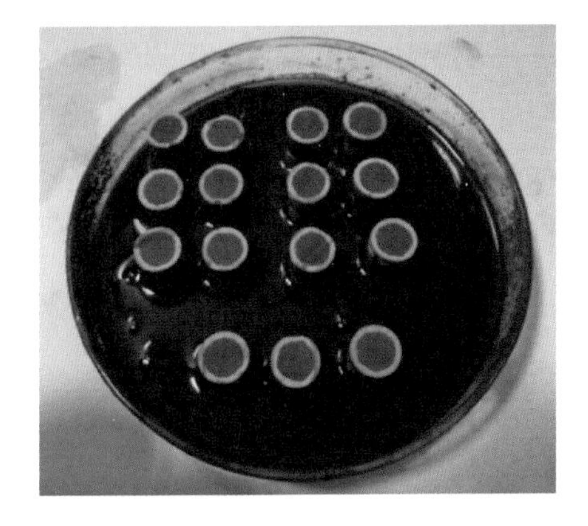

图 2-59　芯棒染色 15min 后

芯棒试样经过 15min 的染色试验后，染料没有上升贯通至试件上表面。由此可以判断，经过滑车试验后芯棒没有出现裂纹损伤。

试验结果表明，两个厂家的导线经包络角为 30°和 35°的过滑车试验前后各项指标均合格。考虑到工程现场施工工况比试验室试验工况要恶劣，为确保工程安全，结合

DL/T 5284—2019《碳纤维复合材料芯架空导线施工工艺导则》的规定，放线张力正常情况下，$1660mm^2$ 导线在放线滑车上的包络角超过 25°时应加挂双滑车，过滑车次数不应超过 20 次，放线张力不应超过 20%*RTS*，且在高山大岭等地形较差地区放线张力应适当降低。

## 三、施工机具选配及使用要点

所有大截面导线用施工机具在工程应用前均需开展型式试验，试验合格后才能进行工程应用。卡线器、网套连接器、装配式牵引器等与导线直接接触的承力机具应在施工前开展与导线的配合性试验，试验按照 DL 5009.2—2013《电力建设安全工作规程　第 2 部分：电力线路》附表 B.3 中关于机具定期检验的要求进行，卡线器按照 1.5 倍额定载荷进行试验，牵引装置按照 1.25 倍额定载荷进行试验。中国电科院研制了与 $1660mm^2$ 导线配套的一系列施工机具，施工机具型号如表 2-29 所示。

**表 2-29　　施工机具型号**

| 序号 | 机具名称 | 型号 |
| --- | --- | --- |
| 1 | 张力机 | SA-ZY-2×100 |
| 2 | 放线滑车 | SH-D-3NJ-1500/140 |
| 3 | 装配式牵引器 | SL-QT-1660 |
| 4 | 卡线器 | SK-LT-125 |
| 5 | 接续管保护装置 | $SJ_{II}$-$\phi$80×1380/49 |
| 6 | 单头网套连接器 | SL-W-120 |
| 7 | 提线器 | STT-2×60 |

### （一）张力机使用要点

张力机主卷筒槽底直径应不小于 2200mm。张力机进线导向轮等效直径不得小于 2000mm。碳纤维芯导线张力放线时，应先使张力机与放线架之间、线盘上的导线张紧，然后使张力机和放线架同步转动。张力机和放线架转动不同步将导致碳纤维芯导线在张力机与放线架之间承力过大形成弯折或承力不足造成松线、弯折，如图 2-60 所示。

图 2-60　放线架与张力机转动不同步造成松线（错误案例）

### （二）放线滑车使用要点

放线滑车滑轮槽底直径不应小于1500mm。轮槽宽度应能顺利通过装配式牵引器与接续管保护装置。放线滑车应与展放工艺相匹配。牵引板与放线滑车相匹配，保证牵引板通过。

碳纤维芯导线放线张力正常情况下，导线在放线滑车上的包络角超过25°时应加挂双滑车（如图2-61所示），以减小单个滑车包络角，确保导线芯棒不被损伤。若挂双滑车后包络角仍超过25°，若塔位周边满足选场要求，尽量在塔位处选择牵、张场；若无法作为牵、张场，只能在现场放线时重点关注压接管过滑车的情况，采取增加保护装置蛇节数量、在滑车处采用提线器等方法辅助通过。

图2-61　加挂双滑车

### （三）装配式牵引器使用要点

装配式牵引器具有小卡爪和大卡爪两级夹紧结构，既能夹紧碳纤维芯导线的芯棒，又能夹紧铝绞线，可以有效解决导线在牵引张力大时出现的芯棒缩芯问题，同时，装配式牵引器的蛇节型接续管保护装置能够有效保护芯棒。装配式牵引器可重复使用，技术经济性高。图2-62为分解的装配式牵引器。

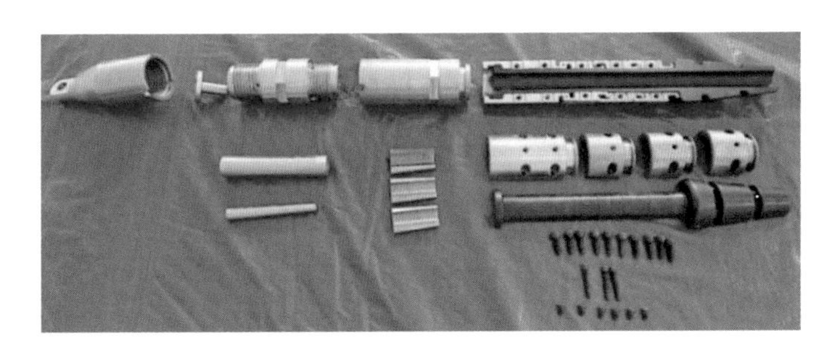

图2-62　分解的装配式牵引器

在1660mm$^2$导线张力放线过程中，必须使用装配式牵引器进行牵引放线，如图2-63所示。装配式牵引器使用前应开展与导线的配合性试验，满足要求后方可使用。

图 2-63　装配式牵引器牵引导线

## （四）卡线器使用要点

1660mm$^2$ 导线推荐使用不定长张力放线方式进行放线，不定长张力放线时导线直线接续管在张力场的张力机和第一基耐张塔之间安装压接。张力场集中压接，临时锚线使用专用卡线器，临时锚线时应注意导线与卡线器的角度，避免角度过小损伤芯棒。卡线器安装完成后，应立即在卡线器后部导线上安装胶管以保护导线，如图 2-64 所示。卡线器使用前应开展与导线的配合性试验，满足要求后方可使用。

图 2-64　卡线器后部导线上安装胶管

## （五）接续管保护装置使用要点

1660mm$^2$ 导线不定长张力放线时直线接续管需通过滑车。为避免过滑车时接续管弯曲变形及接续管两端的导线产生硬弯而对铝单线和芯棒造成损伤，应使用蛇节型接续管保护装置，如图 2-65、图 2-66 所示。蛇节型接续管保护装置的蛇节能够有效降低接续管出口处导线弯曲应力。

图 2-65　蛇节型接续管保护装置

## （六）网套连接器使用要点

网套连接器仅在导线换盘通过张力机时使用，如图 2-67 所示。两个单头网套连接器握持导线，通过抗弯旋转连接器连接在一起。碳纤维芯导线端部应安装钢箍并压紧后方可穿入网套。

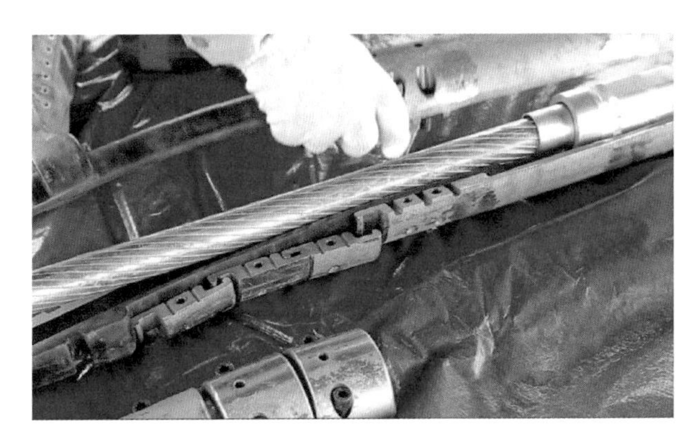

图 2-66　蛇节型接续管保护装置安装

图 2-67　网套连接器牵引导线通过张力机

不可使用网套连接器牵引 1660mm$^2$ 导线进行放线，如图 2-68 所示。

图 2-68　使用网套连接器牵引导线进行放线（错误案例）

（七）提线器使用要点

提线器的吊钩与导线接触面应包有橡胶，吊钩包胶与吊钩本体粘接均匀、牢固，且橡胶不得有明显磨损和损伤。吊钩表面应光滑，无锐边、毛刺、裂纹等缺陷，吊钩的承托面积和曲率半径应符合要求，吊钩沿线方向长度应符合导线在滑车上包络角不超过 25°的规定，吊钩宽度方向曲率半径不小于 30 倍导线直径。

# 第四节　紧　线　工　艺

## 一、紧线施工问题分析

紧线施工是碳纤维芯导线工程施工的关键环节，碳纤维芯导线工程事故大多发生在紧线施工前后。导线质量问题、紧线机具选用不当、紧线操作不规范是工程紧线施工事故的三大常见原因，应重点关注这三个方面，确保施工安全。

（一）导线质量问题

华东地区某 500kV 线路使用碳纤维芯导线，某相子导线在平挂、紧线过程中导线距塔 15m 处（距卡线器尾部大约 50cm）出现“灯笼股”现象。分析原因为铝单线的填充系数❶过高，锚线后铝单线延展，导致导线形成“灯笼股”。

碳纤维芯导线型线结构不合理、填充率过高，则握力分散在型线层间，不能全部传递到芯棒上，使导线径向传力能力差。牵引场临锚，卸掉牵引力后，导线所有拉力都由卡线器对导线的握力提供。若导线径向传力能力较差，则会导致芯棒与铝单线受力不同步，卡线器前部铝单线被拉长，尾部铝单线堆积，继而形成“灯笼股”，如图 2-69 所示。

图 2-69　卡线器后产生“灯笼股”

1660mm$^2$ 导线为半硬铝型线，具有大截面、大直径、四层绞制的特点，对导线本身工艺要求更高。在进行 1660mm$^2$ 导线紧线施工时应注意在工程施工前对导线进行检验，导线应具有合理的填充系数和铝股断面结构，确保导线径向传力满足施工需求。

---

❶ 填充系数：导线线芯导体实际截面积与线芯轮廓截面积之比。

## （二）机具选用不当

在临锚、紧线及挂线过程中，导线的所有拉力都由卡线器提供。如果卡线器结构不合理，在使用过程中会在卡线器出口处形成应力集中，存在将铝股夹断的风险，如图 2-70 所示。

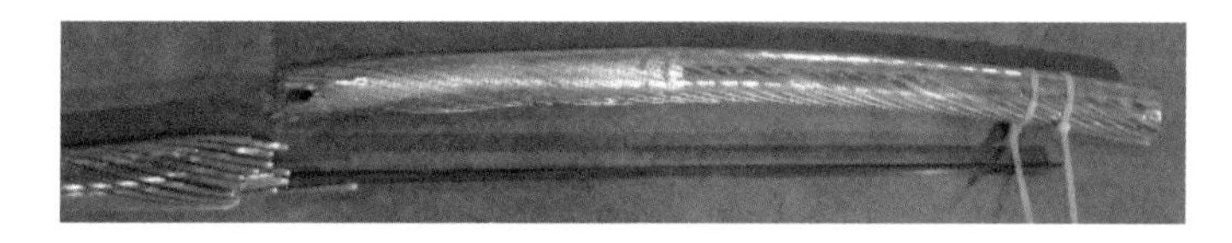

图 2-70　卡线器将导线铝股夹断

碳纤维芯导线芯棒的径向耐压能力较差，在受到超过其承受能力的径向挤压时，导线会产生轴向劈裂，且裂纹延伸长度较长。若直接使用剪线器将导线剪断，如图 2-71 所示，则会对芯棒造成损伤，产生安全风险。

图 2-71　用剪线器剪断碳纤维芯导线（错误案例）

综上所述，在进行 $1660mm^2$ 导线紧线施工时应选用专用的碳纤维芯导线配套卡线器，工程施工之前应对卡线器和导线进行配合试验；碳纤维芯导线应使用专用断线器进行断线，确保断线过程中芯棒不被损伤。

## （三）紧线操作不规范

某 220kV 碳纤维芯导线紧线时，两名工人为加速导线尾线下降，猛拽导线尾线，致使导线锐角折断，如图 2-72、图 2-73 所示。

预防措施为严格按照施工工艺施工，尽量不做地面压接，避免拖拽导线，以免其受到锐角弯折。进一步分析，在牵、张场选址阶段就要考虑，尽量不要在直线档做导线升空。若牵张段合适，牵、张场应尽量选在耐张塔前后，此时张力场处导线可直接引入塔上滑车，将导线牵至牵引场塔上滑车后可直接紧线，减少导线升空操作；若牵、张场选在直线档中，导线不宜在锚线连接处直接升空，宜在升空档两端滑车处作过轮临锚，此时解掉导线端锚，再通过过轮临锚进行导线升空操作。

图 2-72　卡线器尾部导线锐角弯折

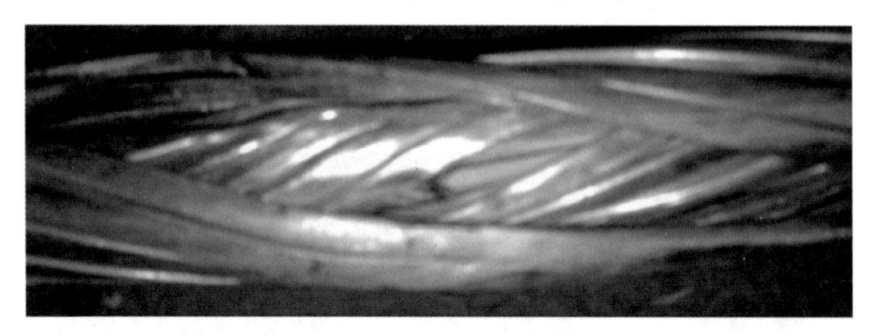

图 2-73　碳纤维芯导线弯折损伤

（四）未对导线端部采取措施

在碳纤维芯导线工程应用中，曾多次出现距离耐张线夹 10m 左右处导线断芯甚至断线的案例。分析其原因为临锚、断线操作后导线端部（有时包括耐张线夹）下垂，在卡线器处形成锐角硬弯，对铝单线及芯棒造成损伤。

由于 1660mm$^2$ 导线线密度大、压接后的耐张线夹重，在高空紧线施工时，容易因为上述自重而弯折。因此，在进行 1660mm$^2$ 导线紧线施工时应做好导线端部防护措施，避免导线受到锐角弯折。

## 二、专用卡线器选型及操作要点

### （一）卡线器选型

导线卡线器用于放线作业或紧线作业结束后，卡握住被展放完的导线或地线，再在线路上完成相关作业。在架空电力线路上进行松、紧导线作业时，卡线器用来连接导线和牵引机具，卡线器能自动夹牢导线且拆装方便。卡线器一般与紧线器❶连接，承受导线的最大紧线拉力。

1660mm$^2$ 导线紧线、锚线应采用 SK-LT-125 型专用平行移动式卡线器，如图 2-74 所示。SK-LT-125 型专用平行移动式卡线器的优点是节约工时、安全可靠，可以有效握紧导线。

---

❶ 紧线器：紧线施工中用于调整导（地）线弧垂的施工机具。

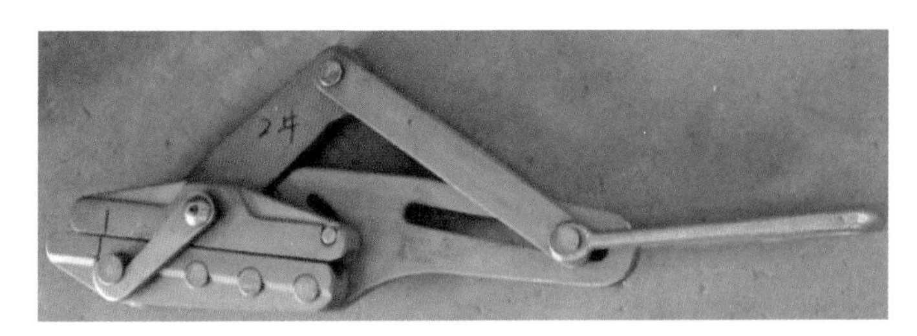

图 2-74　SK-LT-125 型专用平行移动式卡线器

### （二）卡线器与导线配合试验

卡线器是紧线过程中与导线直接接触的关键施工机具，其性能直接决定紧线操作的质量与安全。若卡线器与导线之间配合不好，可能造成卡线器滑移或铝股夹断等问题。因此，卡线器与导线的配合试验具有重要意义。

1. 试验要求

卡线器与导线的配合试验根据 DL 5009.2—2013《电力建设安全工作规程　第 2 部分：电力线路》附表 B.3 中关于机具定期检验的要求，按照卡线器 1.5 倍额定载荷进行试验，如图 2-75 所示，试验要求见表 2-30。

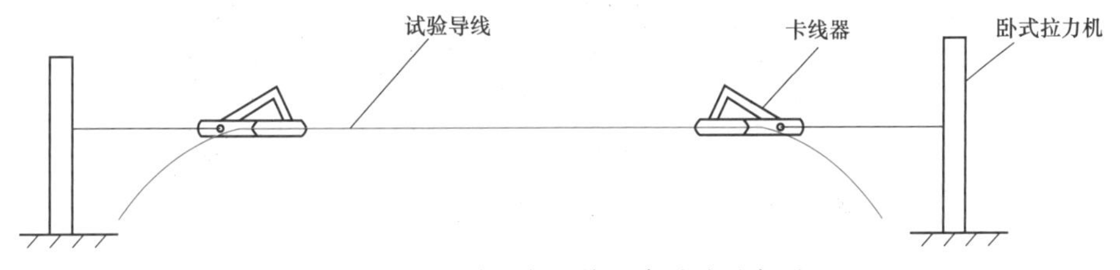


图 2-75　卡线器与导线配合试验示意图

表 2-30　卡线器与导线配合试验要求

| 名称 | 额定载荷（kN） | 试验载荷（kN） | 保持时间（min） |
|---|---|---|---|
| 卡线器 | 125 | 187.5 | 10 |

2. 试验设备

用卡线器握住导线，再通过一些辅助连接件安装到卧式拉力机两端，如图 2-76 所示，所用试验设备及辅助连接件见表 2-31。

图 2-76　碳纤维芯导线与卡线器配合试验

表 2-31　　试验设备及辅助连接件

| 序号 | 名称 | 数量 | 备注 |
| --- | --- | --- | --- |
| 1 | 卡线器 | 2 把 | SK-LT-125 型 |
| 2 | 卧式拉力机 | 1 台 | 额定荷载 2000kN |
| 3 | 试验导线 | 10m | 1660$mm^2$ 导线 |
| 4 | 辅助连接件 | 若干 | — |

3. 试验方法

(1) 截取长度不小于 10m 的 1660$mm^2$ 导线，用 2 把卡线器前后夹持，卡线器后端导线不短于 1m。

(2) 通过卧式拉力机进行加载，加载到 125kN 保持 10min 后卸载。

(3) 卸载后检查卡线器是否滑移，导线外层铝单线有无损伤情况，试验结果如图 2-77、图 2-78 所示。

(4) 检查卡线器是否拆装自如。

图 2-77　卡线器无滑移

图 2-78　外层铝股无明显损伤

试验表明，SK-LT-125 型卡线器能够有效握持导线而不损伤导线，满足工程应用需求。

## (三) 卡线器锚紧线操作

1. 避免硬弯

碳纤维芯导线芯棒抗弯扭性能较差，在碳纤维芯导线的包装、运输及施工过程中，曾出现导线锐角硬弯造成芯棒损伤的案例，如图 2-79、图 2-80 所示。在紧线过程中应避免碳纤维芯导线处于锐角硬弯状态，以免对芯棒造成损伤。

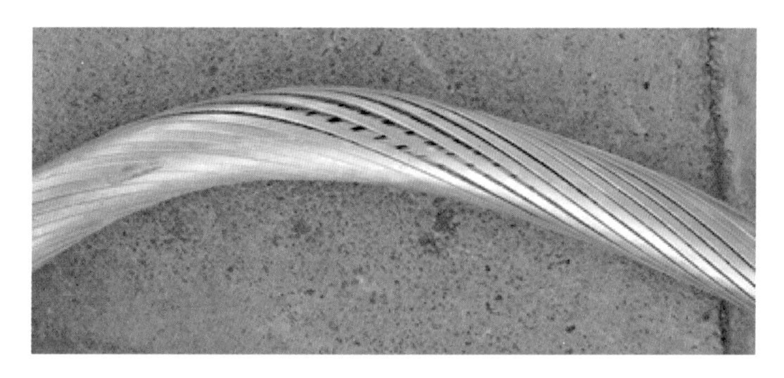

图 2-79　碳纤维芯导线锐角硬弯

图 2-80　硬弯导线芯棒劈裂（铝股为人工截断）

紧线过程中出现断线时，卡线器后端导线应不短于 1m。在使用特制卡线器时卡线器尾端导线不能用力折弯，水平方向应进行保护，如图 2-81 所示。割断导线前，在专用卡线器后端 0.5～1.0m 处用棕绳将导线松绑在钢丝绳上，防止松线时导线出现硬弯，如图 2-82所示。

图 2-81　紧线时避免卡线器出口导线硬弯

图 2-82　用棕绳将导线松绑在钢丝绳上

耐张线夹地面压接完成后升空时应用棕绳将锚环绑在锚绳上。耐张线夹高空安装压接好后应将金具绑缚在锚绳上防止跌落，以免在卡线器处对导线造成弯折损伤，如图 2-83 所示。

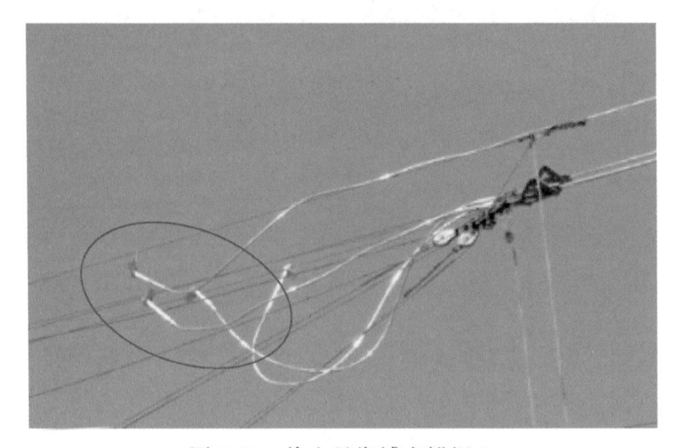

图 2-83　将金具绑缚在锚绳上

2. 避免碰撞

多分裂导线在使用卡线器紧线时应错开位置，避免不同子导线卡线器碰撞，碰撞产生的瞬间冲击易造成导线芯棒损伤，如图 2-84 所示。

图 2-84　多分裂导线紧线时卡线器碰撞

3. 避免扭转

在紧线过程中应采取措施防止卡线器转动，以免导线与钢丝绳绞到一起，如图 2-85 所示。由于碳纤维芯导线的抗弯扭性能较差，紧线过程中卡线器的扭转有可能造成芯棒损伤，产生安全隐患。

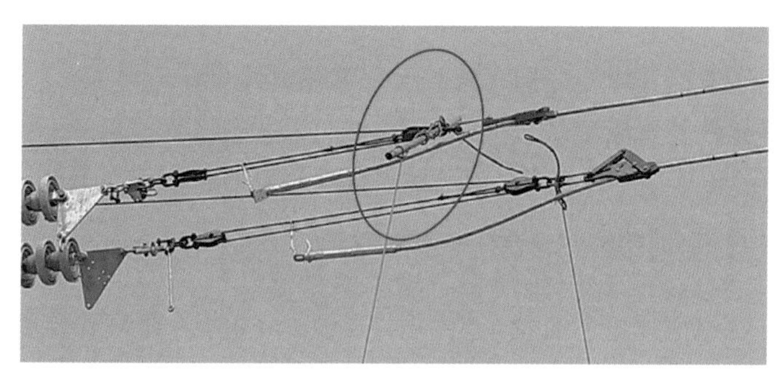

图 2-85 防扭措施

4. 避免磨损

导线临锚绳宜选用旋转力小的钢绞线，所有的导线临锚钢丝绳可能与导线接触的部位都应套上胶管，防止磨损导线。有条件的地方可选用包胶处理的钢丝绳作为临锚绳。

卡线器安装完成后应立即在卡线器后部导线上安装胶管以保护导线。

相邻子导线之间应相互错开，与临锚索具靠近的导线应套胶管，避免导线被其磨伤。

5. 避免导线滑移

卡线器用于紧线作业时，施工人员在卡线操作时应将卡线器一次性卡紧到位，避免紧线时导线滑移。

## 三、耐张塔紧线作业

1660mm$^2$ 导线紧线施工应使用配套专用卡线器，且在导线开断、耐张串悬挂时注意碳纤维芯导线不受弯折损伤。在观测弧垂时，应注意根据碳纤维芯导线特性参数进行温度补偿。1660mm$^2$ 导线不宜采用耐张线夹地面压接工艺，在特殊情况下采取地面锚线时，需采用先将导线升空再高空压接的方式。

### （一） 紧线前期准备

碳纤维芯导线工程一般情况下采用空中紧线、耐张塔平衡挂线或半平衡挂线的方法。

在开始紧线施工前，需完成以下准备工作：

（1） 检查各子导线在放线滑车中的位置，消除跳槽现象。

（2） 检查子导线是否相互绞劲，如绞劲，必须打开后再收紧导线。

（3） 紧线前，需检查：①紧线段内所展放在地面上的导线和地线的放线质量；②直线接续管的连接质量；③障碍设施等。

（4） 检查接续管位置，如位置不合适应先处理后再紧线。接续管位置应满足以下要求：①不允许接头档内没有压接管；②挂线后直线管距直线塔的悬垂线夹中心不小于 8m；③挂线后补修管距直线塔悬垂线夹中心不小于 5m；④挂线后直线管和补修管距耐张塔耐张线夹出口不小于18m。

（5）导线损伤应在紧线前按施工规范和技术要求处理完毕。

（6）现场核对弧垂观测档位置，复测观测档档距，设立观测标志。

（7）放线滑车在放线过程中设立的临时接地，紧线时仍应保留，并在紧线前检查是否仍良好接地。

（8）放线滑车采取高挂时，应向下移挂至正常悬挂高度。

（9）检查直线接续管保护套是否拆除。

（10）在紧线区段两端的承力塔上按设计条件布置临时拉线进行补强。

（11）检查通信是否畅通。

（12）紧线前，在紧线区段两端的承力塔紧靠导线挂线点的施工孔处布置临时拉线，每相（极）导线、每组地线应各布置至少一组拉线，下端应装有调节装置，对地夹角不得大于45°，如图2-86（a）所示。布置方向应沿导、地线的延长线方向，如图2-86（b）所示；或垂直于横担方向，如图2-86（c）所示；或平行于线路方向，如图2-86（d）所示。具体平衡张力按照设计规定。

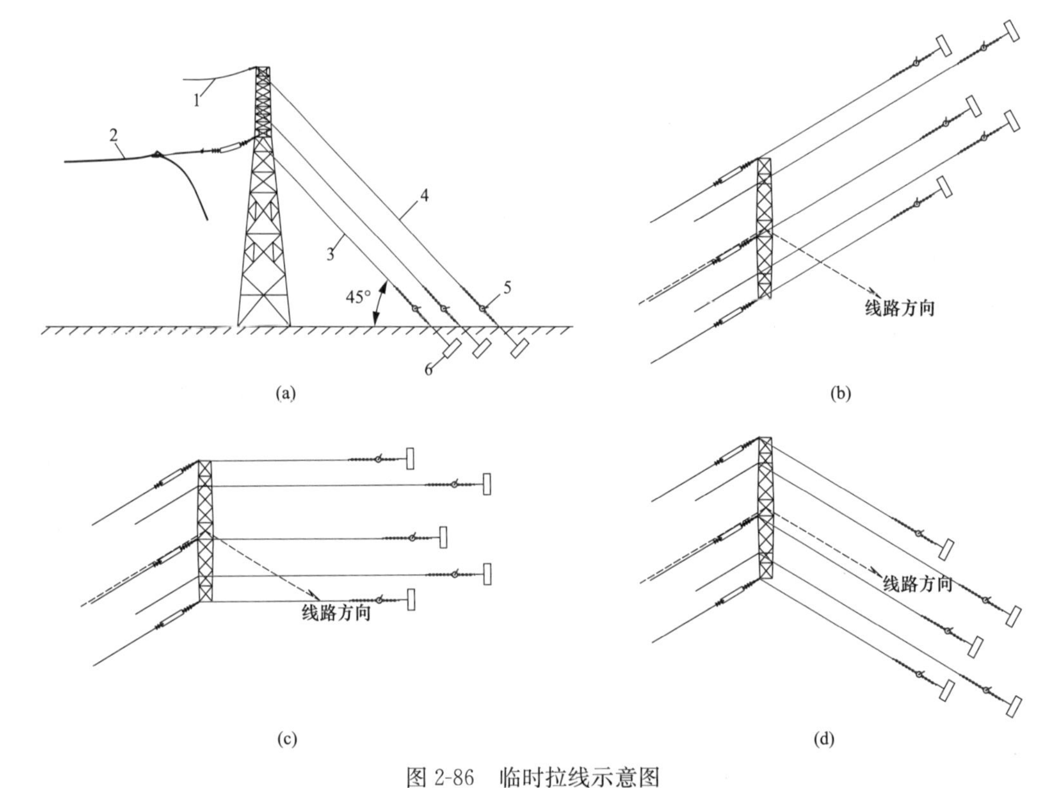


图2-86　临时拉线示意图

（a）平衡拉线布置侧视图；（b）平衡拉线布置俯视图（沿导、地线延长线方向）；
（c）平衡拉线布置俯视图（垂直于横担）；（d）平衡拉线布置俯视图（平行于线路）
1—地线；2—导线；3—导线平衡拉线；4—地线平衡拉线；5—手扳葫芦；6—拉线地锚

## （二）紧线临锚设置

紧线施工前，首先在紧线的另一端设置紧线临锚装置，主要包括导线、导线专用卡线器、放线滑车、支撑架、包胶钢绞线（带钢锚）和卸扣等，具体布置如图 2-87 所示。

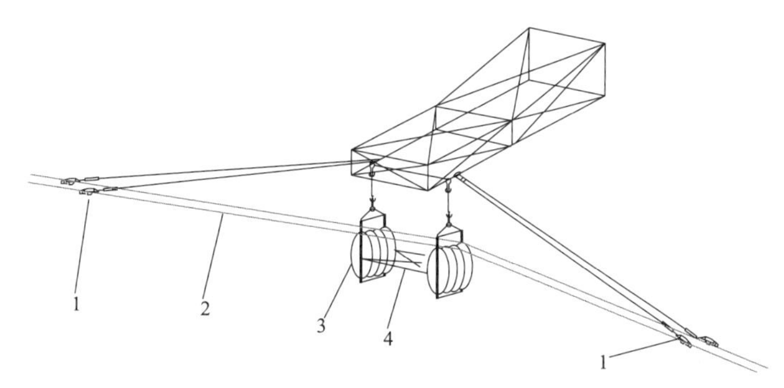


图 2-87　包胶钢绞线临锚导线布置示意图

1—碳纤维芯导线专用卡线器；2—导线；3—放线滑车；4—支撑架

## （三） 导线开断

首先在横担大小号侧各准备 4 根（以 4 分裂为例）5m 长的钢丝绳套，用于临锚开断后的导线，在大小号侧距离开断处 5m 的导线位置安装普通导线卡线器；然后在耐张塔大小号侧各使用一套“走一走一”❶ 滑车组（滑车组一端在横担上，另一端用导线专用卡线器与导线连接），同时安装在同一编号的子导线上，收紧两套滑车组使滑车上导线松弛，用钢丝绳套与普通导线卡线器相连；最后，在滑车中间用手锯开断该子导线，重新检查钢丝绳套与普通导线卡线器连接是否牢靠，防止导线脱落使卡线器处的碳纤维芯棒因弯曲过大而断裂。导线开断布置示意图如图 2-88 所示。

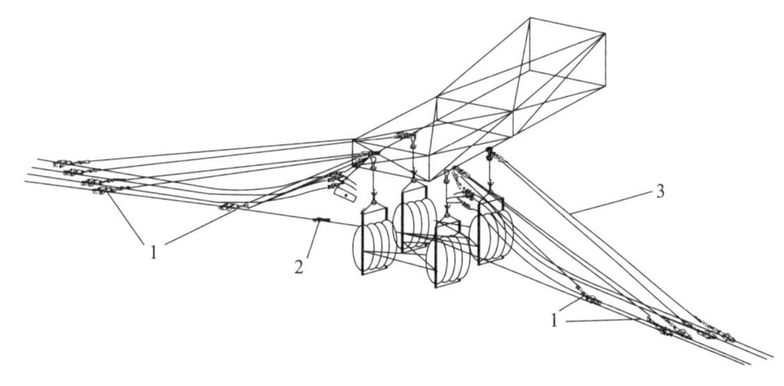


图 2-88　导线开断布置示意图

1—碳纤维芯导线专用卡线器；2—导线；3—钢丝绳套

## （四） 耐张绝缘子串悬挂

首先将绝缘子金具串在地面组装好，用“走一走一”滑车组（吊装用）进行绝缘子金具串吊装，边吊装边调整绝缘子碗口；然后在耐张串金具子导线 L 联板（或子导线调整

❶ “走一走一”：滑车组动滑轮对拉时钢丝绳的走线方式，“走一走一”为钢丝绳在一侧动滑轮上经过 1 次，在另一侧动滑轮上经过 1 次，“走一走二”为钢丝绳在一侧动滑轮上经过 1 次，在另一侧动滑轮上经过 2 次，以此类推。

板）上分别连接“走一走一”滑车组（紧线用）；最后将耐张绝缘子串在横担挂线点就位，将“走一走一”滑车组（紧线用）连接在紧线临锚的专用导线卡线器上，避免因碳纤维芯导线上两个专用导线卡线器受力方向不同而导致碳纤维芯棒折断。耐张绝缘子串悬挂示意图如图 2-89 所示。

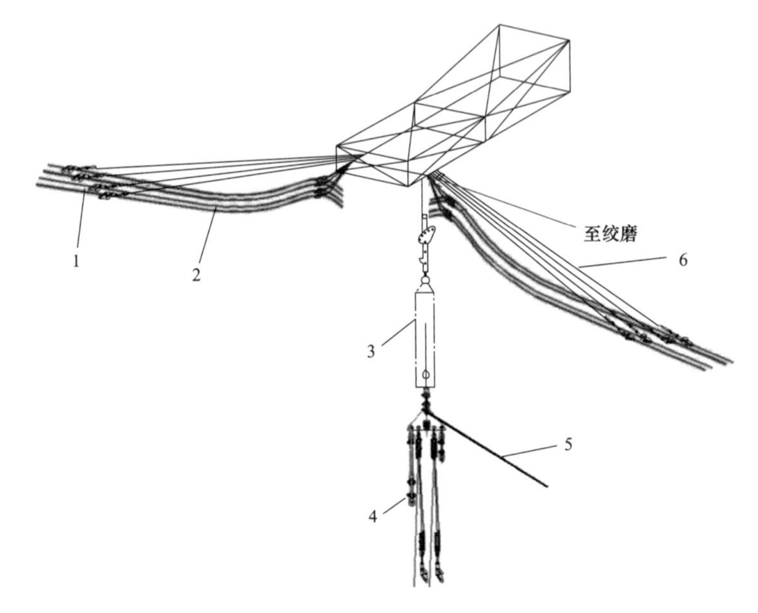


图 2-89　耐张绝缘子串悬挂示意图

1—碳纤维芯导线专用卡线器；2—导线；3—耐张绝缘子串；4—“走一走一”滑车组；5—尾绳；6—钢丝绳套

### （五）锚固塔挂线

耐张串悬挂好后，将高空压接吊篮悬挂在临时锚线钢绞线上，在吊篮中完成导线耐张线夹压接工作，如图 2-90 所示。碳纤维芯导线开断必须使用手锯锯断，严禁采用液压剪刀开断。压接过程中须特别注意应在 1660mm$^2$ 导线与卡线器连接处对导线进行保护，不能弯折。压接完成后，用白棕绳将耐张钢锚吊在临时锚线钢绞线接头上，确保卡线器处碳纤维芯导线不弯折。完成全部导线压接后，先收紧 2 套紧线滑车组使耐张串抬头并与耐张钢锚连接，然后放松 2 套紧线滑车组使耐张串受力，拆除 2 根上子导线的临锚装置。重复上述操作，完成 2 根下子导线的挂线工作。

### （六）耐张塔紧线

耐张串悬挂好后，收紧 2 套紧线滑车组，当绝缘子串抬头后在绝缘子尾部的三角板上悬挂一个五轮放线滑车，将临时锚线的专用导线卡线器到横担之间的导线穿过五轮放线滑车并放置在对应的轮槽中。再次收紧 2 套紧线滑车组，当导线弧垂达到设计值时，用 2 套“DB 板＋卸扣＋手扳葫芦＋卸扣＋导线卡线器”锚线装置锚好 2 根上子导线，然后拆除 2 套紧线滑车移至 2 根下子导线上，重复上述操作，用 2 套“DB 板＋卸扣＋手扳葫芦＋卸扣＋导线卡线器”锚线装置锚好 2 根下子导线，如图 2-91 所示。

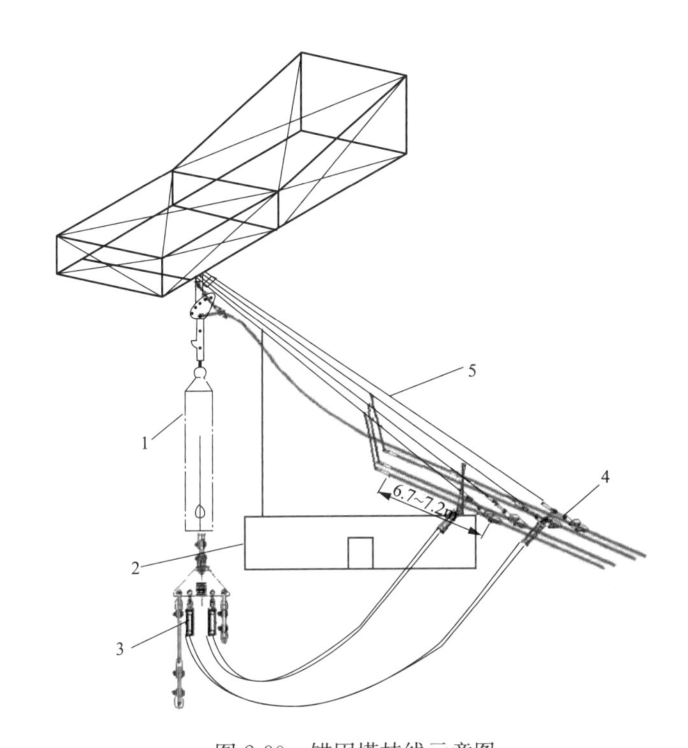


图 2-90　锚固塔挂线示意图

1—耐张绝缘子串；2—高空压接吊篮；3—“走一走一”紧线滑车组；
4—碳纤维芯导线专用卡线器；5—钢丝绳套

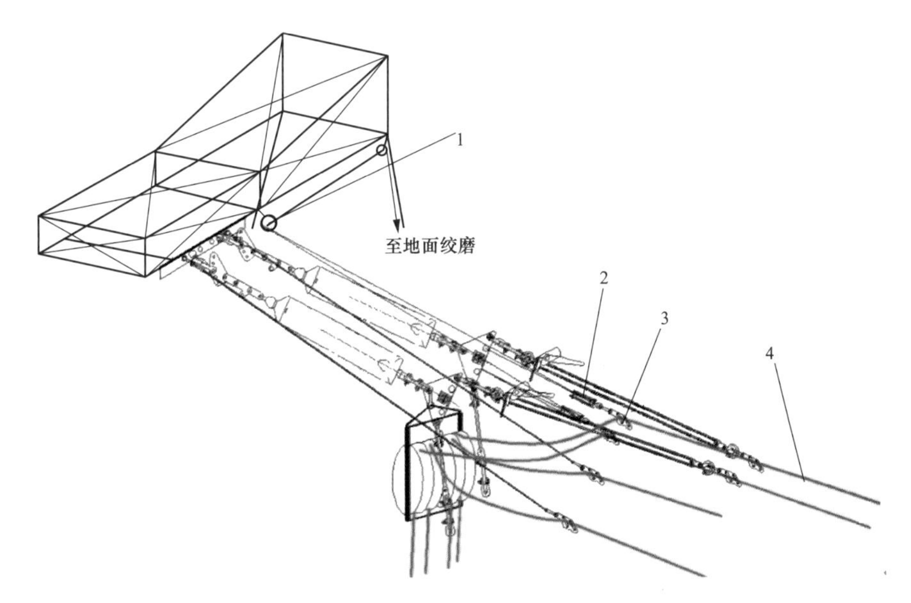


图 2-91　耐张塔滑车组紧线（粗调）示意图

1—转向滑车；2—紧线滑车组；3—碳纤维芯导线专用卡线器；4—导线

## （七）弧垂观测和调整

(1) 将各观测点实测温度值报告给工作负责人，工作负责人将紧线段的实测温度取平均值并通知各观测点，以使该紧线段在统一温度下观察弛度。将温度计置于不挡风又不直接接受阳光曝晒的地方，离地高度为1.5～2m。有重要交叉跨越的档内导、地线弧垂不得出现正误差。

（2）弛度观测方法应根据地形、塔型呼高、档距和弛度大小进行选择。

（3）放线段涉及两个及以上耐张段时：

1）观测整个放线段弛度，应都略小于紧线弛度，然后分别在各个耐张段耐张塔上用手扳葫芦细调观测弛度。

2）也可以先观测离紧线侧远的一个耐张段，弛度符合要求后画印，将耐张塔平衡开断，再观测近的耐张段，顺序进行。

（4）导线弧垂观测档的选择要求与地线弧垂观测档选择要求相同，但因放线段较长，段内耐张塔较多，需要根据不同代表档距的耐张段合理布置观测档。超长放线段❶观测档应不少于4档，以保证整个放线段内的导线弧垂符合设计及规范要求。

（5）弛度调整好后必须复查，观测人员及时填写紧线施工记录。

（6）当风力在三级以上时或雨、雾天气，不宜进行弛度观测。

（7）观测弛度应采取“远—中—近”“紧—松—紧”的顺序进行，具体为：

1）先调整距操作塔最远的观测档，以收紧的办法使其达到弛度要求。

2）再慢慢回松导线，使中间观测档弛度达到要求值。

3）最后再收紧导线，使最近的观测档弛度达到要求值，至此全部观测档调整完毕。

4）同相子导线的调整方式应力争一致，同一根导线应连续调完全部观测档弛度，以免已调好的观测档内产生弛度变化。同一观测档同相子导线应同时收紧或放松，以免在非观测档内因同相子导线弛度不一致（滑车摩擦阻力所致）和受力时间长短不同而造成蠕塑变形不同。

5）同相子导线要统一以其中已调好的一根子导线的弛度为标准，用经纬仪操平其余各根。

6）调整某一观测档的弛度时，应随时复查已经调好的观测档弛度有无变化。已调好的观测档应协助正在调整的观测档，控制收紧或放松的程度，避免收紧或放松过量，导致需重新调整。

（8）弛度观测完毕必须再进行复测，同时还应对邻档进行弛度测量，以校核弛度的准确度。

（9）紧线弛度争取一次调平，以防初伸长及气温变化影响紧线后弛度。

（10）弛度调整完毕后应对弛度进行复测，装好线夹后也应复查弛度，弛度的最终误差不得超出允许范围。

---

❶ 超长放线段：规程要求放线段长度宜控制在6～8km，且不宜超过20个放线滑车，超过上述要求的放线段称为超长放线段。

（八）直线塔画印

当紧线应力达到标准后，保持紧线应力不变，在本紧线段内所有直线铁塔上同时画印。

当导、地线全部调整完成后再进行一次复查，复查时发现问题要及时调整。确认无误后再逐基直线塔进行画印。

画印工具采用垂球、三角尺、画印笔，以保证画印的精度。用垂球将横担挂孔中心投影到任一子导线上，以三角板一边与导线靠紧，另一直角边对准画印点，对各子导线逐根画印，使各印记点连成的直线垂直于导线，如图 2-92 所示。

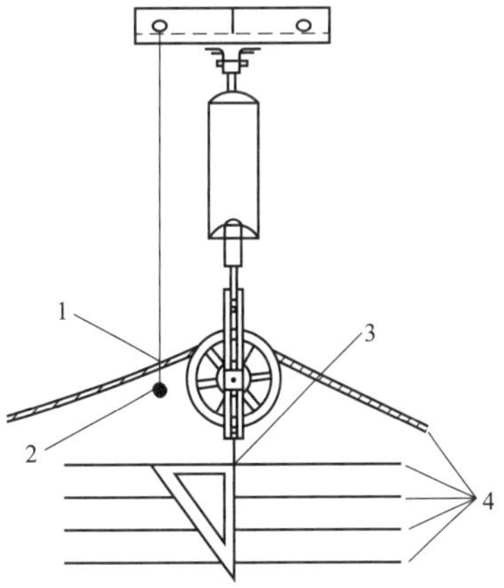

图 2-92　直线塔画印示意图

1—垂球印；2—垂球；
3—画印点；4—子导线

（九）操作塔挂线

确认导线上所画印记后，断线时计入耐张线夹压接所需扣除的长度，在空中操作平台上压接耐张线夹，然后将压接好的耐张线夹连接耐张串，待耐张串完全受力后卸下空中操作平台并拆除锚线工具，最后安装其他附件。

## 四、直线塔紧线作业

当碳纤维芯导线放线选场，不得不选择直线塔作为施工段起止塔时，应在耐张塔上直通放线，该直线塔应满足直线档压接升空❶锚线工况的受力要求。1660mm$^2$ 导线放线施工应尽量规避使用此工艺。

（一）过轮临锚

（1）过轮临锚设在紧线牵引端的第一基直线塔上，与地面夹角不大于 20°，其地锚设置与线端临锚相同，且每根导线的地面临锚与过轮临锚应为两套独立系统，不得合用。

（2）在放线滑车横梁板的预留孔上安装直角挂板，将锚绳置于直角挂板中。过轮临锚的连接顺序从导线起依次为卡线器、卸扣、临锚绳、卸扣、手扳葫芦、过轮临锚的地锚（或地钻群）。临锚绳采用钢绞线，过轮临锚的地锚采用与紧线地锚相同的形式。

（3）在过轮临锚卡线器前方，用卡线器卡住导线，下接卸扣、钢丝绳头，两根钢丝绳头接一根钢绞线作为反向临锚绳，临锚绳下接卸扣、手扳葫芦、反向临锚的地锚，反向临锚的地锚采用与紧线地锚相同的形式，一相两组，每组三根钻桩。导线过轮临锚如图 2-93 所示。

（4）在卡线器可能与导、地线碰触处及锚绳与导、地线的交叉处应用橡皮管套在导、地线上。

（5）过轮临锚及反向临锚受力后应保持导线画印点在原来的位置不变。

---

❶　直线档压接升空：直线档中牵引机、张力机转移后，对牵引机、张力机前后展放的导线进行接续连接，在紧线过程中拆除临锚使导线腾空的过程。

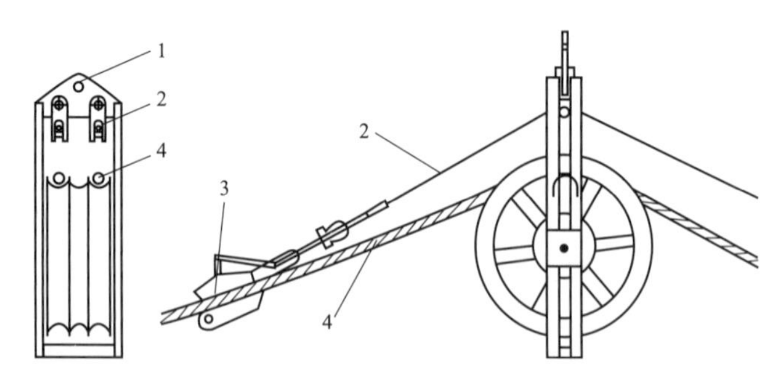


图 2-93　过轮临锚设置示意图

1—直角挂板；2—钢绞线；3—卡线器（后面配橡皮管）；4—导线

## （二）直线塔中间档压接

（1）在直线塔中间档进行导线地面压接布置，如图 2-94 所示。两地面临锚中间位置附近设置压线软绳及临锚系统。

（2）将前一牵张段与本牵张段各自临锚的对应子导线连接，注意导线的顺序不能扭绞，尤其是压接管的位置要合适，防止紧线后离线夹太近。压接导线时，应使两端线头能搭头压接即可。

（3）根据 DL/T 5284—2019《碳纤维复合材料芯架空导线施工工艺导则》进行导线压接。

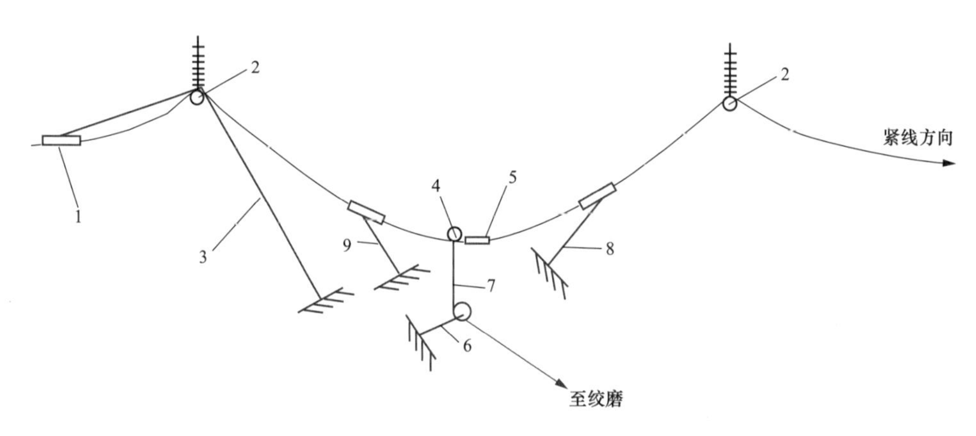


图 2-94　导线地面压接布置示意图

1—碳纤维芯导线专用卡线器；2—紧线滑车组；3—过轮临锚；4—压线滑车；5—接续管；6—地面临锚；7—压线软绳；8—反向临锚；9—本线临锚

## （三）直线接续管升空

（1）压接完成检查无误后，导线压接升空应按相逐根进行；用压线软绳连接压线滑车压住导线，用绞磨通过转向滑车控制压线软绳。

（2）分别用两套紧线滑车组收紧两侧导线，直至松开地面临锚，收紧压在导线上的压线软绳，如图 2-95 所示。上一紧线段只松地面临锚，不松过轮临锚和反向临锚。

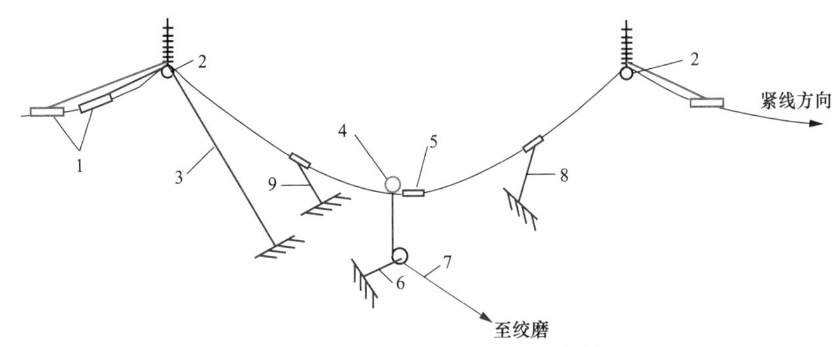


图 2-95　导线升空步骤 1——紧线

1—碳纤维芯导线专用卡线器；2—紧线滑车组；3—过轮临锚；4—压线滑车；
5—接续管；6—地面临锚；7—压线软绳；8—反向临锚；9—本线临锚

（3）逐渐松出两套紧线滑车组，使压线软绳受力，直至两套紧线滑车组全部松出并拆除，如图 2-96 所示。

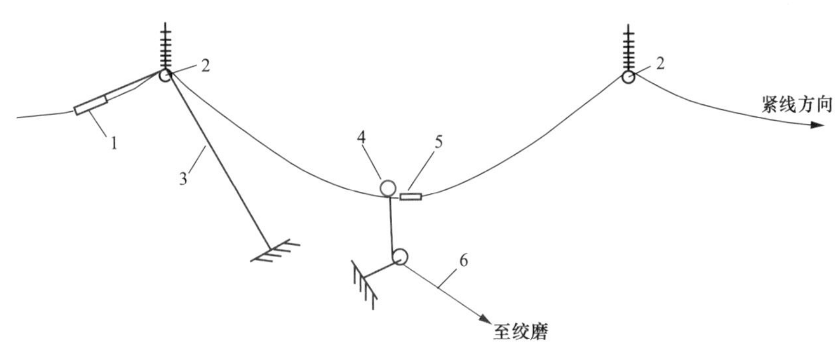


图 2-96　导线升空步骤 2——松出紧线滑车组

1—碳纤维芯导线专用卡线器；2—紧线滑车组；3—过轮临锚；4—压线滑车；5—接续管；6—压线软绳

（4）慢慢回松压线软绳，使导线徐徐升空，导线升至压线软绳不受力后，拆除压线软绳，如图 2-97 所示。

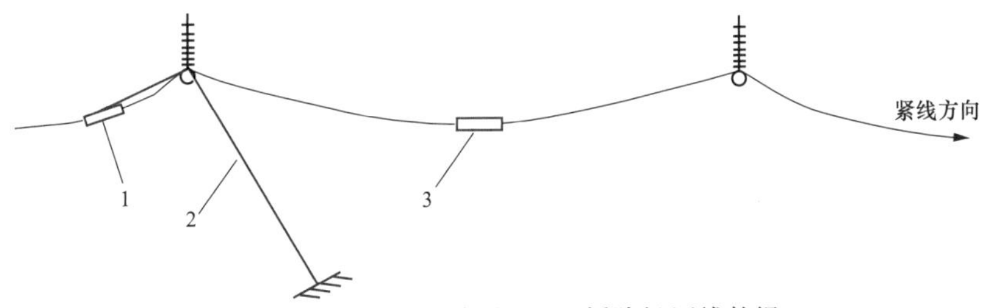


图 2-97　导线升空步骤 3——拆除松压线软绳

1—碳纤维芯导线专用卡线器；2—过轮临锚；3—接续管

（5）在导线升空时，如余线较多应配合及时收余线，并派人在重要跨越档进行监控。

（6）地面临锚及紧线滑车组拆除后，由过轮临锚平衡上一紧线段导、地线张力；在下一步紧线过程中，由过轮临锚和反向临锚保证上一紧线段导、地线应力变化的独立性。

综上所述，在直线接续管升空过程中涉及直线档两端的两套紧线滑车组的同时收紧、松出，压线软绳的协同松出，以及过轮临锚和反向临锚的配合，是一个较为复杂和精细的操作过程。在设计施工方案时，一般应避免碳纤维芯导线的直线档压接升空。

### 五、紧线工艺研究成果

中国电科院从碳纤维芯导线紧线施工问题分析、碳纤维芯导线专用紧线机具及技术要点研究、碳纤维芯导线耐张塔空中紧挂线工艺研究、碳纤维芯导线直线档压接升空四个方面对 1660mm$^2$ 导线紧线施工工艺进行研究，取得以下成果：

（1）碳纤维芯导线工程事故大多与紧线施工相关。碳纤维芯导线本身质量不合格、紧线机具选用不当、紧线操作不规范是造成紧线施工事故的常见原因，紧线施工应重点关注这三个方面，确保施工安全。

（2）确定碳纤维芯导线耐张塔空中紧挂线工艺，包括紧线前期准备、紧线临锚设置、导线开断、耐张串悬挂、紧挂线、弧垂观测及调整、直线塔画印等步骤。

（3）确定碳纤维芯导线直线塔中间档压接升空工艺，包括过轮临锚、直线塔中间档压接、直线接续管升空三个步骤。

（4）确定碳纤维芯导线紧线技术要点。紧线工艺主要包括紧线、弧垂观测与调整、画印、临锚等。碳纤维芯导线的紧线、弧垂观测与调整、画印、临锚方法和钢芯铝绞线相同，可参考 DL/T 5286—2013《±800kV 架空输电线路张力架线施工工艺导则》的规定，结合碳纤维芯导线特点，应特别注意以下几点：

1）紧线方式。DL/T 5286—2013《±800kV 架空输电线路张力架线施工工艺导则》规定，张力放线结束后应尽快紧线。1660mm$^2$ 导线紧线施工应尽量避免采用直线塔紧线工艺。GB 50233—2014《110kV～750kV 架空输电线路施工及验收规范》规定，以耐张型杆塔为紧线塔时应按设计要求装设临时拉线进行补强；采用悬垂直线杆塔紧线时应选取设计允许的悬垂杆塔做紧线临锚塔。

2）紧线机具。碳纤维芯导线临锚、紧线应使用经过导线配合性试验的专用卡线器进行操作，且在紧线过程中应避免碳纤维芯导线处于锐角弯折状态，以免对芯棒造成损伤。碳纤维芯导线断线时，不可使用剪线器直接剪断导线，应用手锯锯断。

3）弧垂测控。考虑到绞线初伸长的迅速释放特性，放线弧垂通常采用降温补偿法，根据碳纤维芯导线的蠕变情况进行温度补偿，不同规格的碳纤维导线会有差异，以设计院的施工图为准。如果放线弧垂按照降温 20℃观测，则验收弧垂应参照实时气温（即未降温）弧垂进行观测，因为绞线初伸长的快速释放必将导致弧垂增加。子导线初伸长的释放程度随着子导线放线张力和受力时间的不同而存在一定的偏差，但各相之间的偏差可以通过调整板调整至允许范围内。

## 第五节　施工工艺方法总结

针对 1660mm$^2$ 碳纤维芯导线，中国电科院通过分析现有施工工艺及配套设备能力现状，结合碳纤维芯导线结构特性及施工需求，采用试验验证法、反证法等研究方法，开展了 1660mm$^2$ 碳纤维芯导线接续工艺、放线工艺和紧线工艺研究。技术路线图如图 2-98 所示。

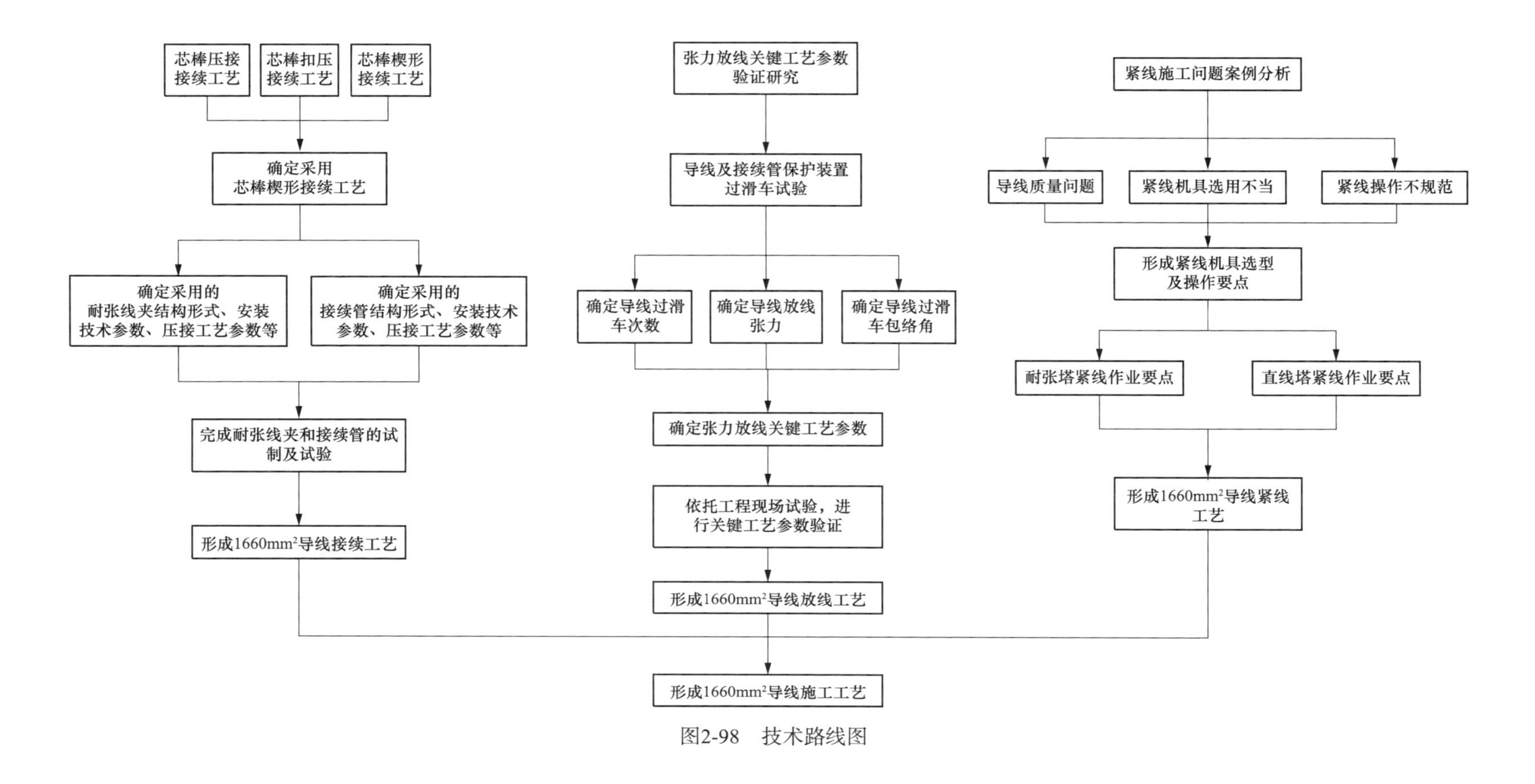
芯棒压接接续工艺
芯棒扣压接续工艺
芯棒楔形接续工艺
确定采用芯棒楔形接续工艺
确定采用的耐张线夹结构形式、安装技术参数、压接工艺参数等
确定采用的接续管结构形式、安装技术参数、压接工艺参数等
完成耐张线夹和接续管的试制及试验
形成1660mm²导线接续工艺
张力放线关键工艺参数验证研究
导线及接续管保护装置过滑车试验
确定导线过滑车次数
确定导线放线张力
确定导线过滑车包络角
确定张力放线关键工艺参数
依托工程现场试验，进行关键工艺参数验证
形成1660mm²导线放线工艺
紧线施工问题案例分析
导线质量问题
紧线机具选用不当
紧线操作不规范
形成紧线机具选型及操作要点
耐张塔紧线作业要点
直线塔紧线作业要点
形成1660mm²导线紧线工艺
形成1660mm²导线施工工艺

图2-98　技术路线图

（一）接续工艺

针对碳纤维芯导线结构特性，对比研究了芯棒压接接续工艺、芯棒扣压接续工艺和芯棒楔形接续工艺，考虑到芯棒材料特性，确定 1660mm$^2$ 碳纤维芯导线采用芯棒楔形接续工艺。根据导线和芯棒外径确定楔形金具结构尺寸，根据导线握力要求确定楔形金具安装尺寸，最终通过楔形金具的试制及压接试验，形成 1660mm$^2$ 碳纤维芯导线接续工艺。

（二）放线工艺

采用试验验证法开展导线及接续管保护装置过滑车试验，通过试验确定导线过滑车次数、导线放线张力和导线过滑车包络角关键放线工艺参数，并通过工程现场放线试验，确定了张力机、放线滑车等施工机具选配及使用要求，形成 1660mm$^2$ 碳纤维芯导线放线工艺。

（三）紧线工艺

导线紧线施工问题，确定碳纤维芯导线卡线器选型及紧线操作要点，并通过工程现场紧线试验，完成了耐张塔紧线作业要点和直线塔紧线作业要点分析，形成 1660mm$^2$ 碳纤维芯导线紧线工艺。

第三章

# 张 力 机

## 第一节 张力机分类及特点

### 一、定义及性能要求

输电线路张力放线用张力机（简称张力机）是在输电线路张力放线施工中通过双卷筒提供阻力矩，使导线保持一定张力通过双卷筒被展放的机械设备。张力机主要由张力产生和控制装置、传动系统、放线卷筒、机架、辅助装置、配套设备等部分组成，其中，张力产生和控制装置是张力机最关键的部分，张力机主要通过该装置产生平衡牵引力的阻力矩。

为了提高张力放线的施工效率和保证张力放线的施工质量，除了满足 DL/T 1109—2019《输电线路张力架线用张力机通用技术条件》规定外，1660mm$^2$ 导线用张力机还应满足如下要求：

（1）额定张力应覆盖以下导线展放需求：1660mm$^2$ 导线、直径在 55mm 以内的一般导线和特高压工程使用的大跨越导线，并由此计算额定张力等参数。

（2）放线卷筒槽底直径应确保 1660mm$^2$ 导线不发生芯棒断裂、铝单线断裂和导线散股问题，同时应控制张力机整体结构尺寸，提高张力机的运输便利性。

（3）最大放线速度不应低于 5km/h。

（4）张力机应能够实现恒张力放线，且张力能够根据放线要求在最小值与最大值之间设置，并能无级控制放线张力的大小。

### 二、张力机分类与构成

#### （一）按制动张力产生的方法分类

根据张力产生和控制的原理，张力机可分为液压制动张力机、机械摩擦制动张力机、电磁制动张力机和空气压缩制动张力机。

1. 液压制动张力机

液压制动张力机通过液压电动机、液压阀等液压元件组成的液压系统，经高压溢流阀节流而产生制动张力，如图 3-1 所示。液压制动张力机的最大优点是能无级控制放线张力的大小，张力平稳，容易实现过载保护；缺点是液压元器件较多，整机质量较大。

我国自20世纪70年代中期开始着手研制液压传动形式的中型张力放线设备，同时陆续从国外引进大批较先进的张力放线设备，90年代后期开始研制大型张力放线设备。

在大截面钢芯铝绞线张力放线方面，国内已具备成熟的施工工艺及配套施工机具，如图3-2所示的SA-ZY-2×80型张力机，于2013年研制成功，已先后应用于灵州—绍兴、酒泉—湖南和晋北—南京等多个特高压直流输电工程。截至2018年底，SA-ZY-2×80型张力机共展放1250mm² 大截面导线超过10 000km。

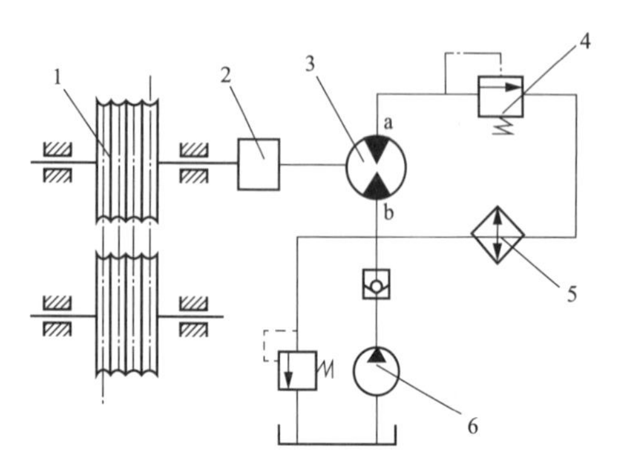


图3-1 液压制动张力机结构示意图

1—放线机构；2—增速器；3—液压电动机；4—高压溢流阀；5—散热器；6—辅助液压泵

图3-2 SA-ZY-2×80型张力机

SA-ZY-2×80型张力机放线卷筒槽底直径为1850mm，最大张力为2×90（1×180）kN，具备展放1250mm² 和1520mm² 大截面导线的施工能力。但是由于碳纤维芯导线抗弯性能差，弯曲半径过小易对芯棒产生损伤，与相近直径的钢芯铝绞线相比，须选用更大槽底直径的张力机进行放线施工。

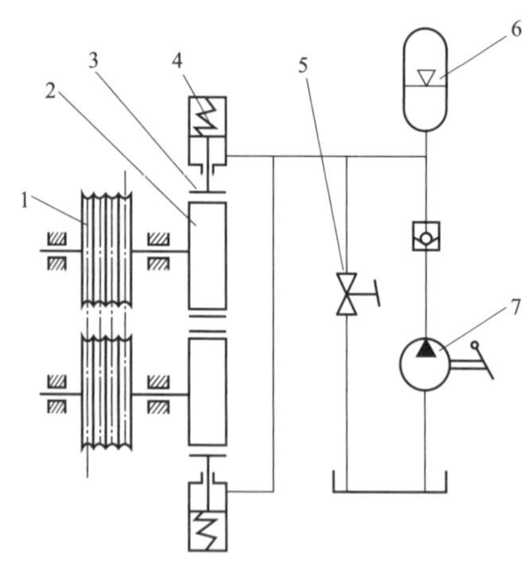


图3-3 机械摩擦制动压力机原理示意图

1—放线机构；2—制动鼓；3—制动带；4—液压缸；5—截止阀；6—蓄能器；7—手动液压泵

2. 机械摩擦制动张力机

张力机采用机械摩擦制动时，放线机构直接和由摩擦片（或制动带）、摩擦盘（或制动鼓）组成的摩擦副相连，摩擦副的相对转动产生了阻力矩，从而使导线上产生制动张力，如图3-3所示。机械摩擦制动张力机的最大优点是结构简单；操作、维护方便；制造成本低廉；体积小、质量轻，容易实现轻型化。缺点是张力不如液压制动稳定。

3. 电磁制动张力机

电磁制动张力机是利用电磁感应在转盘上产生涡流的原理，在放线机构上产生阻力矩，如图3-4所示。电磁制动张力机的优点是操作方便，结构较简单，噪声小；缺点是整机造价较高，低速性能较差，还必须有电源。

4. 空气压缩制动张力机

空气压缩制动张力机是利用放线机构驱动气泵压缩空气并节流排放产生阻力矩，如图 3-5所示。空气压缩制动张力机的优点是结构简单、质量轻；缺点是噪声大、张力的平稳性较差、制动功率小。

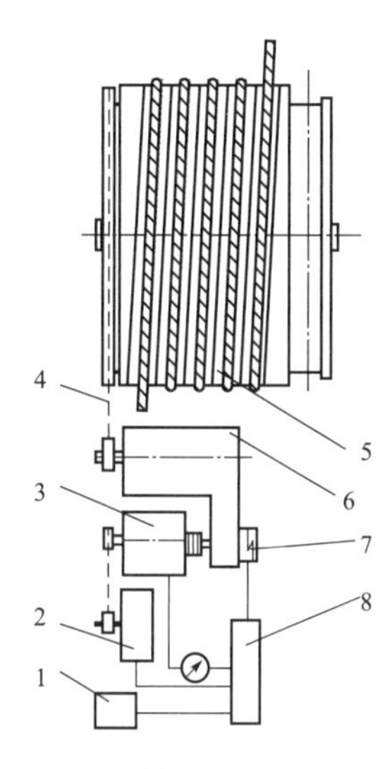


图 3-4 电磁制动张力机原理示意图

1—电源；2—电动机；3—涡流制动装置；4—链传动机构；5—放线机构；6—增速器；7—制动器；8—电气控制装置

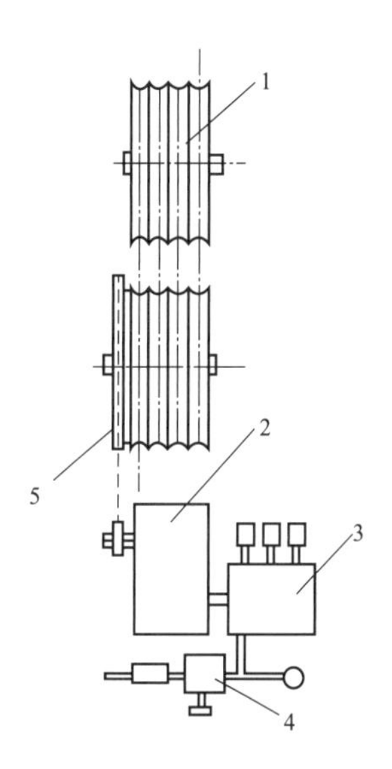


图 3-5 空气压缩制动张力机原理示意图

1—放线机构；2—增速器；3—空气压缩机；4—流量控制装置；5—链传动增速装置

不同张力制动形式优缺点对比如表 3-1 所示。

**表 3-1 不同张力制动形式优缺点对比**

| 张力制动形式 | 工作原理 | 优点 | 缺点 |
|---|---|---|---|
| 液压制动 | 通过高压溢流阀节流，调节液压泵进出口压力差 | 1. 无级调整张力大小；<br>2. 张力平稳；<br>3. 可实现过载保护 | 1. 液压元器件较多，整机质量较大；<br>2. 维护、检修技术要求高 |
| 机械摩擦制动 | 通过摩擦片、摩擦盘组成的摩擦副产生阻力矩 | 1. 结构简单；<br>2. 操作、维护方便；<br>3. 制造成本低廉；<br>4. 体积小、质量轻 | 1. 张力不如液压制动平稳；<br>2. 张力调节不方便，无法实现无级调整 |
| 电磁制动 | 利用电磁感应在转盘上产生涡流，在放线机构上产生阻力矩 | 1. 结构简单；<br>2. 操作简单；<br>3. 噪声小 | 1. 整机造价高；<br>2. 低速性能差；<br>3. 必须有电源 |
| 空气压缩制动 | 通过空气压缩机和节流阀产生阻力矩 | 结构简单、质量轻 | 1. 噪声大；<br>2. 张力平稳性差；<br>3. 制动功率小 |

## （二）按放线机构的形式分类

张力机的放线机构包括多槽双摩擦卷筒放线机构、单槽大包角双摩擦轮放线机构、滑动槽链卷筒放线机构、多轮滚压式放线机构、履带压延式放线机构和磨芯式单卷筒放线机构等形式。

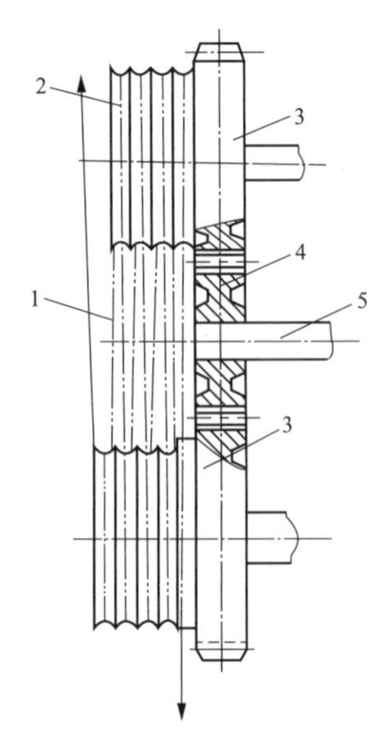

图 3-6 双驱动多槽双摩擦卷筒放线机构结构示意图

1—导线；2—多槽双摩擦卷筒；3—张力轮大齿圈；4—小齿轮；5—输入轴

1. 多槽双摩擦卷筒放线机构

多槽双摩擦卷筒放线机构由两个轴线平行、前后错半个槽布置的多槽双摩擦卷筒组成，可分为单驱动和双驱动两种结构形式，双驱动多槽双摩擦卷筒放线机构如图 3-6 所示。多槽双摩擦卷筒放线机构的优点是结构简单、比较安全可靠。缺点是外形尺寸大，本体较重，同时对卷筒的槽底直径加工精度要求高，槽底直径误差会引起较大的周长累计误差，导致导线和卷筒导线槽之间的相对滑动，可能造成导线的磨损。

2. 单槽大包角双摩擦轮放线机构

单槽大包角双摩擦轮放线机构由两个前后直排布置的单槽摩擦轮组成，单槽摩擦轮结构如图 3-7 所示。为增加导线和轮槽之间的摩擦力，增大包角，导线在两轮上呈“∽”形穿线走向。单槽大包角双摩擦轮放线机构的优点是整机质量轻、尺寸小；缺点是两轮的中心距较小，导线在两轮上呈“∽”形穿线走向，使导线拉伸变形增大，而且要求尾部张力相对较大，需选用摩擦系数较大的轮槽衬垫材料。

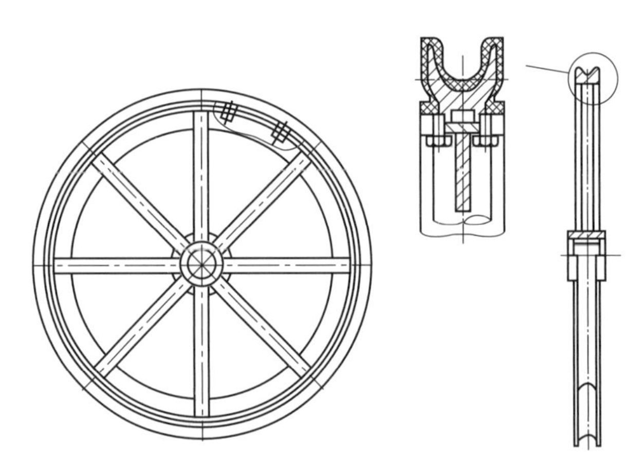
图 3-7 单槽摩擦轮结构示意图

3. 滑动槽链卷筒放线机构

滑动槽链式卷筒放线机构由槽链、卷筒毂和导向装置组成，如图 3-8 所示。槽链是由多块带导线槽的链节采用绞支连接组合而成。链节的底部有滑槽，使链节能在卷筒毂表面的横向导轨上被横推移动。采用滑动槽链式卷筒放线机构进行放线时，导线进卷筒后弯曲半径不变，避免了导线因弯曲、拉伸引起的层间磨损，有利于保护导线；其缺点是结构复杂。

4. 多轮滚压式放线机构

多轮滚压式放线机构由上下两排中心在同一直线上的滚轮组成，如图 3-9 所示，通过在滚轮轮轴上安装钳式制动器，使放线过程中产生摩擦阻力矩。多轮滚压式放线机构可调节上下两滚轮组之间的距离，便于接续管保护装置或旋转连接器等通过，同时导线通过这种放线机构时不被弯折。但导线与滚轮接触面积小，导致导线承受的挤压应力太大，容易压伤导线。

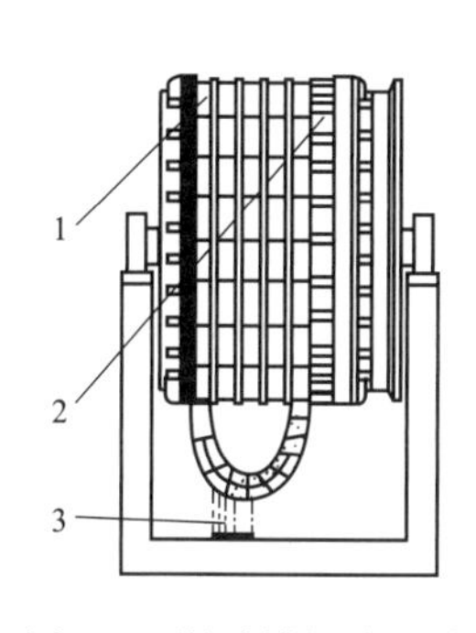


图 3-8　滑动槽链式卷筒放线机构结构示意图

1—槽链；2—卷筒毂；3—导向装置

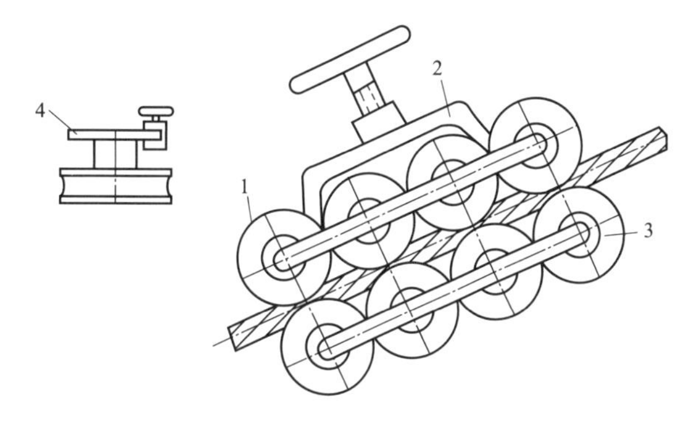


图 3-9　多轮滚压式放线机构结构示意图

1—主动轮；2—压紧装置；3—从动轮；4—钳盘式制动装置

5. 履带压延式放线机构

履带压延式放线机构原理与多轮滚压式放线机构相似，它由下部主动履带和上部从动履带组成，下部履带装有制动装置，如图 3-10 所示。

6. 磨芯式单卷筒放线机构

磨芯式单卷筒放线机构与磨芯式牵引卷筒相似，呈腰鼓形，但直径大得多。磨芯式单卷筒放线机构结构简单，且质量轻，但导线展放过程中必须连续相互挤压滑移，容易损伤导线。

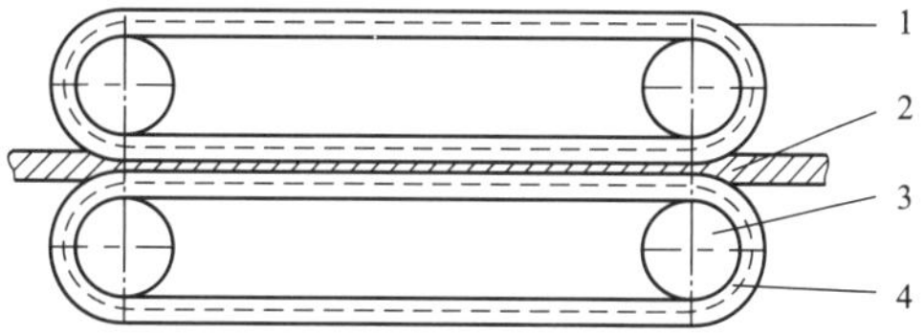

图 3-10　履带压延式放线机构结构示意图

1—从动履带；2—导线；3—传动滚轮；4—主动履带

不同结构形式放线机构的优缺点对比如表 3-2 所示。

**表 3-2　　不同结构形式放线机构的优缺点对比**

| 结构形式 | 结构特点 | 优点 | 缺点 |
|---|---|---|---|
| 多槽双摩擦卷筒 | 由两个轴线平行、前后错半个槽布置的多槽双摩擦卷筒组成 | 结构简单、安全可靠 | 1. 外形尺寸大，本体较重；<br>2. 轮槽加工精度要求高 |
| 单槽大包角双摩擦轮 | 由两个前后直排布置的单槽摩擦轮组成，导线呈“∽”形穿线走向 | 整机质量轻、尺寸小 | 1. 要求尾部张力相对较大；<br>2. 导线拉伸变形大 |
| 滑动槽链卷筒 | 由槽链、卷筒毂和导向装置组成。槽链由多块带导线槽的链节采用绞支连接组合而成 | 导线进卷筒后弯曲半径不变，避免了导线因弯曲、拉伸引起的层间磨损，有利于保护导线 | 结构复杂 |

续表

| 结构形式 | 结构特点 | 优点 | 缺点 |
| --- | --- | --- | --- |
| 多轮滚压式 | 由上下两排中心在同一直线上的滚轮组成，滚轮轮轴上安装钳式制动器 | 结构简单，质量轻 | 导线与滚轮接触面积小，导致导线承受的挤压应力太大，容易压伤导线 |
| 履带压延式 | 由下部主动履带和上部从动履带组成，下部履带装有制动装置 | 结构简单，质量轻 | 展放张力小 |
| 磨芯式单卷筒 | 与磨芯式牵引卷筒相似，呈腰鼓形 | 结构简单，质量轻 | 导线展放过程中必须连续相互挤压滑移，容易损伤导线 |

# 第二节　总体设计方案

## 一、分体式结构设计方案

### （一）确定张力制动形式和放线机构形式

为了满足碳纤维芯导线展放张力需求，通过对四种张力制动形式的对比分析，确定1660mm$^2$导线采用液压制动形式。液压制动具有张力稳定、张力大小调节方便、安全性高等优点，在我国电力行业放线施工现场的适用性高且应用广泛。通过对六种不同结构形式放线机构的对比分析，确定1660mm$^2$导线采用多槽双摩擦卷筒放线机构，多槽双摩擦卷筒放线机构具有结构简单、安全可靠等优点，且在国内外输电线路放线施工中应用最广泛。

### （二）确定张力机采用分体式结构形式

在张力放线时，导线在放线卷筒上缠绕数圈，靠卷筒和导线的摩擦附着力带动卷筒转动，卷筒再和相应的制动装置通过各种增速机构相连，得到阻力矩。导线放线张力作用在放线卷筒上的阻力矩（放线张力×卷筒槽底直径）是张力机的主要技术参数之一，而放线张力和卷筒槽底直径均与导线技术参数相关。

按照DL/T 5284—2019《碳纤维复合材料芯架空导线施工工艺导则》的要求，碳纤维芯导线张力机的卷筒槽底直径应不小于导线直径的40倍，展放软铝碳纤维芯导线张力机的卷筒槽底直径应不小于导线直径的50倍。若导线直径与卷筒槽底直径倍率比为50，则卷筒槽底直径高达2460mm，可以此作为估算张力机高度的依据。

目前，国内主流张力机均为整体式结构形式，即双摩擦放线卷筒安装于机架纵梁的一侧，发动机、主液压泵、散热器、液压油箱、控制箱和液压系统绝大部分元件安装于纵梁的另一侧，所有组部件安装成一个整体。若采用传统整体式结构形式的张力机，则碳纤维芯导线用张力机整机高度可能高达3560mm。考虑到运输车车厢自身高度1100mm，运输车货总高将达4660mm，而根据《超限运输车辆行驶公路管理规定》（交通运输部令2016年第62号）的规定，普通运输车货总高度从地面算起不应超过4200mm。

为了满足 1660mm² 导线张力机公路运输要求，SA-ZY-2×100 型张力机执行机构宜采用单轴拖车的结构形式，同时需保证张力机整机最大高度不大于 3100mm，张力机运输状态如图 3-11 所示。

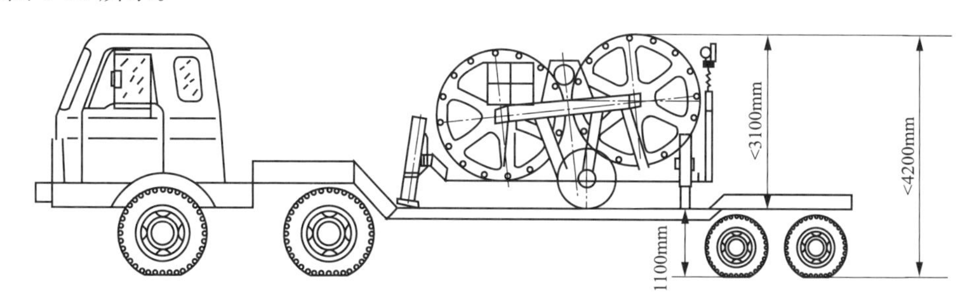


图 3-11　张力机运输状态示意图

考虑到张力机采用液压制动，通过液体作为工作介质来传递能量和进行控制，所以可根据张力机不同功能模块，将张力机设计为分体式结构形式，分为动力机构和执行机构两大模块，动力机构和执行机构之间通过液压管道连接。

## 二、张力机主要技术参数

根据 DL/T 1109—2019《输电线路张力架线用张力机通用技术条件》要求，张力机主要技术参数有额定张力、卷筒槽底直径和最大放线速度等。

### （一）额定张力

大截面导线放线张力与放线段内各档的档距、高差、导线满足与被跨越物最小允许距离的弛度、被展放导线单位长度质量、放线滑车的摩擦阻力系数等因素有关，结合相关理论分析以及现场施工经验，导线放线张力可按式（3-1）进行计算

$$T = nK_{\mathrm{T}}T_{\mathrm{P}} \tag{3-1}$$

式中　$T$——导线放线张力；

$n$——同时展放子导线的根数；

$K_{\mathrm{T}}$——额定制动张力系数，一般取 0.12～0.18；

$T_{\mathrm{P}}$——导线额定拉断力，N。

为了提高张力机安全系数，推荐额定张力应根据计算值向上取整。依此计算，不同导线用张力机的额定张力推荐值如表 3-3 所示。

**表 3-3　　不同导线用张力机的额定张力推荐值**

| 适用导线型号 | 直径（mm） | 额定拉断力（kN） | 展放工艺 | 计算张力（kN） | 推荐额定张力（kN） | 导线类型 |
|---|---|---|---|---|---|---|
| JLZ2X1/F2A-1660/95-492 | 49.2 | 401.63 | 一牵 2 | 2×（48.20～72.30） | 2×100 | 一般线路用 |
| JL1X1/G2A-1520/125 | 48.08 | 394.13 | 一牵 2 | 2×（47.30～70.94） | 2×100 | 一般线路用 |
| JL1/G2A-1660/135 | 55 | 438 | 一牵 2 | 2×（52.56～78.84） | 2×100 | 一般线路用 |
| JLHA1/G6A-900/240 | 44.02 | 713.4 | 一牵 1 | 1×（85.61～128.41） | 2×65 | 大跨越线路用 |

由表 3-3 可知，拟研制张力机的额定张力与被展放导线的额定拉断力和展放工艺有关，额定张力为 2×100kN 的张力机可满足 48.08～55mm 直径范围内的一般导线张力展放，若采用“一牵 1”放线工艺，也满足额定拉断力不大于 1111kN 的特高压工程大跨越导线展放要求。根据 DL/T 1109—2019《输电线路张力架线用张力机通用技术条件》，最大张力一般不小于额定张力的 1.1 倍。

#### （二） 卷筒槽底直径

张力机卷筒槽底直径直接决定导线展放质量和张力机结构尺寸。传统设计方法对卷筒槽底直径按倍率比取值，倍率比为经验值，并没有相应的理论支撑。

为了系统性地研究张力机放线卷筒槽底直径设计理论，先通过以下三步确定导线是否失效：①通过四点弯曲试验，确定碳纤维复合芯是否破坏；②通过拉伸力学性能试验，确定铝单线是否破坏；③通过对大规模应用的 1250mm² 导线（JL1G2A-1250/100-84/19）过主卷筒槽底直径为 1850mm 的张力机的有限元仿真分析，获取铝股塑性区域比例，确定导线是否散股。

再通过对 1660mm² 导线过 1850、2050、2150、2200mm 和 2250mm 不同槽底直径放线卷筒的有限元分析，获取碳纤维复合芯和铝单线应力应变时程曲线，对比导线失效判据，从而确定卷筒槽底直径。根据计算结果，推荐 1660mm² 导线放线用张力机卷筒槽底直径不小于 2200mm，详见本章第五节。

#### （三） 最大放线速度

根据 DL/T 1109—2019《输电线路张力架线用张力机通用技术条件》要求，张力机最大放线速度不应低于 5km/h。

## 第三节　张力机部件设计

### 一、双摩擦放线卷筒

#### （一） 卷筒驱动方式

目前，国内外液压张力机卷筒驱动方式主要有两张力轮分别驱动（单驱动）和齿轮传动双驱动两种。

（1）两张力轮分别驱动。通过两台减速器加电动机分别驱动两个张力轮，如图 3-12 所示。

（2）齿轮传动双驱动。通过一个小齿轮驱动两个张力轮，这种形式同步性较好，有利于保护导线，如图 3-13 所示。

两种驱动方式优缺点对比如表 3-4 所示。

SA-ZY-2×100 型张力机卷筒驱动方式推荐为齿轮传动双驱动。张力机为双线张力机，总共包括 4 个张力轮，可通过并轮机构将 1 号张力轮和 2 号张力轮合并为 1 个轮，将 3 号张力轮和 4 号张力轮合并为 1 个轮，可将双线张力机改为单线张力机使用。张力轮组装示意图如图 3-14 所示。

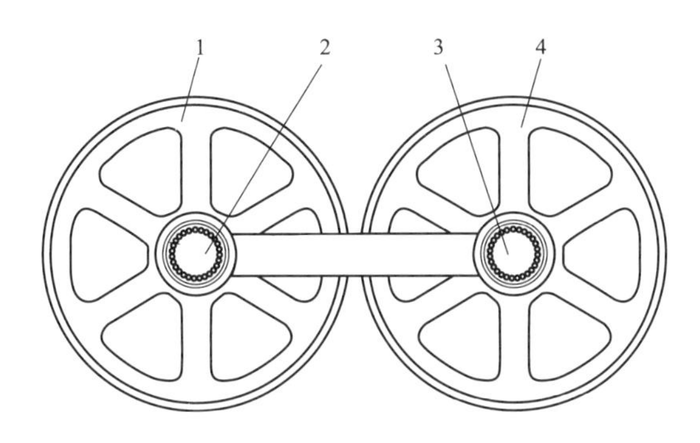


图 3-12　两张力轮分别驱动

1—1 号张力轮；2—1 号张力轮驱动减速器；
3—2 号张力轮驱动减速器；4—2 号张力轮

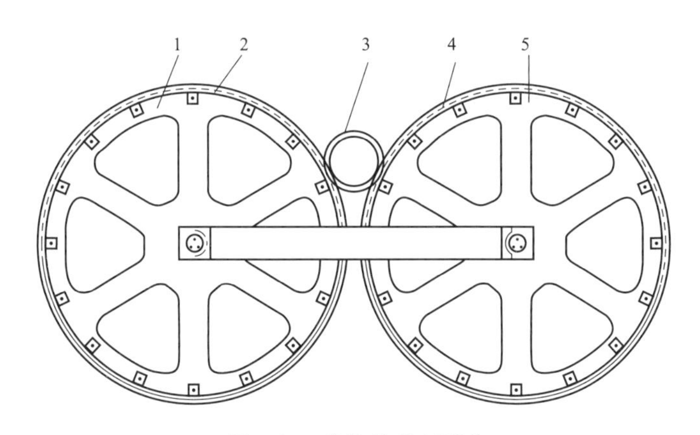


图 3-13　齿轮传动双驱动

1—1 号张力轮；2—1 号张力轮齿轮；3—减速器齿轮；
4—2 号张力轮齿轮；5—2 号张力轮

**表 3-4　　两种驱动方式优缺点对比**

| 序号 | 驱动方式 | 优点 | 缺点 |
|---|---|---|---|
| 1 | 两张力轮分别驱动 | 1. 没有张力轮大齿轮，结构紧凑；<br>2. 加工成本低 | 1. 无机械同步机构，完全靠液压系统实现同步，由于液压元件的性能差异导致两个张力轮不同步，使导线的内张力增大；<br>2. 液压成本高 |
| 2 | 齿轮传动双驱动 | 1. 通过齿轮传动双驱动，使两个张力轮机械同步，导线内张力小，有利于保护导线；<br>2. 液压元件成本低 | 1. 张力轮大齿圈尺寸大，导致整机外形尺寸大；<br>2. 加工成本高；<br>3. 小齿轮易磨损 |

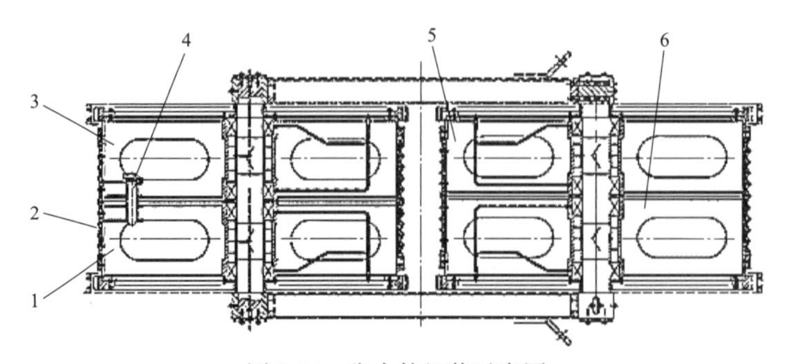


图 3-14　张力轮组装示意图

1—1 号张力轮；2—尼龙板；3—2 号张力轮；4—并轮机构；
5—3 号张力轮；6—4 号张力轮

### （二）卷筒槽数

为保证导线在卷筒上有足够的摩擦附着力，张力机卷筒槽数应大于有效包绕圈数，有效包绕圈数计算式为

$$n \geqslant \frac{1}{2\pi\mu}\text{In}\,\frac{T_{1\max}}{T_2} \tag{3-2}$$

式中　$n$——导线在卷筒上的有效包绕圈数；

$\mu$——导线和卷筒之间的摩擦系数，根据经验取 $\mu=0.15$；

$T_{1\max}$——张力机每个卷筒上所承受的最大出口放线张力，N；

$T_2$——尾部拉力，一般应不大于 500N。

则 SA-ZY-2×100 型张力机的有效包绕圈数为

$$n \geqslant \frac{1}{2\pi\mu}\text{In}\,\frac{T_{1\max}}{T_2} = \frac{1}{2\pi \times 0.15}\text{In}\,\frac{100000}{500} = 5.62 \tag{3-3}$$

根据 DL/T 1109—2019《输电线路张力架线用张力机通用技术条件》规定，卷筒槽数应保证张力机尾部张力不大于 500N 时不打滑。当张力机尾部张力为 500N 时，导线在卷筒上的有效包绕圈数为 5.60，因此推荐张力机卷筒槽数为 6。

当张力机卷筒槽数为 6 时，其尾部张力为

$$T_2 = \frac{T_{1\max}}{e^{2\pi\mu n}} = \frac{100000}{e^{2\pi \times 0.15 \times 6}} = 350.1(\text{N}) \tag{3-4}$$

### （三）槽形尺寸

为了便于网套连接器通过，导线槽形选用浅槽形，各参数应满足以下条件

$$R > 0.58d \tag{3-5}$$

$$0.28d < h < 0.45d \tag{3-6}$$

$$t > 1.3d \tag{3-7}$$

式中　$R$——卷筒槽底半径，mm；

$d$——适用的导线直径，mm；

$h$——槽深，mm；

$t$——轮槽节距，两槽中心线之间的距离，mm。

张力机能展放的最大导线直径 $d$ 为 55mm，因此

$$R > 0.58d = 31.9(\text{mm}) \tag{3-8}$$

$$15.4(\text{mm}) = 0.28d < h < 0.45d = 24.75(\text{mm}) \tag{3-9}$$

$$t > 1.3d = 71.5(\text{mm}) \tag{3-10}$$

为了增大导线与轮槽接触面积，将槽底半径 $R$ 确定为 32mm，槽深 $h$ 确定为 18mm。同时考虑网套连接器等连接件通过张力轮，推荐轮槽节距 $t$ 为 78mm。

### （四） 衬垫结构及材料

因放线卷筒鼓采用钢板卷制焊接而成，为了更好地保护导线，需在卷筒鼓上安装衬垫，同时考虑到后期衬垫磨损后更换的方便性，衬垫选用 12 块 MC 尼龙弧形槽块拼接而成，通过螺栓固定在卷筒鼓上。

导线展放时，MC 尼龙衬垫和铝股直接接触，为了降低衬垫结构对导线的损伤，确定 MC 尼龙邵氏硬度应为 80HD。

### （五） 放线卷筒加工精度控制

放线卷筒主要包括卷筒鼓、齿轮和 MC 尼龙弧形槽块三大部分。因导线在放线卷筒轮槽里存在滑动，将会引起导线间张力分配不均，影响导线展放质量和衬垫材料的寿命，所以需将放线卷筒轮槽的半径差限制在允许范围内，临界半径差为

$$\Delta R' = k\frac{P_1 - P_2}{ES}D \tag{3-11}$$

式中 $\Delta R'$——放线卷筒轮槽的临界半径差；

$k$——磨损系数，一般取 0.52～0.61，根据经验取 0.52；

$P_1$——导线进线侧张力，N；

$P_2$——导线出线侧张力，N；

$E$——导线弹性模量，MPa；

$S$——导线截面积，$\text{mm}^2$；

$D$——放线卷筒槽底直径，mm。

因 $P_1$=100000N，所以 $P_2$ 为

$$P_2 = \frac{P_1}{e^{2\pi\mu}} = \frac{100000}{e^{2\times 3.14\times 0.15}} = 38985(\text{N}) \tag{3-12}$$

放线卷筒轮槽的临界半径差为

$$\Delta R' = k\frac{P_1 - P_2}{ES}D = 0.52\times\frac{100000 - 38985}{70\times 10^3\times 1660}\times 2250 = 0.61(\text{mm}) \tag{3-13}$$

所以张力机放线卷筒外径尺寸公差需控制在±0.6mm 内。从半硬铝单线许用屈服应力的角度进行计算，临界半径差应满足

$$\frac{\Delta R'}{R}E \leqslant [\sigma] \tag{3-14}$$

$$\frac{\Delta R'}{1100}\times 70\times 10^3 \leqslant 100 \tag{3-15}$$

$$\Delta R' \leqslant 1.57\text{mm} \tag{3-16}$$

式中 $\Delta R'$——放线卷筒轮槽的临界半径差，mm；

$R$——卷筒槽底半径，mm；

$E$——导线弹性模量，MPa；

$[\sigma]$——铝单线许用屈服应力，MPa。

综合考虑，张力机放线卷筒外径尺寸公差应控制在±0.6mm内，保证导线过放线卷筒时不损伤半硬铝股。

## 二、机架

因SA-ZY-2×100型张力机放线卷筒槽底直径为2200mm，卷筒整体结构尺寸和质量较大。为了受力合理且结构稳定，故执行机构采用两端简支布置结构形式，即采用两根主梁，将双摩擦放线卷筒放置在两根主梁中间，如图3-15所示。主梁选用型钢规格为200mm×250mm的矩形钢管，材质为Q355。

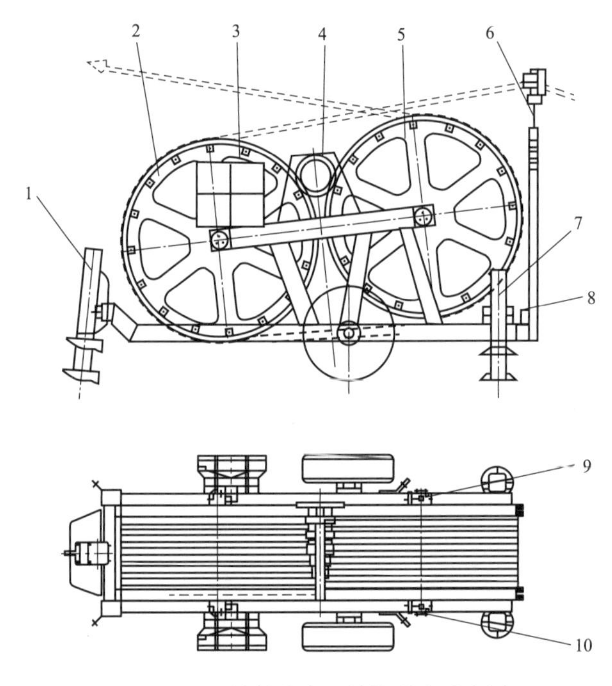


图3-15 两端简支布置结构形式示意图

1—液压前支腿；2—1号张力轮；3—散热器（2台）；4—减速器（2台）；
5—2号张力轮；6—进线支架（高度可调）；7—后支腿；
8—导线轴架动力口；9—主梁1；10—主梁2

## 三、支腿

由于邻塔悬挂点与张力机出口的高差角不宜超过15°，考虑到碳纤维导线芯棒抗弯性能差，需根据场地实际情况调整张力机前支腿的高度，从而调整导线进出张力机卷筒的角度。液压前支腿结构示意图如图 3-16 所示。

前支腿应采用液压驱动。拖运时将支腿收缩到最短位置，不影响拖运。在张力机就位时，利用前支腿调整进出线角度，然后锚固进行放线作业。

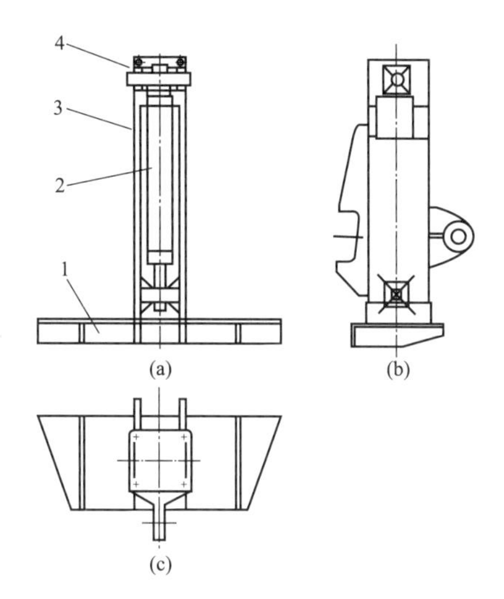


图 3-16　液压前支腿示意图

（a）正视图；（b）侧视图；（c）俯视图

1—前支腿底板；2—油缸；3—内套；4—外套

## 四、导向滚子组

导向滚子组安装在放线卷筒进线卷筒侧，张力放线时导线轴上的导线由导向滚子组进入放线卷筒，以保证进入放线卷筒的导线不跳槽。

因碳纤维导线芯棒抗弯曲性能差，为了更好地满足碳纤维芯导线过滑轮曲率半径的要求，有效保护导线，张力机配置了组合式导向滚子组，组合式导向滚子组共包括 10 个滚子，4 个竖向布置的滚子，4 个前后横向布置的滚子，为防止导线进入卷筒可能发生上下跳动现象，在顶部还设置了 2 个小滚子，同时提高了竖向滚子组的刚度，如图 3-17 所示。

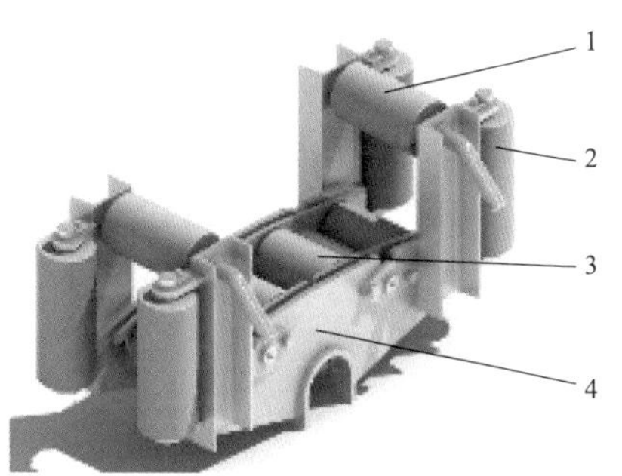


图 3-17　组合式导向滚子组结构

1—小滚子；2—竖向滚子组；3—横向滚子组；4—可移动滚子组安装架

## 五、液压系统设计

SA-ZY-2×100 型张力机采用分体式液压制动双摩擦卷筒结构形式，分为动力机构和执行机构，其中动力机构包括发动机、液压泵、散热器、液压油箱、控制箱等元器件。执行机构由双摩擦卷筒及配套驱动液压电动机、制动器、减速器组成。

SA-ZY-2×100 型张力机在放线过程中始终处于被动状态，牵引机停止牵引时，张力机放线机构也随之停止转动。张力机控制张力的原理是：导线上的外加张力通过放线机构、增速器使液压电动机起到泵的作用（即产生泵轴的输入作用力矩）；在泵的出口串接高压溢流阀，通过溢流阀控制液压压力形成阻力矩，与外加张力力矩相平衡。

1. 减速器选型

SA-ZY-2×100 型张力机放线卷筒槽底直径 $D$ 为 2250mm，最大放线张力 $F$ 为 110kN，最大放线速度 $v$ 为 5km/h，所以作用在放线卷筒上的张力力矩 $M$ 为

$$M = F\frac{D}{2} = 110000 \times \frac{2250}{2 \times 1000} = 123750(\mathrm{N \cdot m}) \tag{3-17}$$

放线卷筒上的张力轮转速 $n$ 为

$$n = \frac{v}{\pi D} = \frac{5000}{60 \times 3.14 \times 2250 \div 1000} = 11.8(\mathrm{r/min}) \tag{3-18}$$

SA-ZY-2×100 型张力机放线卷筒采用齿轮传动双驱动结构形式，齿数比 $i$ 为 194/23。所以作用在减速器输出轴上的力矩 $M_o$ 为

$$M_o = \frac{M}{i} = 123750 \div 194 \times 23 = 14671.4(\mathrm{N \cdot m}) \tag{3-19}$$

作用在减速器输出轴上的转速 $n_o$ 为

$$n_o = ni = 11.8 \times 194 \div 23 = 99.6(\mathrm{r/min}) \tag{3-20}$$

SA-ZY-2×100 型张力机减速器选用 RR1700 型，最大输出转矩为 26500N·m，减速比 $i_{减}$ 为 17.64，传动效率 $\eta$ 为 0.85，则作用在减速器输入轴上的力矩 $M_i$ 为

$$M_i = \frac{M_o}{i_{减}}\eta = \frac{14671.4}{17.64} \times 0.85 = 707(\mathrm{N \cdot m}) \tag{3-21}$$

作用在减速器输入轴上的转速 $n_i$ 为

$$n_i = n_o i_{减} = 99.6 \times 17.64 = 1756(\mathrm{r/min}) \tag{3-22}$$

2. 液压电动机选型

张力工况下，将液压电动机当泵使用，根据减速器输入轴转矩和转速参数要求，SA-ZY-2×100 型张力机液压电动机选用 A2FM160/61W，$T_k$ 为扭矩对应压力系统值，取 2.54，排量 $q$ 为 160mL/r，效率 $\eta_1$ 为 0.98，液压电动机的压力 $\Delta P$ 为

$$\Delta P = \frac{M_i}{T_k} = \frac{707}{2.54} = 279(\mathrm{bar}) \tag{3-23}$$

流量 $Q$ 为

$$Q = n_i q \eta_1 = 1756 \times 0.16 \times 0.98 = 276(\mathrm{L/min}) \tag{3-24}$$

## 六、张力机控制方式

SA-ZY-2×100 型张力机控制需同时配置单机控制模式和多机联控模式。单机控制模式为一人操作一台张力机；多机联控模式为一人操作多台张力机，其中一台张力机设定为主机，其他为辅机。每台张力机上都安装手动和自动两套张力调节系统，每台张力机都有一个有线遥控接口，连接到各自的主机控制柜，主机控制柜与总控柜连接。如 1660mm$^2$ 导线采用 3× “一牵 2” 施工方案，即一人控制 3 台双线张力机。

# 第四节　张力机试制及试验

## 一、张力机试制

SA-ZY-2×100型张力机技术参数如表3-5所示。

表3-5　　　　张力机技术参数

| 型号 | | SA-ZY-2×100 |
|---|---|---|
| 卷筒槽底直径（mm） | | ≥2200 |
| 额定张力（kN） | | ≥2×100（1×200） |
| 最大张力（kN） | | ≥2×110（1×220） |
| 最大反牵力（kN） | | ≥2×80（1×160） |
| 额定张力对应持续放线速度（km/h） | | ≥2.5 |
| 持续张力对应最大放线速度（km/h） | | 5 |
| 最大放线速度对应持续张力（kN） | | ≥2×50（1×100） |
| 轮槽数 | | 6 |
| 槽间距（mm） | | ≥78 |
| 槽深（mm） | | 18 |
| 整机尺寸（长×宽×高，mm×mm×mm） | | ≤6000×2250×3000 |
| 与导线接触的衬块 | 材料 | MC尼龙 |
| | 硬度（邵尔D） | 80 |
| 导线尾车 | 轴架中心高（mm） | ≥1500 |
| | 轴总长（mm） | ≥2780 |
| | 导线盘部分轴长（mm） | ≥2500 |
| | 轴直径（mm） | ≥100 |
| | 额定载荷（kN） | ≥150 |
| | 尾车张力（N） | 0～3000内连续可调 |
| | 液压油管长度（m） | ≥20 |

注　1. 前支腿采用液压升降。
2. 前支腿上预留线绳临时锚固点，满足最大拉力2×110kN的强度要求。
3. 张力机应具有出线导向装置。
4. 张力机应具有4个机体锚固点。
5. 张力机为分体式结构形式。
6. 执行机构应配置车轮。
7. 张力机应具备联机控制模式。

按照表3-5技术参数开展SA-ZY-2×100型张力机样机试制。SA-ZY-2×100型张力机整体结构由动力机构和执行机构组成，其中动力机构主要包括发动机、油泵、液压油箱和仪表箱等。各组件均为外购标准件，动力机构试制重点主要为液压油箱装配质量控制。执行机构主要包括主梁、张力轮和支腿等，执行机构试制重点主要为张力轮加工及其装配质量控制。试制完成的张力机样机如图3-18所示。

图 3-18　SA-ZY-2×100 型张力机样机

## 二、张力机试验

张力机的试验依据为 DL/T 1109—2019《输电线路张力架线用张力机通用技术条件》。试验的主要项目包括外观检测、放线速度试验、空载试验、额定张力试验、最大张力试验、制动状态试验和液压系统耐压试验。

SA-ZY-2×100 型张力机厂内试验如图 3-19 所示。张力机各项试验的测试结果符合 DL/T 1109—2019《输电线路张力架线用张力机通用技术条件》要求，试制的样机质量合格。

图 3-19　张力机厂内试验

# 第五节　设计方法总结

## 一、张力机设计流程

1. 分析张力机设计输入条件

（1）分析 1660mm$^2$ 导线技术特性，包括材料属性和结构特性。材料属性分析导线芯棒采用的金属材料或复合材料，导线铝单线采用的软铝、半硬铝或硬铝材料；结构特性分析导线绞制层数、铝单线采用圆线或型线等。

（2）确定 1660mm$^2$ 导线技术参数，如导线额定拉断力和导线直径。

（3）确定 1660mm$^2$ 导线损伤判据，包括芯棒破坏判据、导线铝单线破坏判据和导线散股判据。

2. 确定张力机主要技术参数

（1）额定张力。根据导线额定拉断力，结合张力机展放导线覆盖范围，确定张力机额定张力。

（2）放线卷筒槽底直径。对导线过放线卷筒进行有限元分析，在满足导线损伤判据的前提下，确定合适的放线卷筒槽底直径。

3. 确定张力机总体设计方案

根据 1660mm$^2$ 导线展放需求，确定张力机张力产生方式及执行机构结构形式；结合执行机构结构形式，初步确定张力机规格大小；从设备制造成本、运输便利性等角度出发，确定采用整体式结构设计方案或分体式结构设计方案。

4. 张力机部件设计

（1）放线卷筒设计。确定放线卷筒驱动方式；根据张力机尾部张力要求确定卷筒槽数；根据导线直径确定槽形尺寸；根据铝股材料硬度确定衬垫材料结构及材料。

（2）机架设计。根据张力机整体结构设计方案，确定机架为简支梁结构形式或悬臂梁结构形式，并根据张力机额定张力和卷筒槽数进行张力轮轴校核计算。

（3）液压系统设计。根据张力机额定张力和放线速度，结合放线卷筒槽底直径，完成减速器和液压电动机选型。

（4）其他部件设计。根据张力机工作要求，依次确定前支腿驱动方式和导向滚子组结构、张力机运输方式。

5. 张力机试验

根据 DL/T 1109—2019《输电线路张力架线用张力机通用技术条件》规定方法开展试验。试验的主要项目包括样机主要参数检测、外观检测、放线速度试验、空载试验、额定张力试验、最大张力试验、制动状态试验和液压系统耐压试验。

针对 1660mm$^2$ 导线用张力机的设计流程如图 3-20 所示。

## 二、1660mm$^2$ 导线用张力机设计创新点

### （一）卷筒槽底直径设计理论

针对 1660mm$^2$ 导线特性及展放受力特点，在确定张力机卷筒槽底直径前，需确定导线损伤判据，具体包括芯棒破坏判据、导线铝单线破坏判据和导线散股判据。

1. 导线损伤判据

（1）芯棒破坏判据。GB/T 1449—2005《纤维增强塑料弯曲性能试验方法》规定了三点弯曲试验法，由于碳纤维材料对于锐角弯折非常敏感，根据经验认为此方法可能导致试

验结论误差大，设计了四点弯曲试验法。

对 JLZ2X1/F2A-1660/95-492 导线用芯棒进行四点弯曲力学性能试验，如图 3-21 所示，芯棒长度 $l$ 为 300mm，$\alpha$ 为加载点到端点的距离，取 75mm。

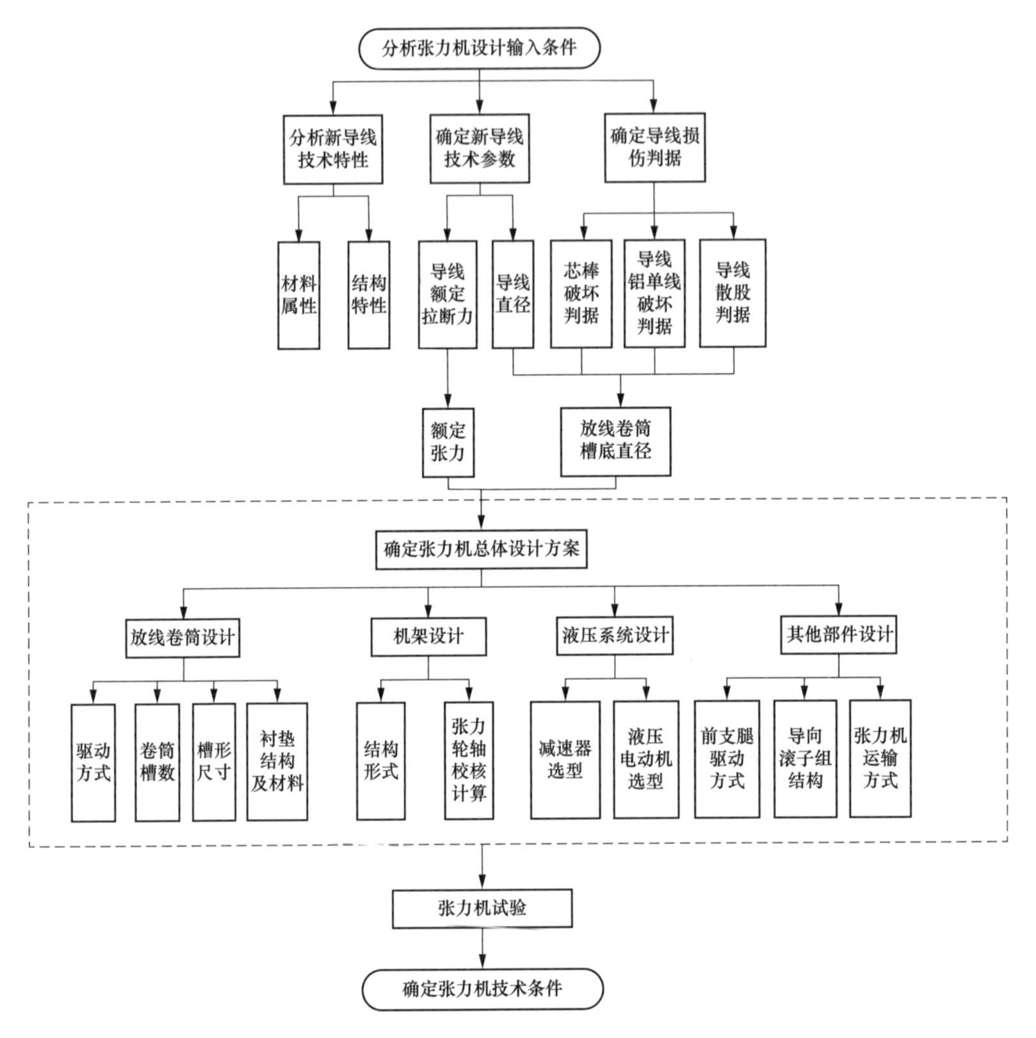


图 3-20　张力机设计流程

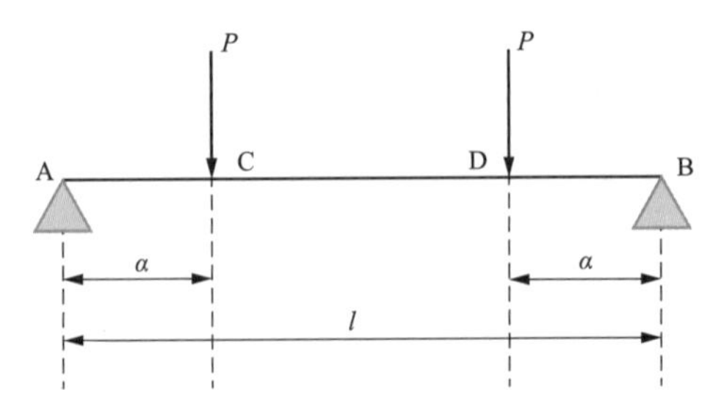


图 3-21　四点弯曲力学性能试验示意图

$P$—加载力；$l$—芯棒长度；$\alpha$—加载点到端点的距离

在试验过程中，持续地增加加载点到端点的距离 $\alpha$，直至碳纤维复合芯棒不能承受载荷而发生破坏为止，试验如图 3-22 所示。试验用芯棒为 3 家不同公司制造。

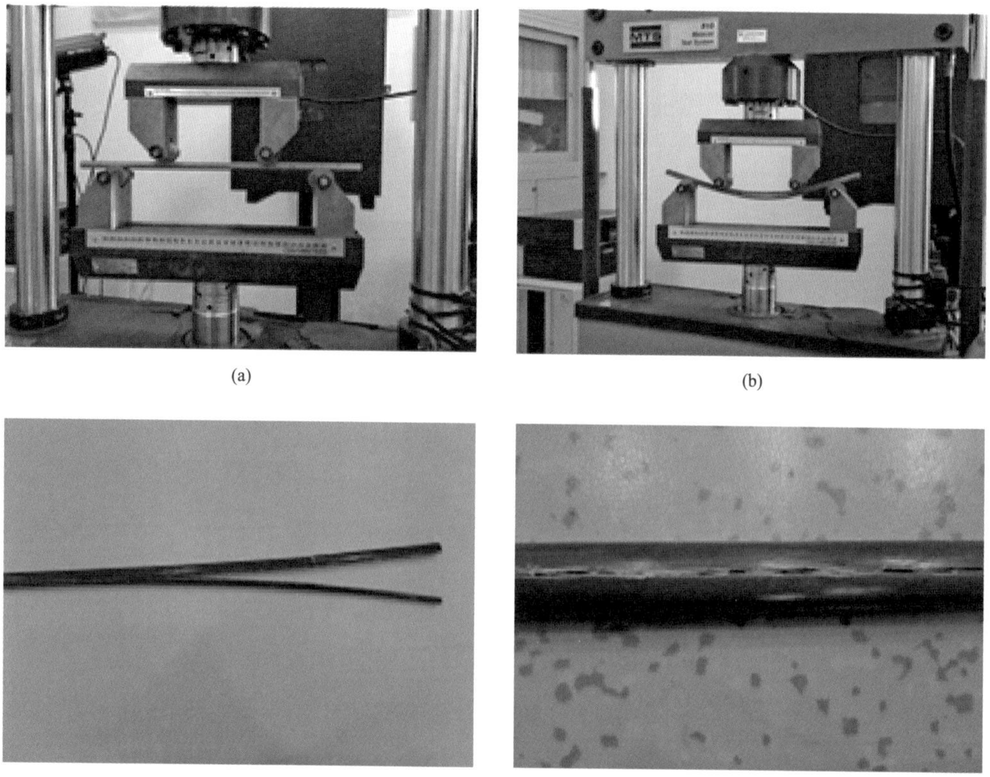

(a)

(b)

(c)

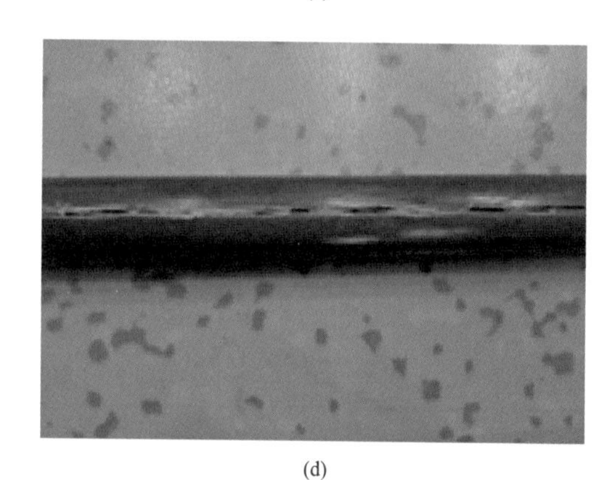

(d)

图 3-22　四点弯曲力学性能试验

（a）加载前；（b）试验终止时刻；
（c）短芯棒（300mm）劈裂破坏；（d）长芯棒（800mm）劈裂破坏

从图 3-22 可得，芯棒长度不影响其是否劈裂破坏。但是当芯棒为 300mm 时，劈裂能够扩展到碳纤维复合芯棒的端部；当芯棒为 800mm 时，劈裂只在碳纤维复合芯棒中部位置扩展，不会扩展到碳纤维复合芯棒的端部。厂家 A 碳纤维复合芯棒四点弯曲力学性能试验结果如图 3-23 所示。

提取 3 家芯棒在四点弯曲力学性能试验过程中的最大加载力，再按照式（3-25）和式（3-26）计算得到芯棒四点弯曲力学性能试验中的临界弯曲拉伸应力 $\sigma_m$ 和临界弯曲拉伸应变 $\varepsilon_m$

$$\sigma_m = \frac{P_{\max}\alpha D}{2I} \tag{3-25}$$

$$\varepsilon_m = \frac{P_{\max}\alpha D}{2EI} \tag{3-26}$$

式中　$\sigma_m$——临界弯曲拉伸应力，MPa；

$P_{\max}$——四点弯曲力学性能试验的最大加载力，N；

$\alpha$——加载点到端点的距离，mm；

$D$——芯棒的直径，mm；

$I$——芯棒的截面惯性矩，$mm^4$；

$E$——芯棒的弹性模量，MPa；

$\varepsilon_m$——临界弯曲拉伸应变。

用曲率直径 $d_q$ 表示芯棒弯曲方向的变形，则

$$d_q = \frac{2EI}{P_{max}\alpha}$$

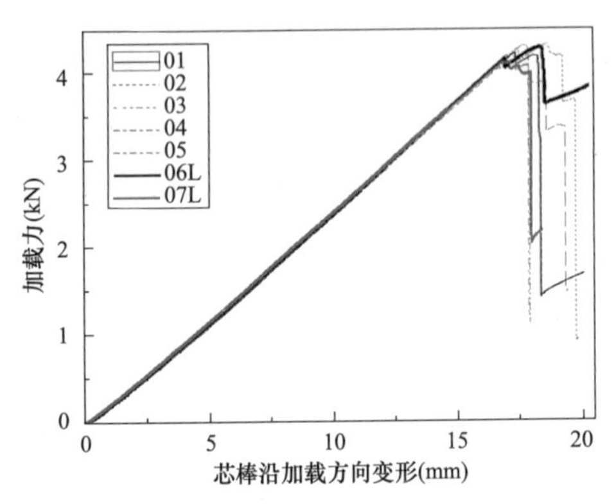


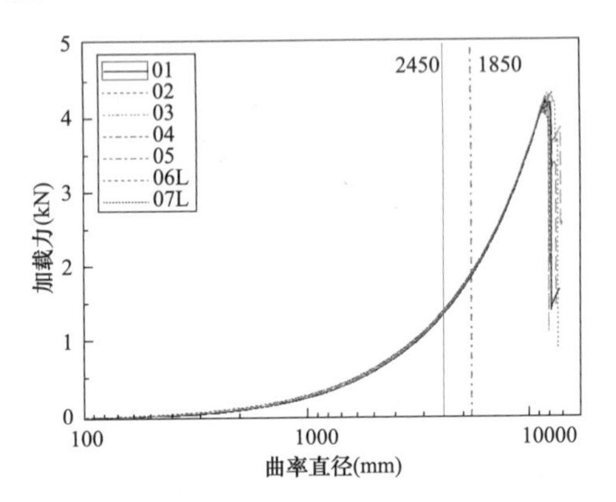


图 3-23　厂家 A 碳纤维复合芯棒四点弯曲力学性能试验结果

代入试验参数，可得到如表 3-6 所示的数据。

**表 3-6　　芯棒四点弯曲力学性能试验数据**

| 厂家 | 最大加载力（kN） | 临界弯曲拉伸应力（MPa） | 临界弯曲拉伸应变 |
|---|---|---|---|
| A | 4.1 | 1300 | 0.011 |
| B | 4.3 | 1400 | 0.013 |
| C | 4.05 | 1250 | 0.011 |

对比上述 3 家芯棒的试验数据，考虑到芯棒性能的分散性，设定的临界值较小时较安全，所以设定临界弯曲拉伸应力为 1250MPa，临界弯曲拉伸应变为 0.01。

（2）导线铝单线破坏判据。为了评估导线铝单线在过张力机中的破坏情况，对铝单线进行拉伸力学性能试验，铝单线的拉伸断裂外观如图 3-24 所示，铝单线拉伸应力应变曲线如图 3-25 所示。

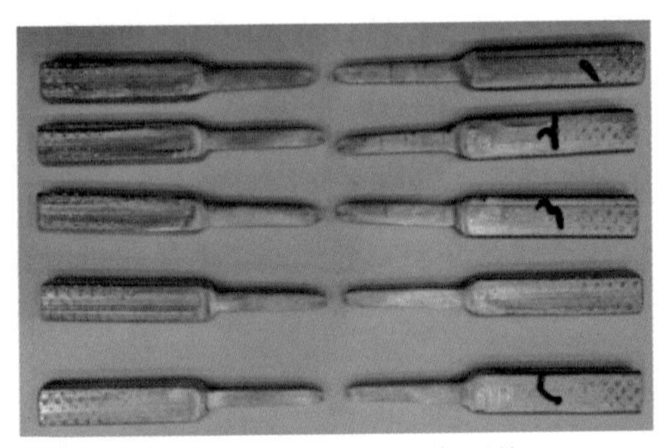

图 3-24　铝单线的拉伸断裂外观

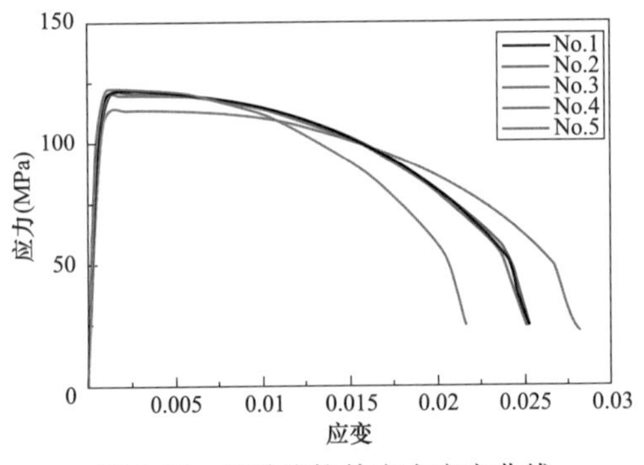


图 3-25　铝单线拉伸应力应变曲线

从试验结果发现，铝单线在断裂过程中发生紧缩现象，铝单线局部塑性失稳导致了其最终破坏。分析试验数据得到，铝单线的屈服强度约为 100MPa，极限强度约为 120MPa，塑性变形失稳时的临界拉伸应变约为 0.008。

（3）导线散股判据。导线散股是指由于铝单线屈服变形导致的同层铝单线间的间隙变大，不同层铝单线间出现间隙。导线散股判据无法通过成熟的理论计算或试验等方法获取，考虑到 1250mm² 导线用主卷筒槽底直径为 1850mm 的张力机已在多个特高压直流工程应用且效果良好，而 1250mm² 导线也为四层绞制结构形式，可参考其过张力机后铝单线的塑性区域比例作为 1660mm² 导线散股判据。

通过 1250mm² 导线（JL1G2A-1250/100-84/19）过主卷筒槽底直径为 1850mm 的张力机有限元仿真分析，获得导线散股判据：铝单线塑性区域比例超 13.7%。仿真分析结果如图 3-26 和图 3-27 所示。

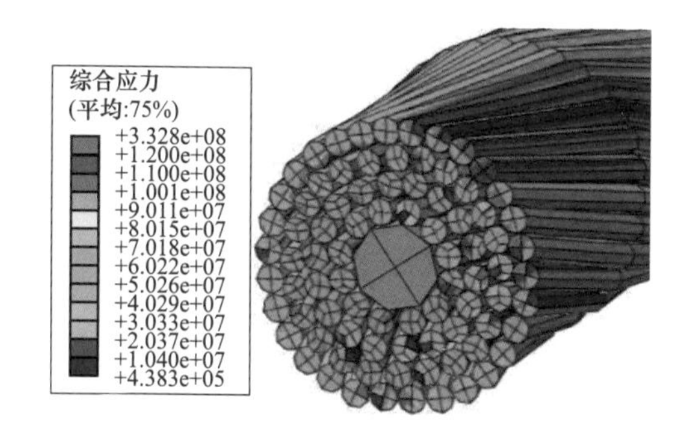


图 3-26　铝单线的应力云图

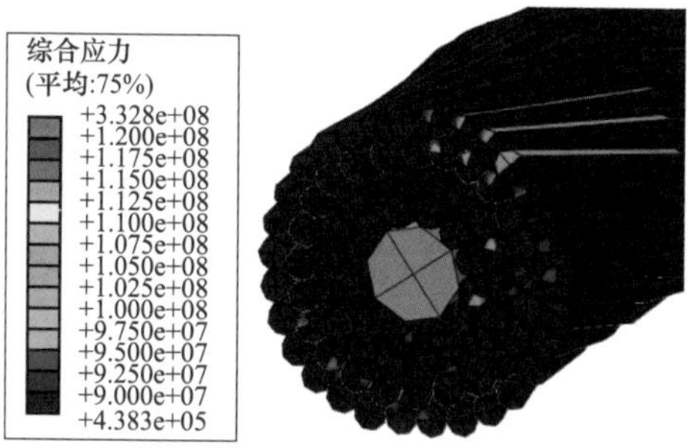

图 3-27　铝单线的塑性变形区域

2. 导线过张力机有限元分析

（1）计算输入条件。

1）1660mm² 导线横截面，如图 3-28 所示。

2）1660mm² 导线材料参数，1660mm² 导线由 LZ2X1 型铝单线绕 F2A 型芯棒绞合而成，其材料属性如表 3-7 所示。

3）1660mm² 导线过张力机的计算工况，1660mm² 导线的额定拉断力（*RTS*）为 401.63kN，在张力放线过程中，放线张力一般取 20%*RTS*，不允许超过 25%*RTS*。本书取对导线最危险的工况作为计算输入条件，即取 25%*RTS* 作为放线时的张力值（100.4kN）。对于横向同性材料，当其受到轴向力作用时，其轴向变形应该变形协调，即芯棒的轴向应变应该等于铝单线的轴向应变

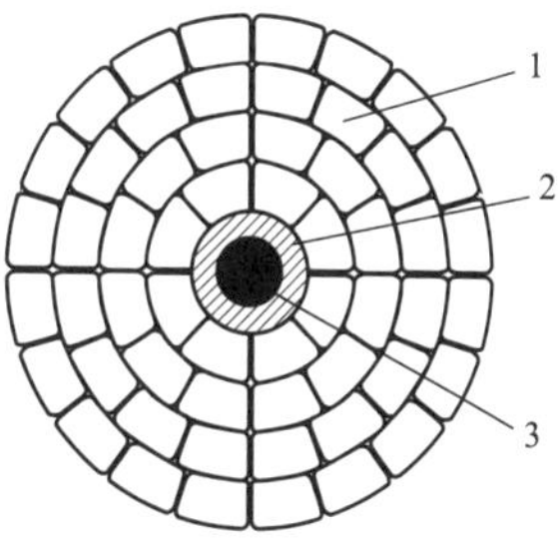

图 3-28　1660mm² 导线横截面示意图

1—半硬铝铝单线；2—玻璃纤维层；3—芯棒

$$E_{Al}\varepsilon A_{Al} + E_{CF}\varepsilon A_{CF} = F_T \tag{3-27}$$

式中　$E_{Al}$——铝股的弹性模量，MPa；

$A_{Al}$——铝股横截面的总面积，mm²；

$E_{CF}$——碳纤维复合芯棒的弹性模量，MPa；

$A_{CF}$——碳纤维复合芯棒的横截面积，$mm^2$；

$\varepsilon$——在张力作用下的轴向应变；

$F_T$——放线张力，N。

**表 3-7　　1660mm² 导线材料属性**

| 材料 | 弹性模量（GPa） | 泊松比 | 断裂或屈服强度（MPa） |
|---|---|---|---|
| LZ2X1 型铝单线 | 70 | 0.33 | 100 |
| F2A 型芯棒 | 120 | 0.3 | 2400 |
| 有机树脂 | 60 | 0.32 | 190 |

根据式（3-27）计算可得到 1660mm² 导线在 100.4kN 放线张力作用下的轴向应变 $\varepsilon$ 为 $7.87\times10^{-4}$。利用轴向应变 $\varepsilon$，可以得出 1660mm² 导线在 100.4kN 放线张力作用下铝单线的轴向应力为 55.1MPa，芯棒的轴向应力为 94.44MPa。

在张力放线施工过程中，张力机放线卷筒槽底直径与导线放线过程中的变形程度直接相关，张力机放线卷筒槽底直径越小，导线过张力机时的曲率越大，导线变形越严重。当导线变形超过一定值后，导线就会发生不可逆的损坏。张力机放线卷筒槽底直径越大，其自重就越重，将导致张力机制造、运营成本高，运输不便等缺点。因此，需要在不损伤导线的基础上，尽可能地减小张力机放线卷筒槽底直径。对于 1660mm² 导线，在 1850～2450mm（约 50$d$，$d$ 为导线直径）之间选取合适的放线卷筒槽底直径，利用有限元仿真分析软件，计算出合适的张力机放线卷筒槽底直径，详细的计算工况如表 3-8 所示。

**表 3-8　　计 算 工 况**

| 载荷工况 | 槽底直径（mm） | 铝单线应力（MPa） | 芯棒应力（MPa） |
|---|---|---|---|
| 工况一 | 1850 | 55.1 | 94.44 |
| 工况二 | 2050 | 55.1 | 94.44 |
| 工况三 | 2150 | 55.1 | 94.44 |
| 工况四 | 2200 | 55.1 | 94.44 |
| 工况五 | 2250 | 55.1 | 94.44 |
| 工况六 | 2450 | 55.1 | 94.44 |

（2）有限元分析模型。

1）建模。先利用 Creo CAD 软件建立各个铝股模型，再通过环向阵列的方式建立 1660mm² 导线模型。张力机卷筒模型是三维可变形体，再约束成离散的约束刚体。按照上述的建模方法，建立的数值模型如图 3-29、图 3-30 所示。

2）单元类型。芯棒与铝单线采用三维实体可变形单元。为降低时间计算成本，提高计算效率，张力机放线卷筒采用约束刚体。选择单元类型代号为 C3D8R 单元，对模型进行离散后，共得到 55987 个六面体单元。图 3-31 为 1660mm² 导线离散单元示意图。

3）材料属性。在本数值模型中，一共涉及 F2A 型芯棒、LZ2X1 型铝单线和张力机放线卷筒的有机树脂三种材料。它们的材料属性如表 3-7 所示。

4）加载方式与边界条件。张力机放线卷筒的中心采用铰接固定，释放其轴向的旋转自由度，将导线的一个端面约束到一个参考点处，再将该参考点绑定在张力机放线卷筒上，让放线卷筒以 100rad/s 的角速度旋转，从而实现导线过张力机放线卷筒仿真。

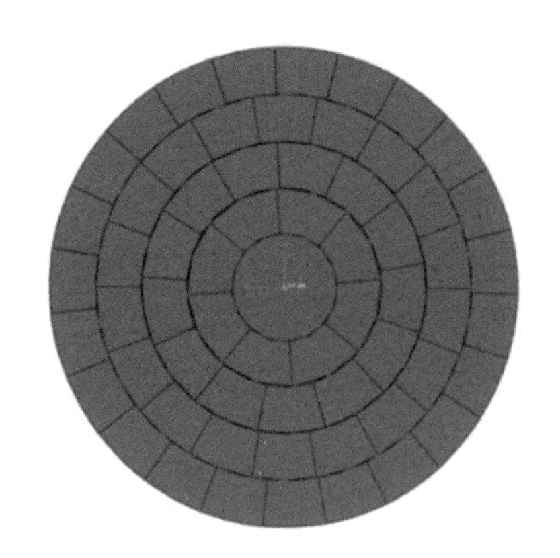

图 3-29　1660mm² 导线横截面数值模型

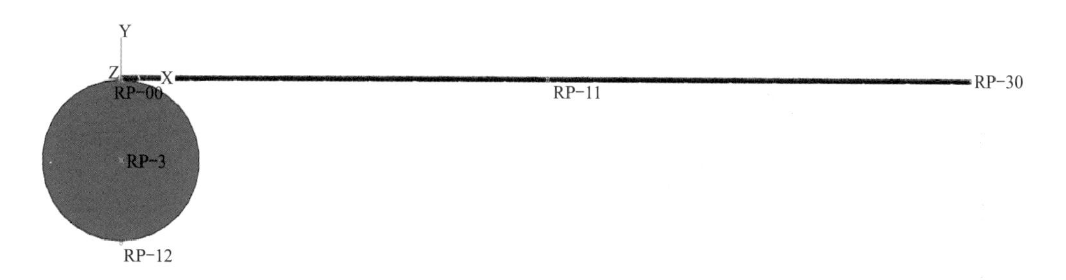


图 3-30　1660mm² 导线过张力机放线卷筒的数值模型

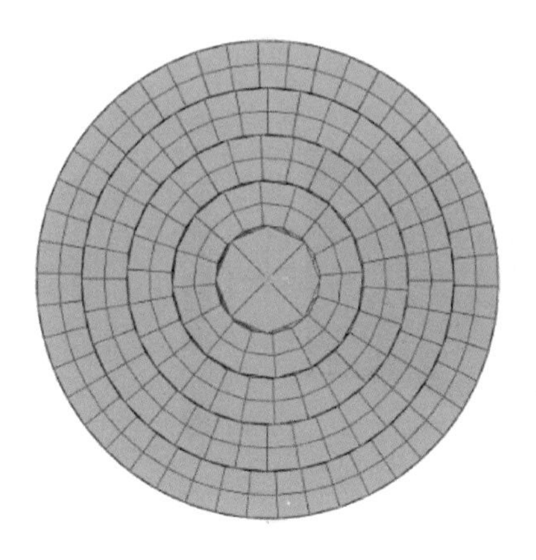

图 3-31　1660mm² 导线离散单元示意图

碳纤维芯导线的截面由芯棒与多个铝单线的截面共同组成，在有限元软件中，无法在整个截面上施加垂直于截面法向的均布载荷，通常采用建立参考点来控制截面的运动，在有限元软件中对参考点与截面建立耦合约束，其目的是在被约束区域与一个控制点之间建立运动上的约束关系。耦合约束类型分为运动耦合与分布耦合，运动耦合中被约束区域的全部 6 个自由度都被选中，整个被约束区域和控制点焊接在一起，被约束区域变为刚性平面，此区域的各节点之间不会发生相对位移，只会随着控制点做刚体运动；而分布耦合约束控制的约束区域是柔性的，可以发生形变，将控制点上受到的力以某种方式分布到被约束区域上，对被约束区域上各节点的运动进行加权平均处理。因此，分布耦合允许被约束区域上的各部分之间发生相对变形，比运动耦合中的面更加柔软。

模型的接触属性中法向接触采用通用接触自定义的接触类型，切向接触采用惩罚函数方程，摩擦系数设为 0.35。模型中相邻层铝单线单元的螺旋方向相反，面与面接触数量庞大，在初始分析步已经接触，因此，逐个面建立接触关系工作量大，接触行为选择通用接触，此方法允许铝单线单元各面在接触分析时自动寻找接触对，提高了计算效率。

（3）仿真计算结果。

1）过 1850mm 槽底直径张力机。计算工况一的应力云图如图 3-32 所示。铝单线的应力云图及塑性变形区域如图 3-33 所示。可以明显看出，铝单线在过张力机放线卷筒的过程中，其局部应力超过铝单线的屈服强度 100MPa，56 个铝单线单元进入屈服阶段，铝单线横截面一共有 248 个单元，塑性区域约占导线横截面的 22.6%。

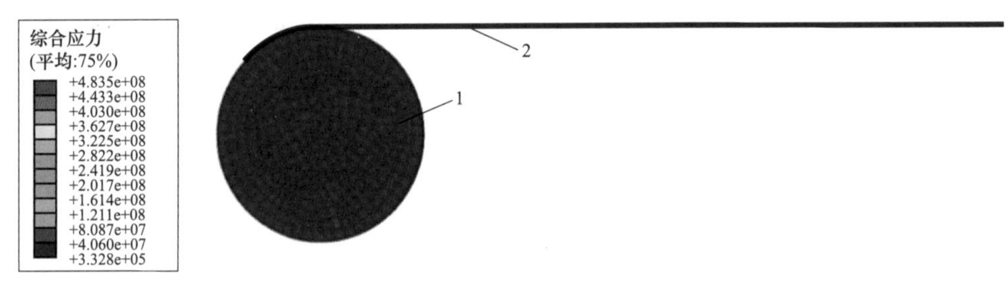


图 3-32　计算工况一的应力云图

1—张力机放线卷筒；2—导线

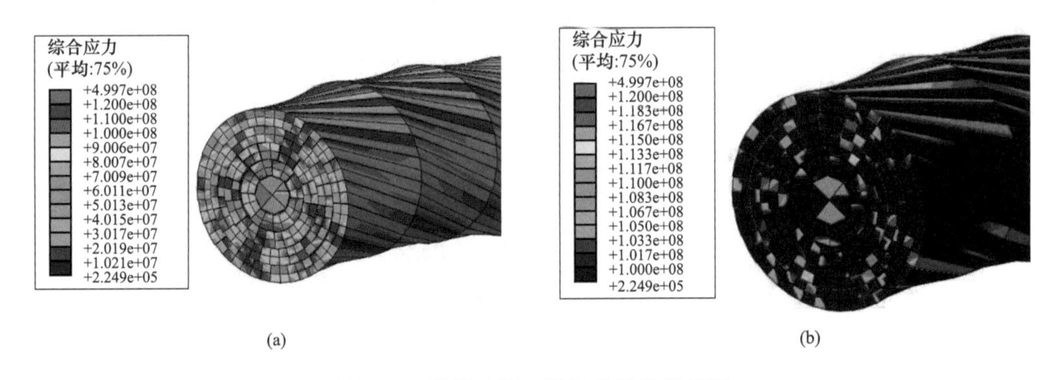


图 3-33　计算工况一的铝单线仿真结果

（a）应力云图；（b）塑性变形区域

2）过 2050mm 槽底直径张力机。计算工况二的应力云图如图 3-34 所示。铝单线的应力云图及塑性变形区域如图 3-35 所示。可以明显看出，铝单线在过张力机放线卷筒的过程中，其局部应力超过半硬铝的屈服强度 100MPa，39 个铝单线进入屈服阶段，铝单线横截面一共有 248 个单元，塑性区域约占导线横截面的 15.7%。

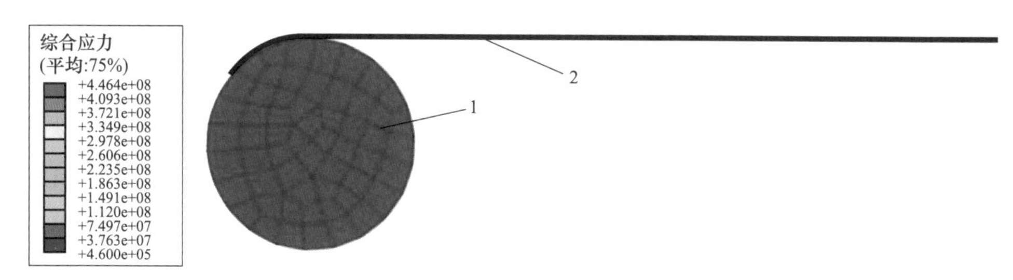


图 3-34　计算工况二的应力云图

1—张力机放线卷筒；2—导线

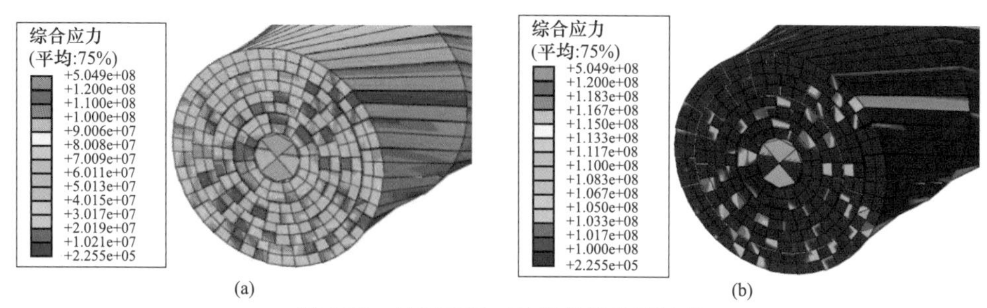


图 3-35　计算工况二的铝单线仿真结果

（a）应力云图；（b）塑性变形区域

3）过 2150mm 槽底直径张力机。计算工况三的应力云图如图 3-36 所示。铝单线的应力云图及塑性变形区域如图 3-37 所示。可以明显看出，铝单线在过张力机放线卷筒的过程中，其局部应力超过半硬铝的屈服强度 100MPa，37 个铝单线单元进入屈服阶段，铝单线横截面一共有 248 个单元，塑性区域约占导线横截面的 14.9%。

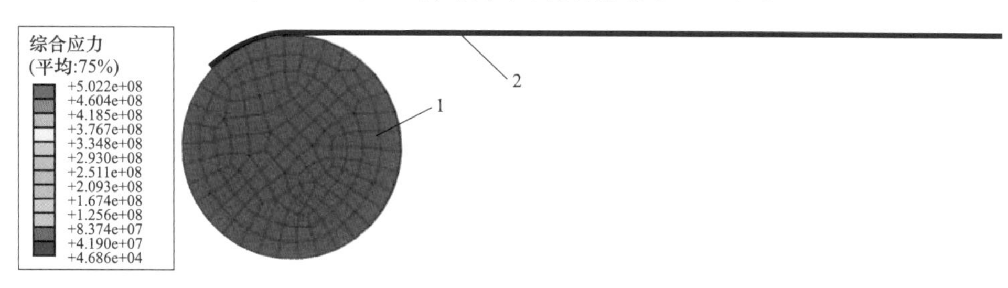


图 3-36　计算工况三的应力云图

1—张力机放线卷筒；2—导线

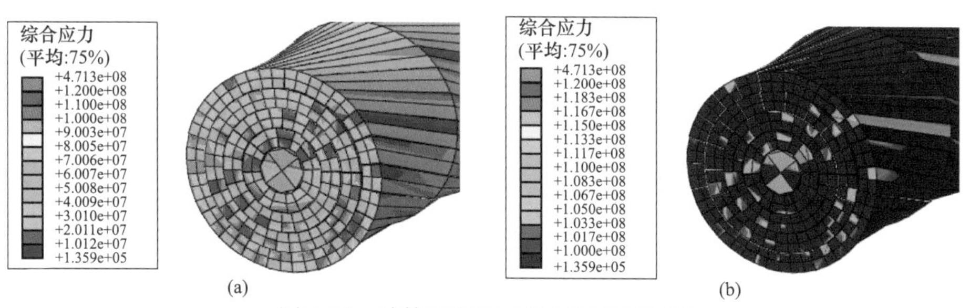


图 3-37　计算工况三的铝单线仿真结果

（a）应力云图；（b）塑性变形区域

4）过 2200mm 槽底直径张力机。计算工况四的应力云图如图 3-38 所示。铝单线的应力云图及塑性变形区域如图 3-39 所示。可以明显看出，铝单线在过张力机放线卷筒的过程中，其局部应力超过半硬铝的屈服强度 100MPa，31 个铝单线单元进入屈服阶段，铝单线横截面一共有 248 个单元，塑性区域约占导线横截面的 12.5%。

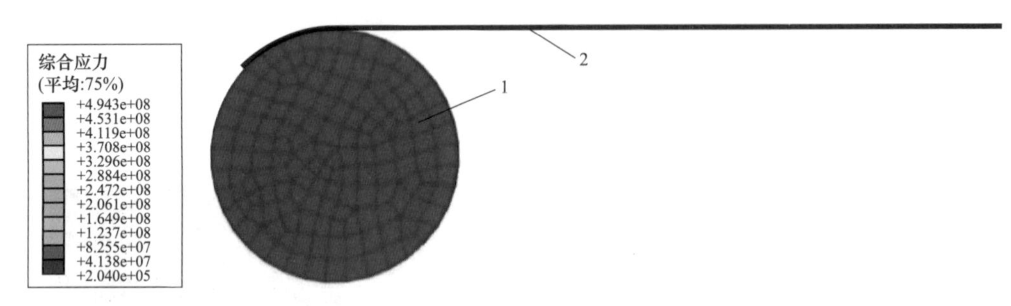


图 3-38 计算工况四的应力云图

1—张力机放线卷筒；2—导线

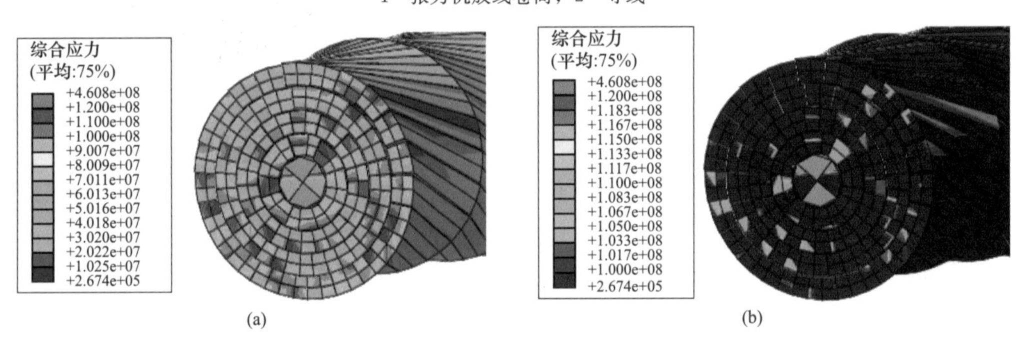


图 3-39 计算工况四的铝单线仿真结果

（a）应力云图；（b）塑性变形区域

5）过 2250mm 槽底直径张力机。计算工况五的应力云图如图 3-40 所示。铝单线的应力云图及塑性变形区域如图 3-41 所示。可以明显看出，铝单线在过张力机放线卷筒的过程中，其局部应力超过半硬铝的屈服强度 100MPa，29 个铝单线单元进入屈服阶段，铝单线横截面一共有 248 个单元，塑性区域约占导线横截面的 11.7%。

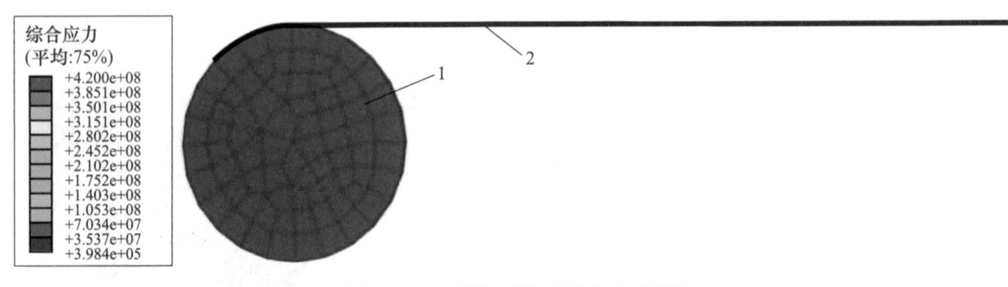


图 3-40 计算工况五的应力云图

1—张力机放线卷筒；2—导线

6）过 2450mm 槽底直径张力机。计算工况六的应力云图如图 3-42 所示。铝单线的应力云图及塑性变形区域如图 3-43 所示。可以明显看出，铝单线在过张力机放线卷筒的过程中，其局部应力超过半硬铝的屈服强度 100MPa，10 个铝单线单元进入屈服阶段，铝股横截面一共有 248 个单元，塑性区域约占导线横截面的 4.0%。

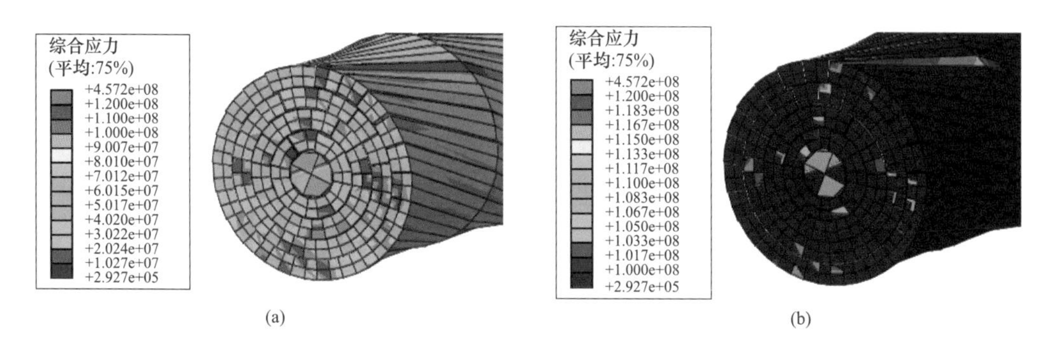


图 3-41　计算工况五的铝单线仿真结果

（a）应力云图；（b）塑性变形区域

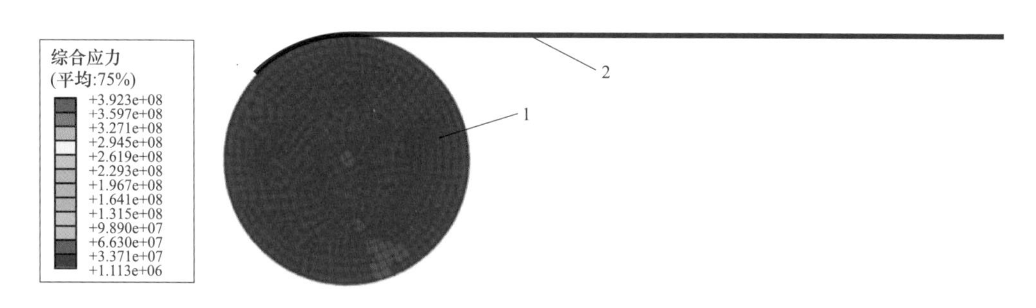


图 3-42　计算工况六的应力云图

1—张力机放线卷筒；2—导线

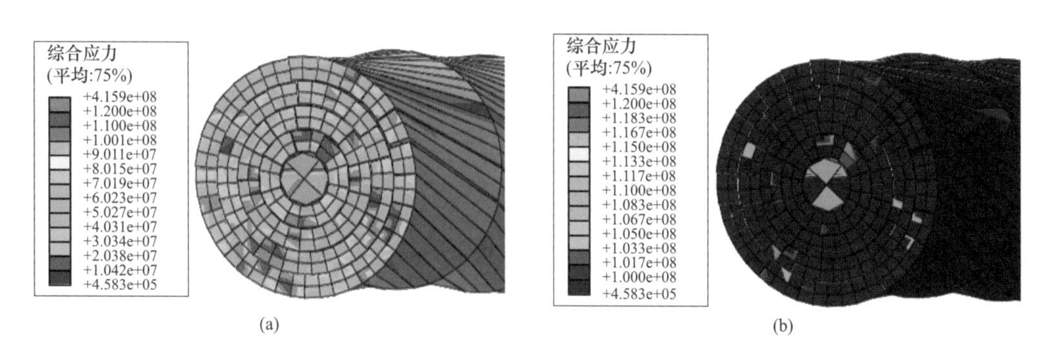


图 3-43　计算工况六的铝单线仿真结果

（a）应力云图；（b）塑性变形区域

（4）计算结果分析。

根据上面 6 种工况的计算结果，绘制芯棒和铝单线力学参数随时间演化的时程曲线。芯棒和铝单线进入张力机放线卷筒的时程曲线可表达为随转动角度变化的时程曲线，如图 3-44、图 3-45 所示。

芯棒随着时间的推移，逐渐进入张力机放线卷筒。初入放线卷筒时，等效应力和主应变急剧上升；当芯棒完全缠绕在张力机放线卷筒上时，芯棒的等效应力和主应变在一定范围内稳定波动。芯棒的等效应力和主应变在进入张力机放线卷筒的过程中按照相同的增长速率快速增长，与张力机放线卷筒槽底直径几乎没有关系；但是，在稳定阶段，芯棒的等效应力和主应变随着张力机放线卷筒槽底直径的增大而逐渐减小。

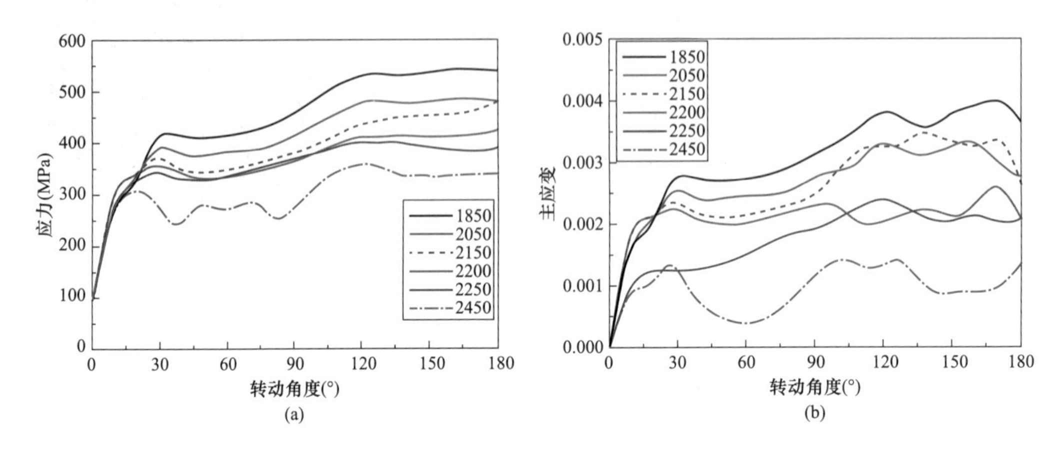


图 3-44　芯棒仿真结果

（a）等效应力时程曲线；（b）主应变时程曲线

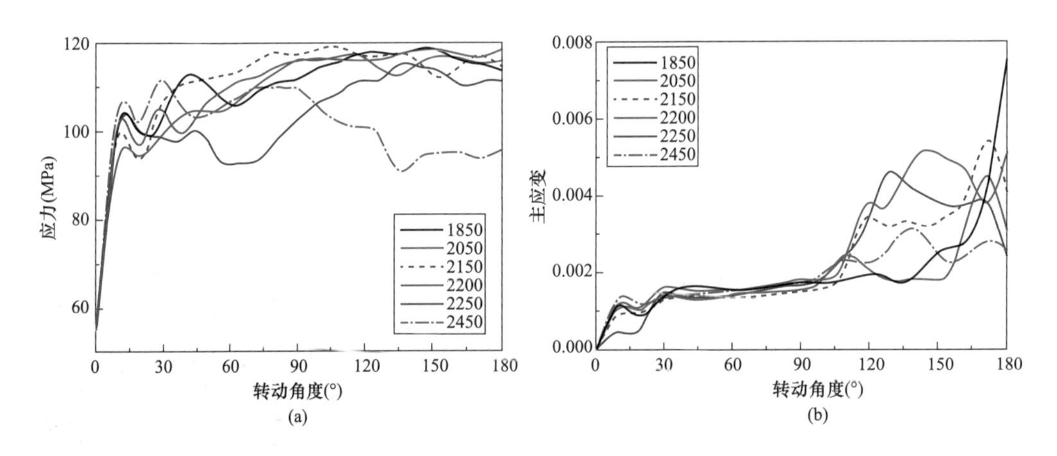


图 3-45　铝单线仿真结果

（a）等效应力时程曲线；（b）主应变时程曲线

铝单线随着时间的推移，逐渐进入张力机放线卷筒。初入放线卷筒时，等效应力和主应变急剧上升；当铝单线完全缠绕在张力机放线卷筒上时，铝单线的等效应力在一定范围内稳定波动，铝单线的主应变先是在一定范围内波动，然后再经历一个上升过程。铝单线的等效应力和主应变在进入张力机放线卷筒的过程中按照相同的增长速率快速增长，与张力机放线卷筒槽底直径几乎没有关系；但是，在稳定阶段，铝单线的等效应力随着张力机轮径的增大而逐渐减小。

依据上面的数值建模方法及材料参数，将 1660mm$^2$ 导线过不同槽底直径放线卷筒张力机的数值计算结果汇总于表 3-9 中。

**表 3-9　有限元结果汇总**

| 轮径（mm） | 1850 | 2050 | 2150 | 2200 | 2250 | 2450 | 判据 |
| --- | --- | --- | --- | --- | --- | --- | --- |
| 芯棒最大等效应力（MPa） | 544.0 | 484.3 | 479.8 | 425.1 | 399.8 | 358.6 | <1200 |
| 芯棒最大主应变 | 0.0041 | 0.0034 | 0.0033 | 0.0027 | 0.0024 | 0.0016 | <0.01 |
| 铝单线最大等效应力（MPa） | 119.2 | 119.6 | 118.8 | 118.5 | 117.8 | 110.8 | <120 |
| 铝单线最大主应变 | 0.0077 | 0.0054 | 0.0053 | 0.0052 | 0.0051 | 0.0033 | <0.008 |
| 铝单线塑性区域比例（%） | 22.6 | 15.7 | 14.9 | 12.5 | 11.7 | 4.0 | <13.7 |

**注**　灰底数据均满足判据要求。

从表 3-9 可以看出，1660mm² 导线在过张力机放线卷筒的过程中，芯棒中的最大等效应力和最大主应变随放线卷筒槽底直径的增大而减小；铝单线中的最大等效应力随放线卷筒槽底直径的增大而缓慢地减小，所以可以说张力机放线卷筒槽底直径的大小对铝单线的最大等效应力影响小，铝单线中的最大主应变随放线卷筒槽底直径的增大而减小；铝单线塑性变形区域的占比随着张力机放线卷筒槽底直径的增大而减小。

因此，从表 3-9 可以得出结论：芯棒和铝单线在过张力机放线卷筒的过程中不会发生断裂；当张力机放线卷筒槽底直径不小于 2200mm 时，依据 1250mm² 大截面导线张力展放的工程经验，不会发生 1660mm² 导线铝股散股的现象。

综上所述，为满足 1660mm² 导线张力展放要求，提高导线展放后的质量，推荐张力机放线卷筒槽底直径不小于 2200mm。

### （二）两端简支梁布置结构形式的机架

双摩擦放线卷筒采用两端简支梁布置结构形式（如图 3-46 所示），相比于常规张力机放线卷筒悬臂梁布置结构形式（如图 3-47 所示），放线卷筒张力轮轴所受弯矩可减少 50%，可大幅降低对机架和张力轮轴的要求，使放线卷筒受力合理。同时，由于张力轮轴刚度增加，沿放线卷筒的各个卷筒槽变形减小，降低了导线在放线卷筒上的径向跳动量，也降低了导线在卷筒上的损伤。

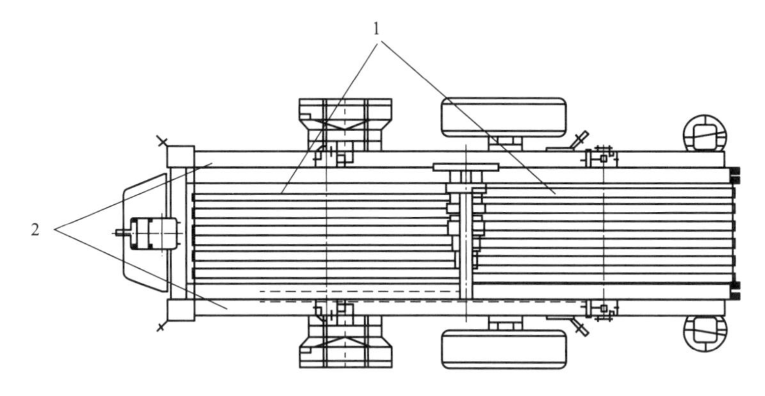


图 3-46　两端简支梁布置结构形式

1—放线卷筒；2—机架

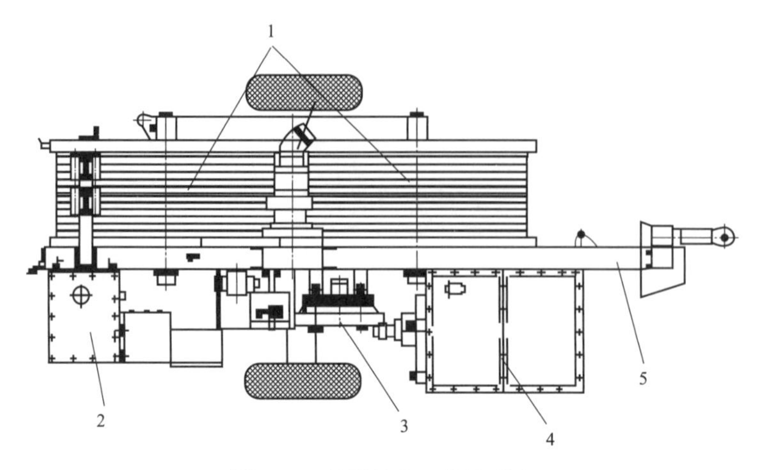


图 3-47　悬臂梁布置结构形式

1—放线卷筒；2—液压油箱；3—液压油散热器；4—发动机；5—机架

### （三）组合式导向滚子组

张力机放线时，导线从导线盘进入张力机放线卷筒，为了避免导线跳槽，需要在放线卷筒上方设置导向装置。常规张力机用导向装置为单轮式导向滚子，如图 3-48 所示，仅有 1 个滚轮，滚轮直径为 120mm。当导线过导向装置时，与滚轮顶部相切的导线的弯曲应力与滚轮直径成反比，使用单轮式导向滚子进行导向时，导线将承受很大的弯曲应力。

图 3-48　单轮式导向滚子

因为碳纤维芯导线抗弯性能较差，为了降低导线弯曲应力，在放线卷筒中采用 4 个前后横向布置的组合式导向滚子组代替常规单个滚子，如图 3-49 所示。

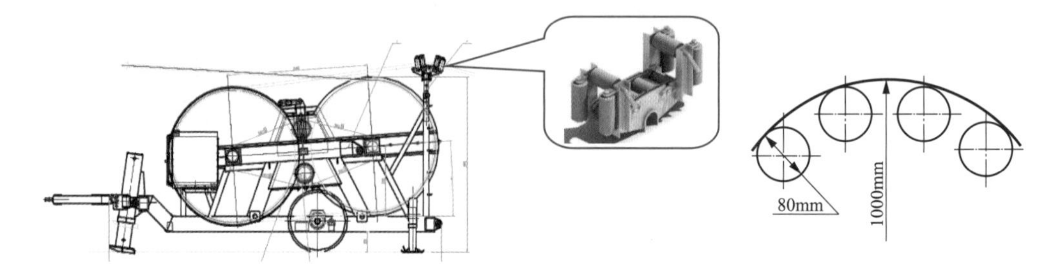


图 3-49　组合式导向滚子组

1660mm$^2$ 导线张力机用组合式导向滚子组使用的滚轮直径为 80mm，组合式导向滚子组的拟合区域半径为 1000mm。

单轮式导向滚子的曲率半径为 50mm，而组合式导向滚子组拟合区域半径为 1000mm，当使用组合式导向滚子组时，相切处导线弯曲应力大幅度降低，可有效提高导线展放质量。同时，4 个前后横向布置的滚子由 2 个两轮滚子组组成，能够自适应导线过导向滚子组的包络角，有利于保护导线，且导向滚子组安装架能够在 $\pm 10°$ 的范围内调整角度，增加了张力机的场地适用性。

# 第四章

# 放 线 滑 车

## 第一节　放线滑车及其分类与特点

### 一、定义及性能要求

放线滑车是张力架线时，悬挂于铁塔横担或绝缘子下方，为导线（包括导引绳、牵引绳）提供支撑和展放通道，实现导线展放的施工机具。放线滑车是导线架线施工中使用最多的施工机具之一，每项线路工程中使用的滑车数以千计。

导线由牵引机通过放线滑车经张力机被牵引展放，其中，张力架线用放线滑车必须满足以下基本要求：

（1）应在－30～＋40℃环境温度下正常工作。

（2）导线轮额定载荷不应小于档距内导线自重或导线牵引力在竖直方向上的分力（示意图见图 4-1），故导线轮额定载荷应满足

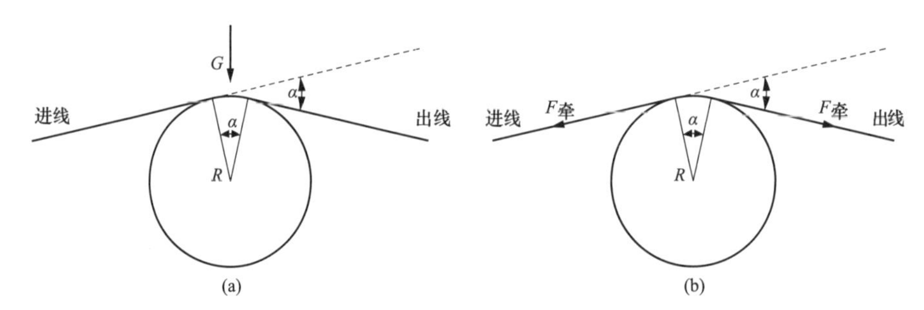


图 4-1　导线轮载荷计算示意图

(a) 按档距内导线自重计算；(b) 按导线牵引力竖直分力计算

$$P_{导} \geqslant G = 9.8 l_{导}\gamma = 9.8\frac{l\gamma}{\sin\frac{\pi - \alpha}{2}} \tag{4-1}$$

或

$$P_{导} \geqslant 2F_{牵}\sin\frac{\alpha}{2} = 2\times 30\% T_{P}\sin\frac{\alpha}{2} \tag{4-2}$$

式中　$P_{导}$——导线轮额定载荷，N；

$G$——档距内导线自重，N；

$l_{导}$——档距内导线长度，km；

$l$——档距，通常取 1km；

$\gamma$——导线单位长度质量，kg/km；

$\alpha$——滑轮包络角，(°)；

$F_{牵}$——放线过程导线所受牵引力，N；

$T_P$——导线额定拉断力，N。

(3) 钢丝绳轮额定载荷不应小于各导线轮上导线牵引力在竖直方向上的合力，故钢丝绳轮额定载荷应满足

$$P_{钢} \geqslant 2nK_P T_P \sin\frac{\alpha}{2} \tag{4-3}$$

式中 $P_{钢}$——钢丝绳轮额定载荷，N；

$n$——牵引导线根数；

$K_P$——牵引力系数，取 0.2～0.3；

$\alpha$——滑轮包络角，(°)；

$T_P$——导线额定拉断力，N。

(4) 强度与刚度满足要求，且安全系数应不小于 3。

(5) 滑轮槽形、轮槽半径应能保证牵引板、接续管保护装置及旋转连接器等顺利通过。

(6) 滑轮轮槽深度应保证通过物的外径埋入滑轮轮槽 2/3 以上。

(7) 滑轮槽底直径应保证导线顺利展放，不应损伤导线。

(8) 摩擦阻力系数 $k$ 不应大于 1.015，且越小越好，以降低放线时的牵引阻力及调整弛度的困难。

(9) 滑轮应转动灵活、无卡阻，整体刚性好，无晃动感。

(10) 体积小，质量轻。

(11) 放线滑车整体及各零部件应结构合理，材料满足使用要求。

## 二、按滑车结构分类

放线滑车根据结构形式可分为常规式放线滑车、直升机展放用单轮放线滑车、多轮装配式放线滑车。

### （一）常规式放线滑车

架空输电线路张力架线施工时所采用的放线滑车多为常规式放线滑车，即 1 根导线通过 1 个滑轮。根据导线放线方案，滑车内可以并排布置 1 个或多个滑轮，常见的有单轮放线滑车、三轮放线滑车、五轮放线滑车等，如图 4-2 所示。

单轮放线滑车用于“一牵 1”展放方式，即通过牵引机、张力机牵引 1 根钢丝绳，钢丝绳再通过网套连接器或牵引器等连接 1 根导线，钢丝绳和导线先后经过同一个滑轮（兼作钢丝绳轮和导线轮）实现展放。三轮放线滑车和五轮放线滑车的滑轮中正中的一个滑轮为钢丝绳轮，两侧均为导线轮，分别用于“一牵 2”和“一牵 4”展放方式，即通过牵引

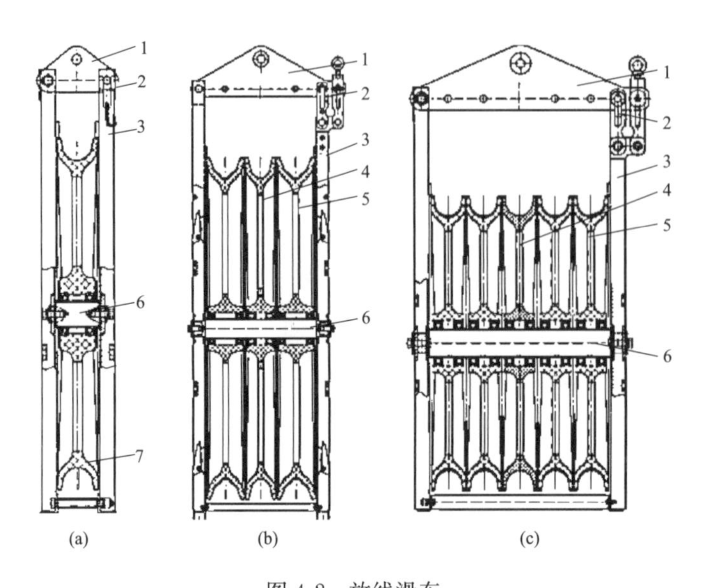


图 4-2 放线滑车

(a) 单轮；(b) 三轮；(c) 五轮

1—连板；2—销轴；3—架体；4—钢丝绳轮；5—导线轮；6—主轴；7—滑轮

机、张力机牵引 1 根钢丝绳先经过中间钢丝绳轮，钢丝绳再通过连接“一牵 2”走板或“一牵 4”走板，分别牵引 2 根或 4 根导线同步经过两侧导线轮实现展放。

常规式放线滑车由连板、滑轮主轴、架体及其他附件组成，见图 4-2。连板用于放线滑车悬挂，即通过连板将放线滑车整体与铁塔横担或绝缘子串相连，连板形式较多，有三角形、四边形等，连板上通常留有顶部挂孔、提线孔、插销孔，有的还预留有可调开门销孔或者装设压线用小滚轮的轴孔。钢丝绳轮用于展放导引绳、牵引绳等，与导线轮相比，其承受的额定载荷较大，钢丝绳轮材质一般为铸钢、铝合金或 MC 尼龙。导线轮用于展放导线，其材质一般为铝合金或 MC 尼龙。主轴通过轴承将滑轮及架体相连，放线滑车工作时，主轴主要承受弯矩，故要求其具有一定的强度和刚度。架体用于支撑放线滑车的主轴，并通过连板使放线滑车悬挂于铁塔横担或绝缘子下方，同时对滑轮起到一定的保护作用。

图 4-3 SHD-3NJ-1000/120 型三轮滑车

国内对于大截面导线的研究较成熟，从早期的 720mm$^2$ 到 1250mm$^2$ 大截面导线，导线多为钢芯铝绞线或铝合金芯铝绞线。结合研究成果及施工经验，适合此类导线张力架线施工的放线滑车槽底直径应不小于导线直径的 20 倍。目前，国内广泛应用的最大放线滑车为 1250mm$^2$ 大截面导线放线滑车，其槽底直径为 1000mm，滑轮直径为 1160mm，材质为 MC 尼龙，单个滑轮质量为 40～50kg。该滑车存在质量偏大、运输不便等缺点，其结构形式如图 4-3 所示。

对于碳纤维芯导线，结合以往的研究成果及施工经验，DL/T 5284—2019《碳纤维复合材料芯架空导线施工工艺导则》规定，放线滑车槽底直径应不小于导线直径的 30 倍。JLRX1/F1A-710/55-325 碳纤维芯导线配套用放线滑车槽底直径为 1000mm，稍大于导线直径（32.8mm）的 30 倍。该滑车已在田湾核电站二期 500kV 送出线路工程中进行试用，效果良好，满足工程施工需求。

### （二）直升机展放用单轮放线滑车

直升机展放用单轮放线滑车结构示意图如图 4-4 所示，该放线滑车由导杆、弹舌、右侧架体、左侧架体、底部支架、滑轮、主轴、防跳板组成。

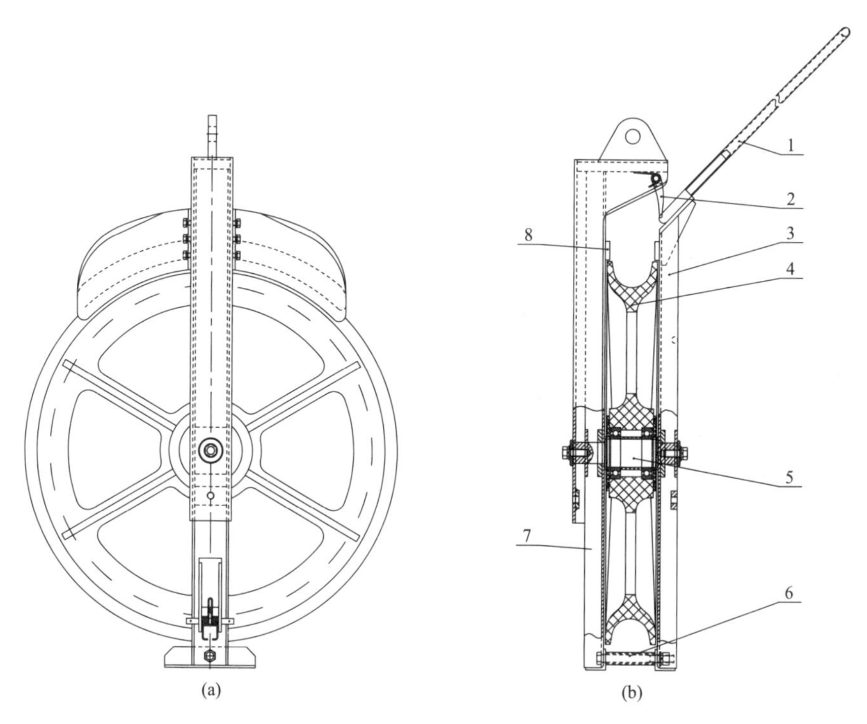


图 4-4　直升机展放用单轮放线滑车结构示意图

（a）侧视图；（b）正视图

1—导杆；2—弹舌；3—右侧架体；4—滑轮；5—主轴；
6—底部支架；7—左侧架体；8—防跳板

与其他结构放线滑车不同的是，由于直升机展放导引绳速度较快，为方便导引绳进入滑轮轮槽，同时避免导引绳出现从滑轮轮槽中跳出的情况，直升机展放用单轮放线滑车设有导杆、弹舌、防跳板等装置。导杆用于引导导引绳进入滑车；弹舌在导引绳的作用下向内打开，使导引绳可以进入滑车架体内侧，导引绳进入后弹舌在弹簧的作用下向外关闭，避免导引绳窜出；导引绳落入滑轮后，滑轮开始转动，两侧防跳板可有效防止导引绳跳出滑轮轮槽。

上述直升机展放用单轮放线滑车于 2018 年在镇海—舟山 500kV 线路工程应用。该滑车用于展放 $\phi$13mm 防扭钢丝绳，展放速度为 25km/h。

### （三）多轮装配式放线滑车

多轮装配式放线滑车的设计思路为将多个小直径滑轮连续排列，使其等效滑车直径远大于单个小滑轮直径。其设计原理示意图如图 4-5 所示。从其结构分析可知：多轮装配式放线滑车的主要缺点为摩擦阻力系数大（即滑轮出线侧与进线侧的导线张力之比大），对导线压强大，易损伤导线；其优点为多轮装配式放线滑车通过改变滑车形式，减小滑轮直径和体积，便于运输与现场施工。

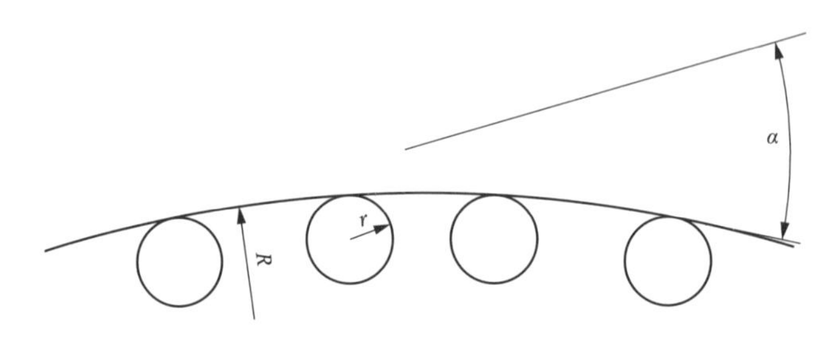


图 4-5　多轮装配式放线滑车设计原理示意图

随着特高压工程陆续集中开工建设，架空线路施工越来越多经过高山大岭等施工困难地区。同时，导线截面不断加大，也导致滑车的槽底直径随之加大。目前，适用于大截面导线的单轮滑车直径、质量均偏大，现场施工和运输难度较大。中国电科院曾针对 1250mm$^2$ 大截面导线多轮装配式放线滑车进行过研究，其结构形式如图 4-6 所示，并对其进行了滑车摩擦阻力试验和导线过滑车损伤试验。通过研究得出以下结论：

图 4-6　多轮装配式放线滑车结构

（1）多轮装配式放线滑车宜采用对称自平衡结构，同时，为避免其摩擦阻力过大，宜采用 4 轮装配式放线滑车。

（2）通过使用国外高精度轴承替换国内普通轴承可以实现多轮装配式放线滑车摩擦阻力系数小于 1.015，但由于进口轴承的价格为国产轴承的 5 倍左右，若全部采用进口轴承，则其成本将大幅增加，故而经济性较差，无法广泛应用。

（3）圆线通过多轮装配式放线滑车后的导线内部压痕比通过单轮滑车后更为明显，导线内部损伤较为严重。对于型线，这一情况不如圆线明显，但仍有损伤。其原因为型线铝单线间接触面积比圆线更大。导线通过多轮装配式放线滑车后的损伤情况如图 4-7 所示。

（4）多轮装配式放线滑车质量减幅有限。在日本、埃及、墨西哥、斯里兰卡、菲律宾及智利等国家，多轮装配式放线滑车在较小截面导线施工中有所应用，但未在大截面导线施工中应用。目前，国外并无成熟的理论对多轮装配式放线滑车的工作原理进行解释、说明，同时也没有标准对多轮装配式放线滑车的槽底直径、滑轮材料等结构参数进行规定。

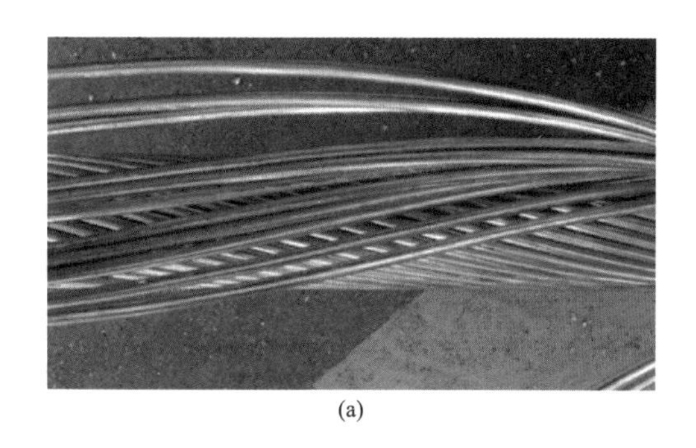
(a)

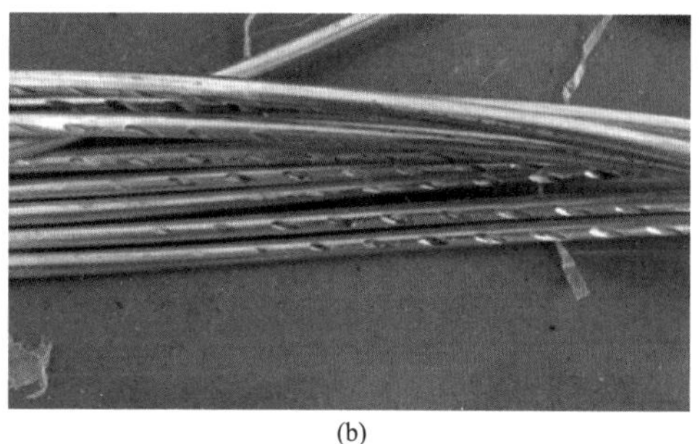
(b)

图 4-7 导线内部损伤情况

(a) 1250/70 导线通过常规式放线滑车；(b) 1250/70 导线通过多轮装配式放线滑车（包胶）

## 三、按使用对象分类

### （一）导线放线滑车

用于展放导线的放线滑车称为导线放线滑车。本节第二部分介绍的是导线放线滑车的特点、要求及适用范围。

### （二）地线放线滑车

用于展放地线的放线滑车称为地线放线滑车。与导线放线滑车相比，地线放线滑车由于展放线索质量较轻，所受额定载荷较小。地线放线滑车一般为单轮放线滑车，滑轮槽形通常采用单 R 槽形，顶部采用带有安全装置的吊钩，如图 4-8 所示。

为保证地线放线滑车正常使用，依据 DL/T 371—2019《架空输电线路放线滑车》、DL/T 875—2016《架空输电线路施工机具基本技术要求》及相关规程，地线放线滑车应满足如下要求：

(1) 应在－30～＋40℃环境温度下正常工作。

(2) 地线放线滑车额定载荷 $P_{地}$ 应满足

$$P_{地} = 9.8 \frac{l}{\sin\frac{\pi-\alpha}{2}} \gamma_{地} \tag{4-4}$$

式中 $P_{地}$——地线放线滑车滑轮额定载荷，N；

$l$——档距，取 1km；

$\alpha$——滑轮包络角，(°)；

$\gamma_{地}$——地线单位长度质量，kg/km。

图 4-8 地线放线滑车

(3) 地线放线滑车滑轮槽底直径应不小于相应展放地线直径的 15 倍。

(4) 强度与刚度满足要求，且安全系数应不小于 3。

(5) 滑轮可采用满足槽底直径要求的标准化导线滑轮。

（6）滑轮应转动灵活、无卡阻，整体刚性好，无晃动感。

（7）体积小，质量轻。

（8）地线放线滑车整体及各零部件应结构合理，材料满足使用要求。

由于地线放线滑车滑轮通常为满足要求的导线轮，故其材质在20世纪90年代主要为铝合金，其原因为铝合金强度高，且可回收，经济性较好。之后随着MC尼龙的普及、MC尼龙离心浇注工艺的广泛应用，以及MC尼龙具有质量轻、耐磨、防腐性能较好的优点，地线放线滑车滑轮材质由铝合金改为MC尼龙。近年来，随着电压等级的不断提升，地线放线滑车额定载荷加大，铝合金滑轮与MC尼龙滑轮的地线放线滑车均被广泛使用。

### （三）光缆放线滑车

高压线路的光缆以光纤复合架空地线为主，用于展放光缆的放线滑车称为光缆放线滑车，如图4-9所示。光缆放线滑车所受额定载荷较小，一般光缆放线滑车为单轮放线滑车，滑轮槽形宜采用双R槽形，槽形结构如图4-10所示。

图4-9　光缆放线滑车

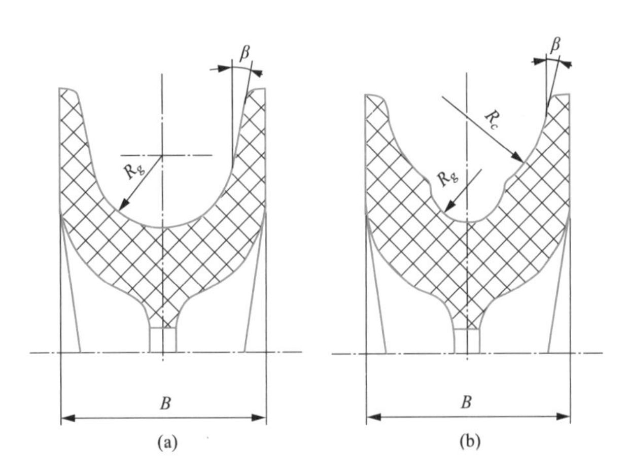


图4-10　滑轮槽形结构

（a）单R滑轮槽形；（b）双R滑轮槽形

图4-10中，$R_g$为双R槽形滑轮轮槽半径；$R_c$为双R槽形滑轮通过物轮槽半径，通过物包括旋转连接器、接续管保护装置等；$\beta$为滑轮槽倾斜角；$B$为导线与滑车的接触宽度。为保证光缆放线滑车正常使用，依据DL/T 371—2019《架空输电线路放线滑车》、DL/T 875—2016《架空输电线路施工机具基本技术要求》及相关规程，光缆放线滑车应满足如下要求：

（1）应在−30～+40℃环境温度下正常工作。

（2）导线轮额定载荷$P_光$应满足

$$P_{光} = 9.8\frac{l}{\sin\frac{\pi-\alpha}{2}}\gamma_{光} \tag{4-5}$$

式中 $P_{光}$——光缆放线滑车滑轮额定载荷，N；

$l$——档距，取1000m；

$\alpha$——滑轮包络角，(°)；

$\gamma_{光}$——光缆单位长度质量，kg/km。

(3) 光缆放线滑车滑轮槽底直径应不小于相应展放光缆直径的40倍。

(4) 强度与刚度满足要求，且安全系数应不小于3。

(5) 滑轮可采用满足槽底直径要求的标准化导线滑轮，也可采用专用滑轮。为规范光缆放线滑车滑轮系列，DL/T 371—2019《架空输电线路放线滑车》提出了光缆放线滑车专用滑轮的技术参数，该技术参数适用于目前常用的34种光缆放线滑车。光缆放线滑车专用滑轮基本技术参数见表4-1。

**表4-1　光缆放线滑车专用滑轮基本技术参数**

| 型号 | 槽底直径(mm) | 适用线索直径(mm) | 额定载荷(kN) | 滑轮宽度(mm) | 轮槽半径(mm) | | 轮槽深度(mm) |
|---|---|---|---|---|---|---|---|
| | | | | | $R_c$ | $R_g$ | |
| SHG-1NJ-700 | $700_{0}^{+2}$ | ≤17 | 12 | 90 | ≤30 | 10±1 | 45±1 |
| SHG-1NJ-800 | $800_{0}^{+2}$ | 17～20 | 18 | 100 | ≤35 | 11±1 | 50±1 |

(6) 滑轮应转动灵活、无卡阻，整体刚性好，无晃动感。

(7) 体积小，质量轻。

(8) 光缆放线滑车整体及各零部件应结构合理，材料满足使用要求。

国内最早使用的光缆是通过国外引进，国外生产厂家提出为保证光缆通过滑车后不受损伤，光缆放线滑车槽底直径应不小于展放光缆直径的40倍，这一要求沿用至今。国内在线路工程中使用光缆放线滑车时，通常选用满足槽底直径要求的标准化导线轮作为滑轮，再安装架体、连板、主轴、其他附件等，组成一个单轮放线滑车。

## 四、按滑轮材质分类

### （一）MC尼龙放线滑车

MC尼龙放线滑车是指滑轮本体材料为MC尼龙的放线滑车，包括MC尼龙挂胶、衬胶放线滑车和MC尼龙无胶放线滑车。

MC尼龙又称浇铸尼龙，具有质量轻、强度高、自润滑、耐磨、防腐、绝缘良好等性能，是应用广泛的工程塑料，几乎遍布所有的工业领域。

与铝合金相比，MC尼龙造价较低、质量轻。同时，由于国内施工机械化程度较低，MC尼龙滑轮的使用寿命更长。在国内，MC尼龙被广泛应用于放线滑车滑轮的制作，导线轮基本上都采用MC尼龙；用于直线塔的钢丝绳轮由于只受到指向轴心的额定载荷，受力状况较为良好，故钢丝绳轮也可采用MC尼龙，以减轻整体滑车的质量。

### （二）铝合金放线滑车

铝合金放线滑车是指滑轮本体材料为铝合金的放线滑车，包括铝合金挂胶、衬胶放线滑车和铝合金无胶放线滑车。

铝合金放线滑车曾经在国内输电线路施工中有过不少应用，近几年使用较少。由于国外发达国家施工机械化程度高，装卸均采用起重机，故国外三轮放线滑车钢丝绳轮普遍采用铝合金轮。铝合金轮与钢轮相比质量更轻，与MC尼龙滑轮相比，其突出优点在于刚度好、强度高，适用于载荷较大的工况，而且由于是金属材料，滑车损坏后可进行回收处理，避免污染，经济环保。

（三）铸钢滑轮

铸钢滑轮是指滑轮本体材料为铸钢的滑轮，铸钢滑轮在输电线路施工中也有过不少应用，尤其在大高差、大转角等较为恶劣的施工环境下应用极为广泛。铸钢滑轮的突出优点在于刚度和强度等力学性能极好，但是铸钢滑轮质量较大，给运输和安装带来较大困难。

用于转角塔的放线滑车，除需承受指向轴心的额定载荷外，还承受一定大小的水平载荷，受力状况比直线塔放线滑车恶劣，钢丝绳轮受到的水平载荷远大于导线轮。因此，当水平载荷较大时，钢丝绳轮采用铸钢滑轮；当水平载荷较小时，钢丝绳轮采用加强型MC尼龙滑轮。

## 第二节　总体设计方案

### 一、结构形式对比

#### （一）多轮装配式放线滑车与常规式单轮放线滑车主要性能对比

1. 放线滑车摩擦阻力系数

导线通过单轮滑车和多轮装配式滑车时对滑车的压力示意图如图4-11所示。

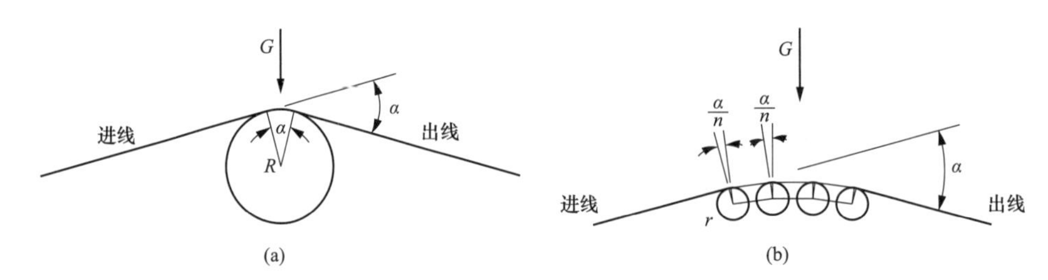


图4-11　导线过滑车压力示意图

（a）单轮滑车；（b）多轮装配式滑车

驱动单轮滑车的转动力 $F_{\mathrm{P}}$ 与驱动多轮装配式滑车的转动力 $F_{\mathrm{D}}$ 的比值为

$$\frac{F_{\mathrm{P}}}{F_{\mathrm{D}}}=\frac{\dfrac{G\mu}{R}}{\dfrac{\dfrac{G}{n}\mu n}{r}}=\frac{r}{R} \tag{4-6}$$

式中　$F_{\mathrm{P}}$——驱动单轮滑车的转动力，N；

$G$——作用在滑轮上的导线重力，N；

$\mu$——轴承的转动摩擦力矩系数；

$R$——单轮滑车的滑轮槽底半径，mm；

$F_D$——驱动多轮装配式滑车的转动力，N；

$n$——多轮装配式滑车的滑轮个数；

$r$——多轮装配式滑车的滑轮槽底半径，mm。

由式（4-6）可知，驱动多轮装配式滑车的转动力 $F_D$ 是单轮滑车的转动力 $F_P$ 的$\frac{R}{r}$倍。在其他条件相同的情况下，多轮装配式滑车的摩擦阻力系数比单轮滑车摩擦阻力系数大。

2. 导线压强理论计算

常规式单轮放线滑车与多轮装配式放线滑车导线压强示意图如图 4-12 所示。常规式单轮放线滑车导线压强计算式为

$$P_P = \frac{G}{R\alpha B} \tag{4-7}$$

式中 $P_P$——导线作用在单轮滑车上的压强，MPa；

$G$——导线作用在滑轮上的重力，N；

$R$——单轮滑车的滑轮槽底半径，mm；

$\alpha$——导线通过滑车的包络角，rad；

$B$——导线与滑车的接触宽度，约为导线直径的 1/3，mm。

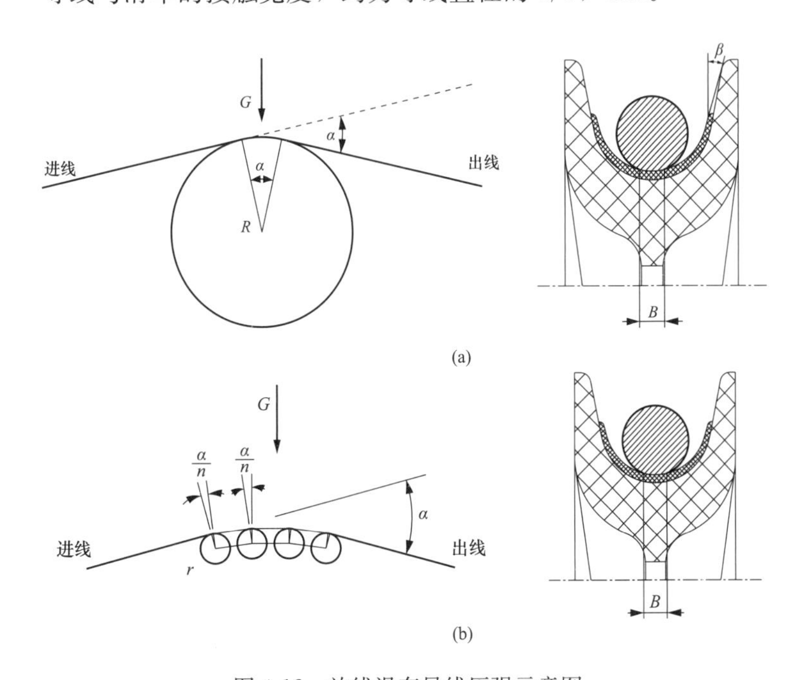


图 4-12　放线滑车导线压强示意图

（a）常规式单轮放线滑车；（b）多轮装配式放线滑车

$G$—导线作用在滑轮上的重力；$\alpha$—导线通过滑车的包络角；$\beta$—滑轮槽倾斜角；

$R$—滑轮槽底半径；$B$—导线与滑车的接触宽度，约为导线直径的 1/3

多轮装配式放线滑车导线压强计算式为

$$P_{\mathrm{D}}=\frac{\frac{G}{n}}{r\frac{\alpha}{n}B}=\frac{G}{r\alpha B} \tag{4-8}$$

式中 $P_{\mathrm{D}}$——导线作用在多轮装配式滑车上的压强，MPa；

$r$——多轮装配式滑车的滑轮槽底半径，mm。

结合式（4-7）、式（4-8）可得

$$\frac{P_{\mathrm{D}}}{P_{\mathrm{P}}}=\frac{\frac{G}{r\alpha B}}{\frac{G}{R\alpha B}}=\frac{R}{r} \tag{4-9}$$

对于多轮装配式滑车而言，其等效半径与滑轮实际半径 $r$ 无对应关系，根据式（4-9）可知，当常规式单轮滑车槽底半径与多轮装配式滑车等效半径均为 $R$ 时，多轮装配式滑车与常规式单轮滑车对导线压强才具有比较意义，即多轮装配式滑车对导线压强为常规式单轮滑车的$\frac{R}{r}$倍。由于多轮装配式滑车的滑轮槽底半径远小于常规式单轮滑车的滑轮槽底半径，故可知多轮装配式滑车对导线压强远大于常规式单轮滑车对导线压强。

为了解不同槽底直径的常规式单轮滑车或不同等效槽底直径的多轮装配式滑车对 $1660\mathrm{mm}^2$ 导线的压强，对其数值进行理论计算，计算结果见表 4-2。

**表 4-2　　不同槽底直径/等效槽底直径对应导线压强**

| 槽底直径/等效槽底直径（mm） | 单轮滑车导线压强（MPa） | 多轮装配式滑车导线压强（MPa） |
|---|---|---|
| 400 | 28.34 | 171.76 |
| 560 | 20.24 | 122.67 |
| 710 | 15.97 | 96.79 |
| 800 | 14.17 | 85.88 |
| 900 | 12.60 | 76.36 |
| 1000 | 11.34 | 68.73 |
| 1200 | 9.45 | 57.27 |
| 1476 | 7.68 | 46.55 |

从表 4-2 可以看出，当常规式单轮滑车槽底直径和多轮装配式滑车槽底直径相同时，多轮装配式滑车导线压强远大于常规式单轮滑车导线压强，导线通过后的挤压变形将明显增大。

通过上述理论计算和分析，可以得出如下结论：

（1）在其他条件相同的情况下，多轮装配式滑车的摩擦阻力系数要比单轮滑车摩擦阻力系数大许多。

（2）当常规式单轮滑车槽底半径为 $R$，多轮装配式滑车槽底半径均为 $r$ 时，多轮装配式放线滑车导线压强为单轮滑车的$\frac{R}{r}$倍。由于 $R \gg r$，所以推出 $1660\mathrm{mm}^2$ 导线经过多轮装配式放线滑车时所受压强较大，更易导致导线损伤。

综上所述，多轮装配式放线滑车难以适用于 1660mm$^2$ 导线。

## （二）单轮放线滑车结构

常规式单轮放线滑车滑轮的构造如图 4-13 所示。由于单件尺寸较大，给实际施工带来不便，因此考虑从滑轮结构上进行改进。

图 4-13 常规式单轮放线滑车滑轮

为避免单轮滑车滑轮单件尺寸大、质量大的问题，考虑从以下几个方面对其结构进行改进。

1. 拼装式结构设计

将滑轮从结构上进行拆分，将整体式设计改为拼装式设计，从而减小单件结构的尺寸和质量。该类结构在浇铸时，将轮毂和轮缘分别进行浇铸，组装时再进行紧固连接。拼装式滑轮结构示意图如图 4-14 所示。

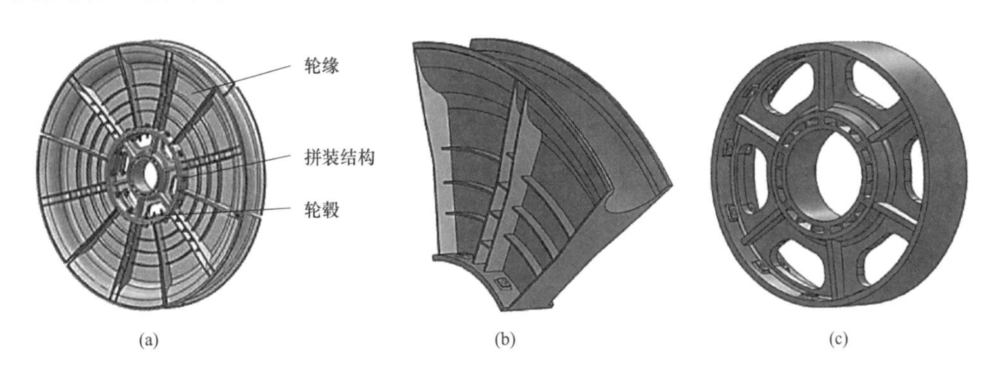


图 4-14 拼装式滑轮结构示意图

（a）滑轮整体；（b）轮缘；（c）轮毂

2. 复合式结构设计

考虑到滑轮强度及刚度要求，对滑轮不同部分采用不同材料进行加工，然后装配成整体滑轮，以保证在强度、刚度满足要求的前提下减轻滑轮质量。复合式滑轮结构示意图如图 4-15 所示。

3. 整体单轮式结构设计

单轮滑车多年来在输电线路领域中得到广泛应用，其制造工艺成熟可靠，得到普遍认

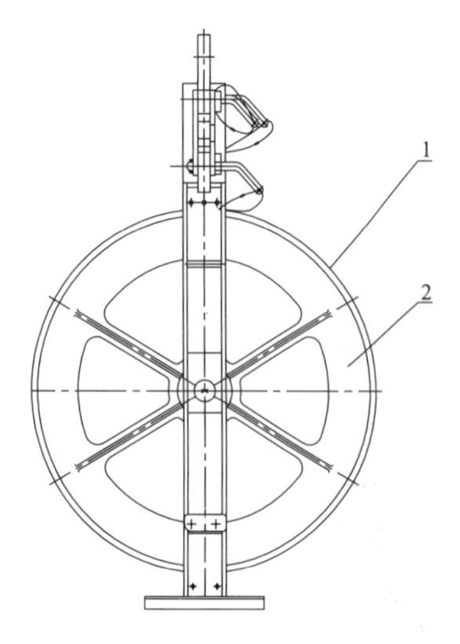


图 4-15　复合式滑轮结构示意图
1—铝合金轮槽部分；
2—MC 尼龙浇铸轮毂部分

可。对于槽底直径约为 1500mm 的滑轮，目前已有国外厂商可以生产制造，如意大利 TESMEC 集团生产的铝合金式滑轮，滑轮的额定载荷为 80kN，质量约为 420kg（工程应用采用"一牵 2"形式)。铝合金滑轮由于采用金属制造，相对尼龙滑轮成本较高，据初步估算其成本约为同等大小尼龙滑轮的 2～3 倍，但其耐久性强、不易损坏且具有可回收性。

目前，市场上尚无槽底直径达 1000mm 的 MC 尼龙滑车出现。经初步估算，若沿用现有的离心浇铸工艺形成槽底直径约为 1500mm 的 MC 尼龙滑轮，在满足使用要求的条件下，MC 尼龙滑车滑轮需进行加宽，主筋需加强，其质量与铝合金滑轮相当。

综上所述，对上述结构设计方案进行对比，如表 4-3 所示。

**表 4-3　　不同单轮放线滑车滑轮结构对比**

| 结构形式 | 优点 | 缺点 |
|---|---|---|
| 拼装式 | 单件体积小，运输过程节省人力。当滑轮局部发生损坏时，可用新轮缘或轮毂替代，节约使用成本 | 加工制造精度要求较高，制造难度较大。使用 MC 尼龙等有机材料加工，会具有一定的变形范围，直接影响后期的组合安装；采用铝合金等金属材料加工，成品率低，费用高昂 |
| 复合式 | 在大直径滑轮结构的前提下，可以保持滑轮的刚度，在受力状态下不易失稳且质量较轻 | 两种不同材料的热胀收缩比不一致，导致加工后很难进行装配，对制造工艺要求很高，实现困难 |
| 整体单轮式 | 应用广泛，工艺成熟牢靠，得到普遍认可 | 滑轮槽底直径较大，离心浇注有一定困难 |

综上所述，由于拼装式结构和复合式结构存在对加工制造工艺要求较高、费用昂贵或实现困难的问题，确定采用传统整体单轮式滑轮作为 SHD-3NJ- 1500/140 型放线滑车滑轮的结构形式。

## 二、材料选型

制作放线滑车滑轮的材料有 MC 尼龙、超高分子量聚乙烯（UHMWPE)、异辛酸稀土改性 MC 尼龙、尼龙/纳米复合材料、铝合金、铸钢等。

MC 尼龙在工业领域应用广泛，是一种质量轻、强度高的优质工程塑料，并已广泛应用于放线滑车滑轮的制作。

超高分子量聚乙烯（UHMWPE）是指粘均分子量[1] 1170 万以上的聚乙烯，是一种具有优异综合性能的线性结构的热塑性工程塑料。超高分子量聚乙烯具有较强的抗冲击性、

[1] 粘均分子量，指用粘度测定法测得的聚合物分子量。

耐磨损性，但其表面硬度及热变形温度低（约85℃），且弯曲强度及蠕变性能较差，仍处于研究阶段。

异辛酸稀土改性MC尼龙是由普通尼龙经改性后得到，目前仍处于研究阶段。

尼龙/纳米复合材料是由纳米材料改性后得到，可提高材料的强度和韧性，并且赋予材料良好的综合性能。以铸型尼龙/纳米 $Gd_2O_3$ 复合材料为例，复合材料的综合性能在添加0.5%纳米 $Gd_2O_3$ 时达到最佳，其缺口冲击强度、拉伸强度、弯曲强度分别比MC尼龙基体提高了19.7%、19.6%、9.3%，目前仍处于研究阶段。

与MC尼龙相比，铝合金力学性能更优，适用于载荷较大的工况。目前常用ZL111材料。

铸钢强度及刚度等力学性能极好，且铸造工艺较为成熟。与铝合金滑轮相比，铸钢滑轮铸造成品率较高，但质量较大。

各材料属性如表4-4所示。为对比不同材料优缺点，以MC尼龙作为参照物，计算相同弯矩条件下产生相同变形时，不同材料试件与MC尼龙试件的质量比，整体呈现材料弯曲强度越高、密度越小，试件质量越小的规律。

**表4-4　　　　材料对比**

| 材料 | 弯曲强度（MPa） | 弹性模量（MPa） | 泊松比 | 密度（$g/cm^3$） | 与MC尼龙试件质量比 | 优点 | 缺点 |
|---|---|---|---|---|---|---|---|
| MC尼龙 | 148 | 3000 | 0.33 | 1.16 | 1 | 加工工艺较成熟，造价较低，且质量相对较轻 | 材料强度较低，力学性能较差 |
| 超高分子量聚乙烯 | 198 | 800 | 0.46 | 0.97 | 0.73 | 质量轻，具有低摩擦阻力系数、耐化学腐蚀、耐低温、抗冲击、耐磨损等特性 | 表面硬度及热变形温度低、弯曲强度和蠕变性能差 |
| 异辛酸稀土改性MC尼龙 | 194 | 3500 | 0.33 | 1.16 | 0.87 | 与普通MC尼龙相比，质量较轻，且弯曲强度有所提高，热稳定性有所改善，磨损性能有所提高 | 工艺及产品质量控制不成熟，整体研发周期较长，研发费用较高 |
| 尼龙/纳米复合材料 | 162 | 3200 | 0.33 | 1.16 | 0.96 | | |
| 铝合金ZL111 | 315 | 70000 | 0.33 | 2.78 | 1.63 | 刚度较好、强度较高，经热处理后强度可进一步提升，滑车损坏后可进行回收处理，避免污染，经济环保 | 与MC尼龙滑轮相比，其质量较大、研发周期较长，同时，在目前国内施工机械化程度较低的情况下，铝合金滑轮使用寿命较短 |
| 铸钢 | 345 | 210000 | 0.33 | 7.85 | 4.39 | 强度及刚度等力学性能极好，且铸造工艺较为成熟，与铝合金滑轮相比，铸造成品率较高 | 与铝合金滑轮相比，质量较高 |

综上所述，由于超高分子量聚乙烯（UHMWPE）表面硬度及热变形温度低、弯曲强度和蠕变性能差，故不适合作为滑轮的基体材料；异辛酸稀土改性 MC 尼龙及尼龙/纳米复合材料的混合工艺及产品质量控制研究还需大量工作，整体研发周期比较长，研发费用比较高，故同样不适合作为滑轮的基体材料；而 MC 尼龙、铝合金和铸钢三种材料各有利弊但均具有可行性，故推荐这三种材料作为 SHD-3NJ-1500/140 型放线滑车滑轮材料。本章第三节、第四节将通过仿真计算与分析对这三种材料的滑轮进行结构优化与经济性比较，确定滑轮的材料与结构。

## 三、放线滑车槽底直径计算

### （一）传统设计方法及其局限性

传统的槽底直径设计方法为：按照相关放线滑车标准对槽底直径的要求，确定放线滑车槽底直径，然后通过导线过滑车试验对放线滑车槽底直径进行验证。采用传统设计方法确定放线滑车槽底直径时，并未对槽底直径进行进一步的理论计算或有限元仿真计算。考虑到经济因素，在确定放线滑车槽底直径时，在保证槽底直径能通过导线过滑车试验的前提下，槽底直径设计值均偏于保守，以尽量减少放线滑车试制成本，降低放线滑车研发成本。但是，这样将造成放线滑车整体质量加重，不便于其运输和施工现场使用。

### （二）1660mm$^2$ 导线特点及其对放线滑车槽底直径的要求

放线滑车槽底直径过小，将导致导线在通过放线滑车后导线表面损伤、产生压痕、导线散股、芯棒损伤等问题，影响导线性能。

相关碳纤维芯导线施工标准对放线滑车槽底直径的要求，均来源于经验推论，并未在理论上进行深入研究。在对 1660mm$^2$ 导线配套机具进行设计时，只能在一定程度上进行参考。本书提出了一种新的放线滑车槽底直径计算方法，可为今后新型导线配套滑车设计提供支撑。

### （三）槽底直径仿真计算

1. 有限元模型建立

（1）导线三维模型建立。此处导线建模方法与本书第三章第五节中导线建模方法相同。

（2）网格划分。芯棒与半硬铝单线采用三维实体可变形单元。1660mm$^2$ 导线模型共包括 47528 个六面体单元，其离散单元示意图如图 4-16 所示。

（3）材料属性定义。1660mm$^2$ 导线由半硬铝梯形股线与芯棒组成，其材料属性见表 3-7。

（4）加载方式与边界条件。导线过滑车仿真分析的加载方式及边界条件与第三章导线过张力机卷筒仿真分析的加载方式及边界条件类似，在此基础上将导线过滑车前张紧状态下股线与芯棒各自沿轴向的应力 55.1MPa 与 94.4MPa 作为预应力输入到导线模型中。通过滑车带动导线逆时针旋转，如图 4-17 所示，并在导线与滑车形成 30°包络角后停止计算。

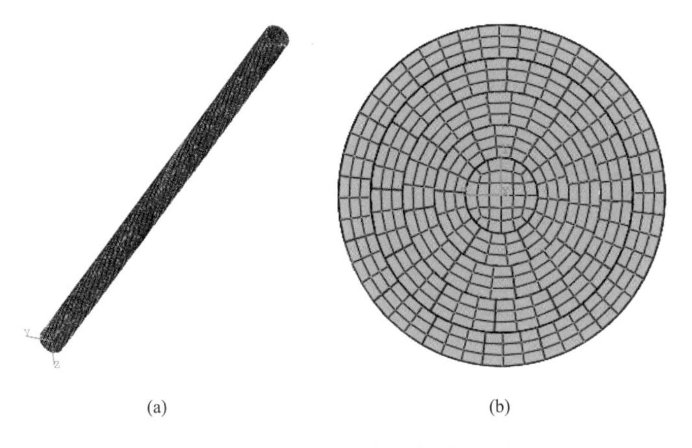
(a) (b)

图 4-16　1660mm² 导线离散单元示意图

(a) 轴测图；(b) 截面图

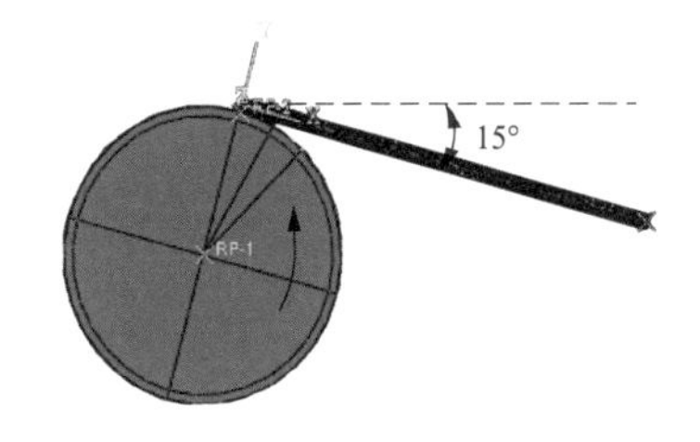


图 4-17　导线与滑车装配关系

2. 有限元结果分析

(1) 铝单线。

1) 弹性范围内结果。将通过理论计算得到的结果与有限元结果进行弹性范围内的比较，危险点截面平均应力随滑车槽底直径的变化如图 4-18 所示。根据仿真结果，槽底直径为 1500mm 时的导线仿真应力为 125.7MPa。根据畸变能密度理论计算，槽底直径为 1500mm 时的导线相当应力为 125.4MPa。两者一致性较好。

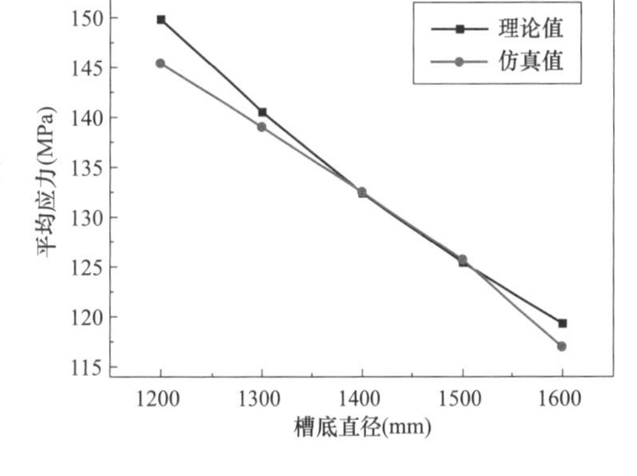


图 4-18　应力分析结果

2) 塑性范围内结果。由于碳纤维芯导线的散股问题与股线的塑性变形有关，而散股程度又与塑性变形的股线数量相关，故可采用股线塑性变形区域占股线总区域的比例表征导线散股程度。

提取铝股线截面的轴向最大主应变和塑性区域占比，如图 4-19 所示。当放线滑车槽

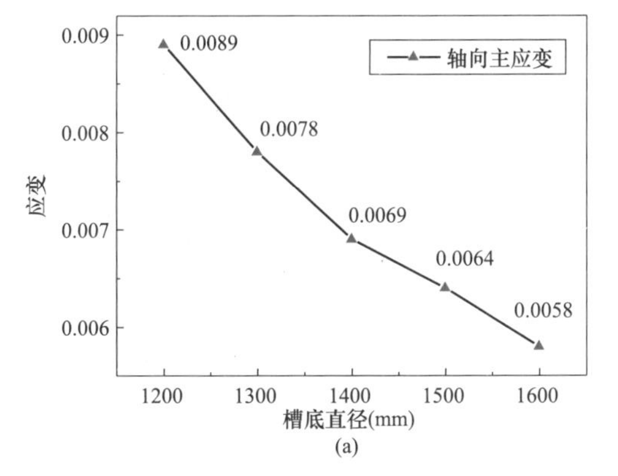


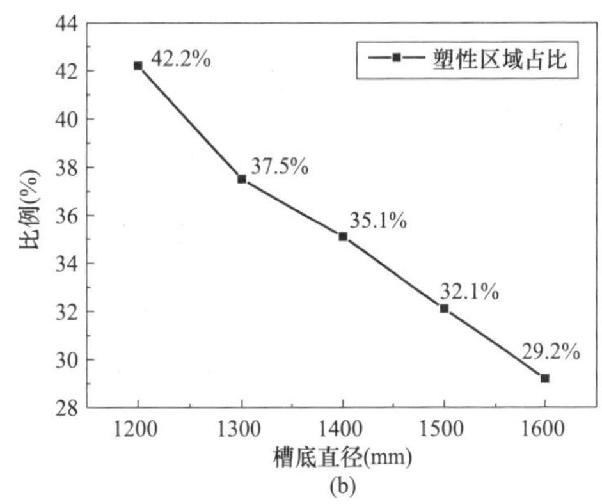


图 4-19　铝股线截面的轴向最大主应变和塑性区域占比

(a) 轴向最大主应变；(b) 塑性区域占比

底直径从 1200mm 增加到 1600mm 时，铝股线截面的轴向最大主应变从 0.0089 降低到 0.0058，如图 4-19（a）所示；铝股线的塑性区域占比从 42.2%降低到 29.2%，如图 4-19（b）所示。

（2）芯棒。图 4-20 为芯棒最大应力与最大主应变。当放线滑车槽底直径从 1200mm 增加到 1600mm 时，最大应力从 1084MPa 降低到 841.5MPa，如图 4-20（a）所示；最大主应变从 0.0090 降低到 0.0069，如图 4-20（b）所示。

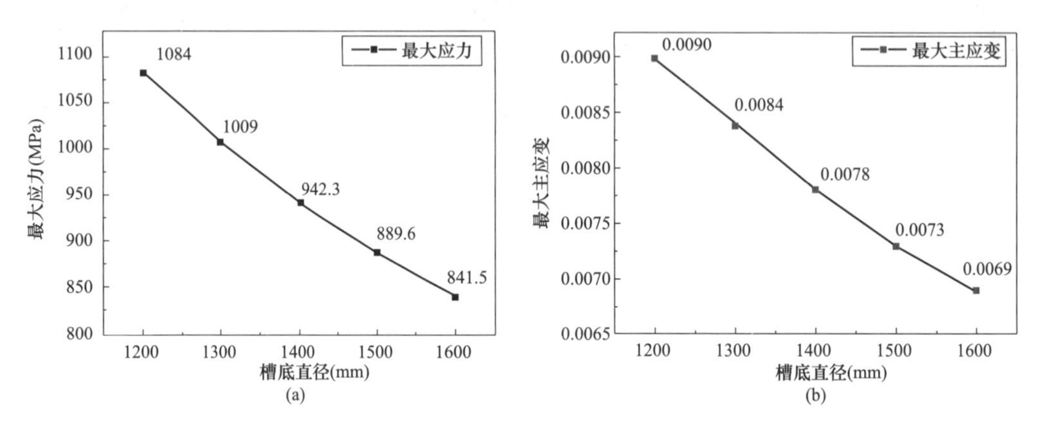


图 4-20　芯棒最大应力与最大主应变

（a）最大应力；（b）最大主应变

3. 导线散股及股线破坏判据

JL1/G2A-1250/100-84/19 型钢芯铝绞线导线股线为硬铝，JLRX1/F1A-710/70-325 型碳纤维芯导线股线为软铝，两种导线股线材质虽有差异，但经过大量工程验证发现，两种导线过槽底直径为 1000mm 的放线滑车时，导线股线均会出现塑性变形，但股线的塑性区域占比较小，引起的散股问题不影响导线的综合性能。因此，本书对上述两种导线进行过槽底直径为 1000mm 放线滑车的有限元仿真，并对相同位置的导线截面进行分析，仿真分析过程与前述完全一致，仿真结果如图 4-21 和图 4-22 所示。

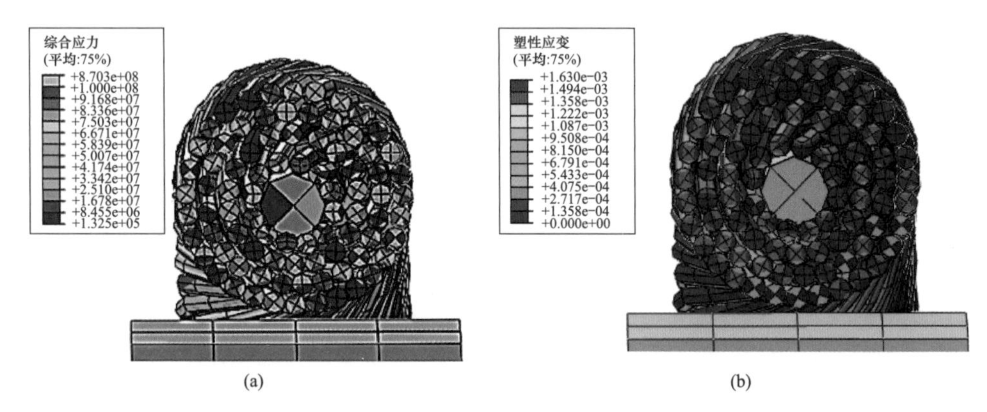


图 4-21　JL1/G2A-1250/100-84/19 型钢芯铝绞线过滑车仿真结果

（a）应力图；（b）塑性应变图

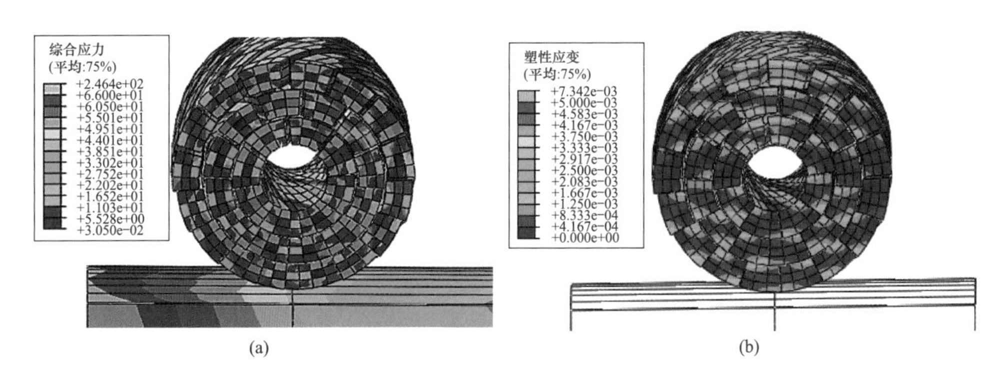


图 4-22　JLRX1/F1A-710/70-325 型碳纤维芯导线过滑车仿真结果

（a）应力图；（b）塑性应变图

根据统计，JL1/G2A-1250/100-84/19 型钢芯铝绞线导线仿真结果中塑性区域占股线总横截面积的 31.9%，JLRX1/F1A-710/70-325 型碳纤维芯导线仿真结果中塑性区域占股线总横截面积的 32.6%，故将两个仿真结果的平均值 32.25%作为导线散股问题的判据。

同时，根据半硬铝应力—应变曲线的趋势得到，当拉伸应变小于 0.008 时可判定股线未受到破坏，因此将 0.008 作为股线拉伸破坏的应变判据。

4. 仿真结论

将仿真结果与相关判据进行对比，如表 4-5 所示。

**表 4-5　　仿真结果与相关判据对比**

| 滑车槽底直径（mm） | 1200 | 1300 | 1400 | 1500 | 1600 | 判据 |
|---|---|---|---|---|---|---|
| 芯棒最大应力（MPa） | 1084 | 1009 | 942.3 | 889.6 | 841.5 | ＜1200 |
| 芯棒最大主应变 | 0.009 | 0.0084 | 0.0078 | 0.0073 | 0.0069 | ＜0.01 |
| 铝股最大主应变 | 0.0089 | 0.0078 | 0.0069 | 0.0064 | 0.0058 | ＜0.008 |
| 铝股塑性区域占比（%） | 42.2 | 37.5 | 35.1 | 32.1 | 29.2 | ＜32.25 |

由表 4-5 数据可知，结合芯棒最大应力、芯棒最大主应变、铝股最大主应变及铝股塑性区域占比结果，滑车槽底直径为 1500mm 是导线损伤可接受的最小槽底直径。

与传统钢芯铝绞线相比，1660mm$^2$ 导线的抗弯、抗扭性能差，且铝股股线易发生塑性变形。若放线滑车槽底直径过小，将导致导线在通过放线滑车后造成压痕、导线散股、芯棒损伤等问题，影响导线性能。通过上述的碳纤维芯导线过滑车仿真分析模型，以及导线散股及股线破坏判据，最终确定 SHD-3NJ-1500/140 型放线滑车槽底直径为 1500mm。

# 第三节　导　　线　　轮

## 一、计算条件

### （一）额定载荷

将各种规格的 1660mm$^2$ 导线参数代入式（4-1）或式（4-2），通过计算可得导线轮的额定载荷至少为 66.68kN，为保留一定裕量，确定导线轮额定载荷为 70kN。

## （二）载荷条件

### 1. 加强型导线轮载荷

放线滑车通过转角塔时的受力状态最恶劣，此时采用加强型导线轮工作时，导线与滑车包络角为 30°。导线与滑车接触部分受到指向轴心的 70kN 竖直载荷，同时受到指向轮槽边缘的 5.6kN 水平载荷。当导线与滑车接触部分位于无加强筋位置时，滑车受力状况最恶劣，如图 4-23（a）所示。

### 2. 非加强型导线轮载荷

采用非加强型导线轮工作时，滑车包络角与竖直方向所受载荷与加强型导线轮相同。理论上，采用非加强型导线轮工作时滑车在水平方向不受力，但考虑到滑车加工过程中允许加工误差为 1%，且滑车在高空使用时可能受到一定的风载，故在进行有限元仿真计算时，对滑车施加大小为竖直载荷的 2%（即 1.4kN）、方向指向轮槽边缘的水平载荷，如图 4-23（b）所示。

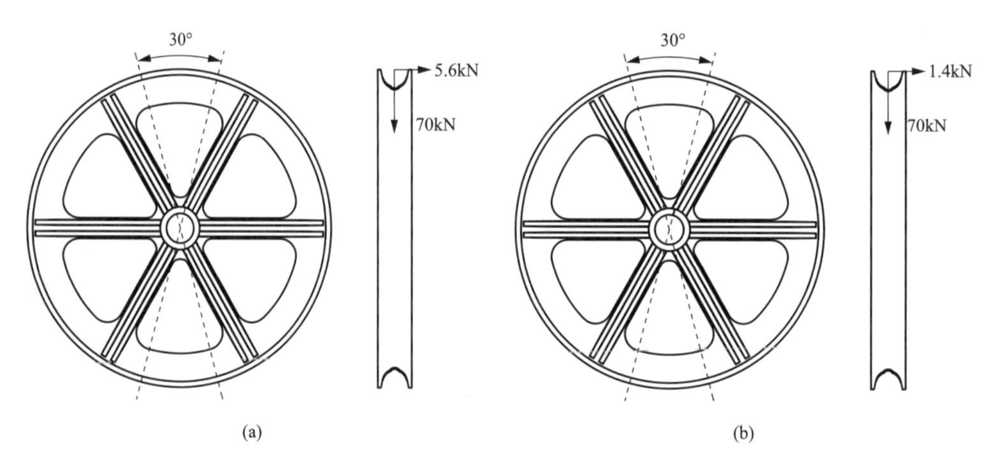


图 4-23　导线轮受力示意图

（a）加强型；（b）非加强型

## （三）轮槽半径

根据 DL/T 371—2019《架空输电线路放线滑车》的相关规定，确定导线轮轮槽半径 $R_g$ 为 27mm±1mm。

根据 DL/T 1192—2020《架空输电线路接续管保护装置》的相关要求，并查询《机械设计手册》中的钢管规格尺寸后，确定通过物轮槽半径 $R_c$ 为 $70_{0}^{+2}$mm。

## （四）滑轮宽度

1250mm$^2$ 导线用 SHD-3NJ-1000/120 型放线滑车导线轮两侧留有 13mm 的厚度。SHD-3NJ-1500/140 型放线滑车 $R_c$ 为 70mm，将滑轮两侧预留厚度放大为 25mm，故放线滑车的轮槽宽度 $B$ 为 190mm。

### （五）轮槽深度

根据 DL/T 1192—2020《架空输电线路接续管保护装置》的相关规定，确定轮槽深度为 100mm。

## 二、合格判据

为得到不同材料导线轮的较优结构，需提出不同材料导线轮的合格判据。根据放线滑车工程应用经验及专家论证，SHD-3NJ-1500/140 型放线滑车的滑轮间距为 8mm，为避免滑轮之间的干涉，导线轮在受力情况下的横向变形应不大于 8mm。

根据 DL/T 875—2016《架空输电线路施工机具基本技术要求》，放线滑车的安全系数应不小于 3，故导线轮的许用应力应不大于滑车材料抗拉强度的 1/3。综上所述，不同材料导线轮的合格判据如表 4-6 所示。

**表 4-6　　不同材料导线轮的合格判据**

| 材质 | 许用横向变形（mm） | 许用应力（MPa） |
|---|---|---|
| MC 尼龙 | ≤8 | ≤31.7 |
| ZL111 铝合金 | | ≤105 |

## 三、加强型导线轮仿真

### （一）加强型导线轮初始设计

根据放线滑车导线轮的主要技术参数与 SHD-3NJ-1000/120 型放线滑车导线轮的设计经验，对 SHD-3NJ-1500/140 型放线滑车导线轮进行初始设计，导线轮模型及其结构如图 4-24 和图 4-25 所示，初始设计主要尺寸如表 4-7 所示。

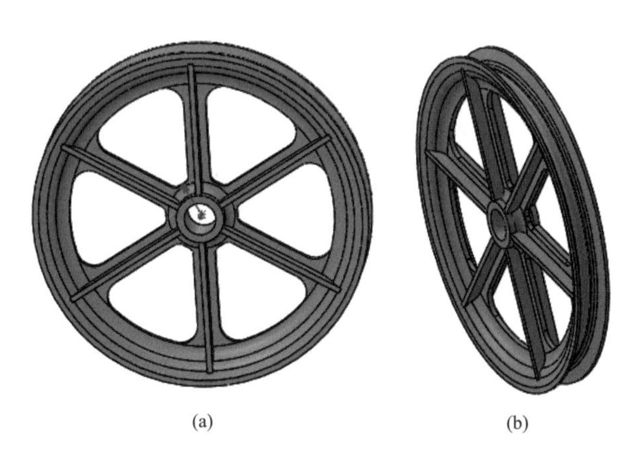


图 4-24　导线轮模型

（a）主视图；（b）轴测图

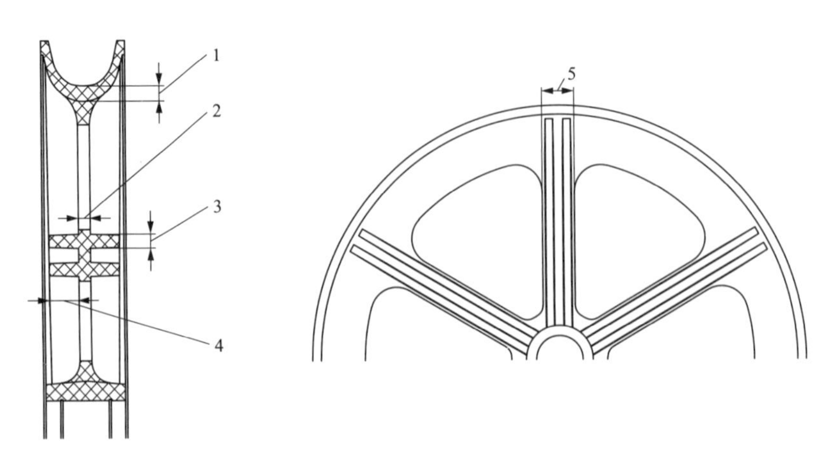


图 4-25　导线轮模型结构

1—轮槽厚度；2—腹板厚度；3—加强筋厚度；4—加强筋宽度；5—腹板宽度

**表 4-7**　　　　　　　　　　　　**导线轮初始设计尺寸**

| 加强筋数量 | 加强筋形式 | 加强筋厚度（mm） | 加强筋宽度（mm） | 腹板厚度（mm） | 腹板宽度（mm） | 轮槽厚度最大值（mm） |
|---|---|---|---|---|---|---|
| 6 | 单筋 | 28 | 68 | 28 | 110 | 32 |

## （二）加强型导线轮优化

为得到最优的加强型导线轮设计方案，对铝合金和MC尼龙两种材质的加强型导线轮分别进行优化。对铝合金加强型导线轮，通过降低加强筋厚度、加强筋宽度、腹板厚度、轮槽宽度等方法，在保证滑轮强度及刚度满足合格判据要求的情况下，减轻其质量。对MC尼龙加强型导线轮，通过改变加强筋形式、形状、间隙、厚度等方法，确保滑轮强度及刚度满足合格判据要求且质量最轻。

通过上述优化得到3种加强型导线轮备选方案，如表4-8所示。

**表 4-8**　　　　　　　　　　　　**加强型导线轮备选方案**

| 序号 | 材料 | 质量（kg） | 加强筋数量 | 加强筋形式 | 加强筋形状 | 加强筋厚度（mm） | 加强筋宽度（mm） | 腹板厚度（mm） | 腹板宽度（mm） | 轮槽厚度（mm） | 横向变形（mm） | 最大应力（MPa） | 估价（元） |
|---|---|---|---|---|---|---|---|---|---|---|---|---|---|
| 1 | ZL111 铝合金 | 129 | 6 | 单筋 | 矩形 | 12 | 44 | 12 | 110 | 26 | 4.6 | 91.1 | 5418 |
| 2 | MC 尼龙 | 110 | 6 | 单筋 | 梯形 | 上底 30，下底 88 | 71 | 34 | 110 | 32 | 7.6 | 32.0 | 5510 |
| 3 | | 113 | 6 | 双筋 | 矩形 | 30 | 74 | 28 | 110 | 32 | 7.9 | 31.1 | 5650 |

考虑放线滑轮质量以及经济性，选择MC尼龙滑轮作为加强型导线轮。同时，考虑到梯形单筋结构上下宽度差较大（分别为30mm与80mm），造成加工难度大及铸造困难等问题，故选取表4-8中3号模型作为加强型导线轮加工方案。

## 四、非加强型导线轮仿真

由于非加强型滑车受力状况比加强型滑车好，且从上述分析过程中可看出铝合金滑轮优势在于强度与刚度好，但是质量较大，故对于非加强型导线轮材料只考虑MC尼龙。为了解其作为非加强型导线轮材料的力学性能，在有限元软件中以初始设计尺寸建立放线滑车模型进行仿真计算，并调整相关参数进行优化。优化后的模型参数如表4-9所示。

**表4-9　非加强型导线轮结构优化结果**

| 质量（kg） | 加强筋数量 | 加强筋形式 | 加强筋厚度（mm） | 加强筋宽度（mm） | 腹板厚度（mm） |
|---|---|---|---|---|---|
| 103 | 6 | 双筋 | 10 | 32 | 53 |

| 腹板宽度（mm） | 轮槽厚度（mm） | 横向变形（mm） | 最大应力（MPa） | 许用横向变形（mm） | 许用应力（MPa） | 估价（元） |
|---|---|---|---|---|---|---|
| 110 | 32 | 7.5 | 22.9 | ≤8 | ≤31.7 | 5150 |

## 五、仿真结论

综上所述，得到的加强型、非加强型导线轮技术参数见表4-10。与加强型导线轮相比，MC尼龙非加强型导线轮质量只减轻了10kg，估价只降低了300元。为了避免混用及另加工一套非加强型导线轮铸造模具所带来的巨额费用，不对MC尼龙非加强型导线轮进行试制和使用。SHD-3NJ-1500/140型放线滑车导线轮统一采用MC尼龙加强型导线轮。

**表4-10　导线轮技术参数**

| 序号 | 参数名称 | 加强型 | 非加强型 |
|---|---|---|---|
| 1 | 额定载荷（kN） | 70 | |
| 2 | 槽底直径（mm） | $1500_{0}^{+5}$ | |
| 3 | 滑轮宽度（mm） | $190_{0}^{+1}$ | |
| 4 | $R_c$（mm） | $70_{0}^{+2}$ | |
| 5 | $R_g$（mm） | 27±1 | |
| 6 | 槽底深度（mm） | 100±1 | |
| 7 | 加强筋数量 | 6 | |
| 8 | 加强筋形式 | 双筋 | |
| 9 | 加强筋厚度（mm） | 30 | 10 |
| 10 | 加强筋宽度（mm） | 74 | 32 |
| 11 | 腹板厚度（mm） | 28 | 53 |
| 12 | 腹板宽度（mm） | 110 | |
| 13 | 轮槽厚度（mm） | 32 | |
| 14 | 材料 | MC尼龙 | |

# 第四节　钢　丝　绳　轮

## 一、计算条件

### （一）额定载荷

一般情况下，靠近牵引机侧的放线滑车的钢丝绳轮受力最大，按包络角为30°考虑，钢丝绳轮额定载荷按式（4-3）计算，在“一牵2”工况下钢丝绳轮额定工作载荷为133.3kN。为提高现场施工安全性，根据以往设计经验，以及兼顾大截面钢芯铝绞线用放线滑车的需求，并结合专家建议，推荐放线滑车钢丝绳轮额定载荷为180kN。

### （二）载荷条件

1. 加强型钢丝绳轮载荷

加强型钢丝绳轮工作时，导线与钢丝绳轮接触部分受到大小为180kN、方向指向轴心的竖直载荷，同时受到大小为18kN、方向指向轮槽边缘的水平载荷。当导线与滑车接触部分位于无加强筋位置时，滑车受力状况最为恶劣，如图4-26（a）所示。

2. 非加强型钢丝绳轮载荷

非加强型钢丝绳轮受力示意图如图4-26（b）所示。

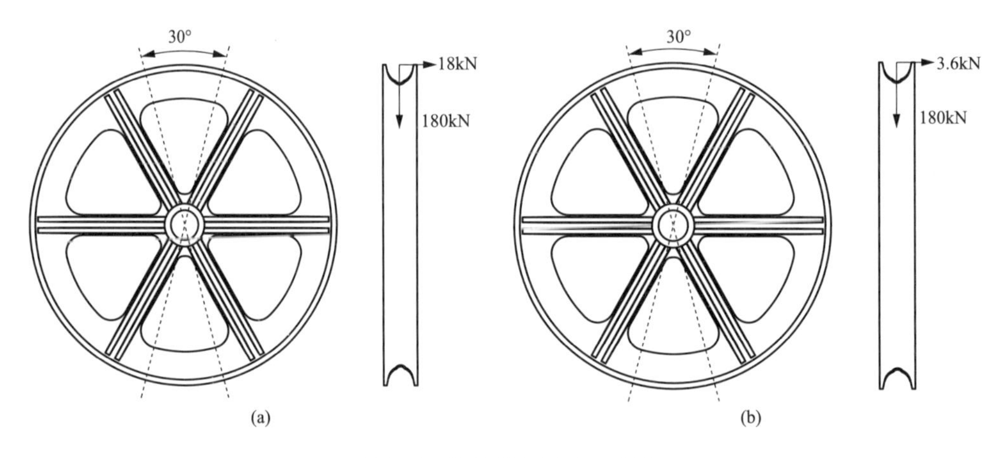


图4-26　钢丝绳轮受力示意图

（a）加强型；（b）非加强型

### （三）轮槽半径

根据以往设计经验，钢丝绳轮采用单R槽型，且钢丝绳轮轮槽能保证通过旋转连接器即可，1660mm$^2$导线用旋转连接器与1250mm$^2$导线用旋转连接器相同，均为32t旋转连接器（直径94mm），故1660mm$^2$导线用放线滑车钢丝绳轮轮槽半径与SHD-3NJ-1000/120放线滑车相同，轮槽半径定为50mm。

### （四）滑轮宽度

SHD-3NJ-1000/120 放线滑车钢丝绳轮两侧留有 15mm 的宽度。根据槽深、轮槽倾斜角及结构稳定性和刚度等相关要求进行初始设计后，将 SHD-3NJ-1500/140 型放线滑车钢丝绳轮两侧预留宽度放大为 30mm，故放线滑车的钢丝绳轮宽度 $B$ 为 160mm。

## 二、合格判据

使用放线滑车时，水平载荷将引起滑车轮槽边缘横向变形。若横向变形过大，滑车钢丝绳轮槽将剐蹭到相邻导线轮，从而影响滑车的正常使用，并对滑车造成破坏。考虑到放线滑车滑轮槽底直径较大，由水平载荷引起的横向变形将更为明显。为避免上述情况的发生，在规定额定载荷下钢丝绳轮横向变形应小于滑车滑轮间距离。参考常规放线滑车滑轮间距离，确定钢丝绳轮刚度合格判据为额定载荷下滑车横向变形小于 6mm。

根据 DL/T 875—2016《架空输电线路施工机具基本技术要求》，放线滑车的安全系数应不小于 3，故钢丝绳轮许用应力应不大于相应滑车材料屈服强度或抗拉强度的 1/3。综上所述，MC 尼龙、ZL111 铝合金及 ZG45 铸钢钢丝绳轮的合格判据如表 4-11 所示。

**表 4-11　　钢丝绳轮合格判据**

| 材质 | 横向变形（mm） | 许用应力（MPa） |
|---|---|---|
| MC 尼龙 | ≤6 | ≤31.7 |
| ZL111 铝合金 | | ≤105 |
| ZG45 铸钢 | | ≤115 |

## 三、加强型钢丝绳轮仿真

### （一）加强型钢丝绳轮初始设计

根据放线滑车钢丝绳轮的主要技术参数与 SHD-3NJ-1000/120 放线滑车钢丝绳轮的设计经验对 1660mm$^2$ 导线用放线滑车钢丝绳轮进行初始设计，初始设计主要尺寸如表 4-12 所示。

**表 4-12　　钢丝绳轮初始设计主要尺寸**

| 材质 | 加强筋数量 | 加强筋形式 | 加强筋厚度（mm） | 加强筋宽度（mm） | 腹板厚度（mm） | 腹板宽度（mm） | 轮槽厚度（mm） |
|---|---|---|---|---|---|---|---|
| MC 尼龙 | 6 | 双筋 | 28 | 146 | 28 | 150 | 28 |

### （二）加强型钢丝绳轮优化

为得到最优的加强型钢丝绳轮设计方案，对 MC 尼龙、ZL111 铝合金和 ZG45 铸钢三种材质的加强型钢丝绳轮分别进行优化。对于 MC 尼龙加强型钢丝绳轮，通过增加加强筋厚度、轮槽厚度等方法，确保钢丝绳轮强度及刚度满足合格判据。对于 ZL111 铝合金、ZG45 铸钢加强型钢丝绳轮，通过改变加强筋形式、尺寸、数量等方法，在保证钢丝绳轮强度及刚度满足合格判据要求的情况下，减轻其质量。

通过上述优化方法得到6种加强型钢丝绳轮备选方案，如表4-13所示。

**表4-13　加强型钢丝绳轮备选方案**

| 序号 | 材料 | 质量(kg) | 加强筋数量 | 加强筋形式 | 加强筋厚度(mm) | 加强筋宽度(mm) | 腹板厚度(mm) | 腹板宽度(mm) | 轮槽厚度(mm) | 横向变形(mm) | 最大应力(MPa) | 估价(元) |
|---|---|---|---|---|---|---|---|---|---|---|---|---|
| 1 | MC尼龙 | 347 | — | — | — | — | 160 | — | — | 5.5 | 14.9 | 17350 |
| 2 | ZL111铝合金 | 199 | 6 | 双筋 | 16 | 65 | 16 | 150 | 28 | 3.2 | 101.4 | 8358 |
| 3 |  | 194 | 6 | 双筋 | 15 | 65.5 | 15 | 150 | 28 | 3.2 | 103.0 | 8148 |
| 4 |  | 198 | 8 | 单筋 | 20 | 50 | 20 | 110 | 28 | 4.1 | 102.6 | 8316 |
| 5 |  | 197 | 8 | 单筋 | 25 | 52.5 | 15 | 110 | 28 | 3.8 | 100.0 | 8274 |
| 6 | ZG45铸钢 | 475 | 6 | 单筋 | 25 | 60.5 | 25 | 110 | 17 | 1.7 | 112.0 | 7125 |

由表4-13可知，MC尼龙钢丝绳轮质量过大，约为ZL111铝合金钢丝绳轮的1.75倍，故不采用MC尼龙作为加强型钢丝绳轮材质；ZG45铸钢钢丝绳轮铸造工艺较为成熟，且强度及刚度等力学性能优良，但质量较大，故在大高差、大转角等特别恶劣的环境下使用，但由于其质量较大，其连板、支撑轴以及滑车架体需重新设计，滑车质量将增加不止300kg。

4种ZL111铝合金加强型钢丝绳轮质量、最大应力及横向变形相近，考虑到加工难度、滑轮腹板不宜过薄及可能出现加工缺陷的情况，确定4号模型作为加强型钢丝绳轮加工方案并进行试制。

## 四、非加强型钢丝绳轮仿真

非加强型钢丝绳轮受力状况比加强型钢丝绳轮好，因铸钢钢丝绳轮质量较大，故对于非加强型钢丝绳轮材料只考虑MC尼龙和ZL111铝合金。为了解不同材料钢丝绳轮的力学性能，对其进行仿真计算，并调整加强筋厚度、轮槽厚度等参数进行优化，优化后得到的非加强型钢丝绳轮备选方案如表4-14所示。

**表4-14　非加强型钢丝绳轮备选方案**

| 序号 | 材料 | 质量(kg) | 加强筋数量 | 加强筋形式 | 加强筋厚度(mm) | 加强筋宽度(mm) | 腹板厚度(mm) | 腹板宽度(mm) | 轮槽厚度(mm) | 横向变形(mm) | 最大应力(MPa) | 估价(元) |
|---|---|---|---|---|---|---|---|---|---|---|---|---|
| 1 | MC尼龙 | 134 | 6 | 双筋 | 28 | 35.5 | 75 | 150 | 28 | 5.1 | 31.6 | 6700 |
| 2 | ZL111铝合金 | 183 | 8 | 单筋 | 15 | 52.5 | 15 | 110 | 28 | 1.2 | 101.1 | 7686 |

由表4-14可知，MC尼龙滑轮经济性较好，且在质量上有优势。因此，非加强型钢丝绳轮在大规模工程应用时拟采用MC尼龙。

## 五、仿真结论

综上所述，得到加强型、非加强型钢丝绳轮技术参数如表4-15所示。由于SHD-3NJ-

1500/140 型放线滑车目前未进行大规模应用，为节约研发成本未对上述方案钢丝绳轮进行试制。

表 4-15　　　　钢丝绳轮技术参数

| 序号 | 参数名称 | 加强型 | 非加强型 |
|---|---|---|---|
| 1 | 额定载荷（kN） | 180 | |
| 2 | 槽底直径（mm） | $1500_{0}^{+5}$ | |
| 3 | 滑轮宽度（mm） | $160_{0}^{+1}$ | |
| 4 | 单 R 槽型半径（mm） | $50_{0}^{+2}$ | |
| 5 | 槽底深度（mm） | 100±1 | |
| 6 | 加强筋数量（mm） | 8 | 6 |
| 7 | 加强筋形式（mm） | 单筋 | 双筋 |
| 8 | 加强筋厚度（mm） | 20 | 28 |
| 9 | 加强筋宽度（mm） | 50 | 35.5 |
| 10 | 腹板厚度（mm） | 20 | 75 |
| 11 | 腹板宽度（mm） | 110 | 150 |
| 12 | 轮槽厚度（mm） | 28 | 28 |
| 13 | 材料 | ZL111 铝合金 | MC 尼龙 |

## 六、钢丝绳轮耐磨、防腐措施

### （一）钢丝绳轮耐磨措施

1. 钢丝绳轮耐磨需求

根据仿真分析，推荐加强型钢丝绳轮采用铝合金放线滑车，材质为 ZL111 铝合金，铸造方法为金属型铸造结合变质处理，合金热处理铸造为固溶处理加完全人工时效，其布氏硬度约为 HB100。

放线滑车正常工作时，钢丝绳轮主要用于展放防扭钢丝绳。防扭钢丝绳是一组左向捻和一组右向捻的圆形股绳有规律（交叉的螺旋轨迹）地编织而成的钢丝绳索，其表面布氏硬度为 HB238～HB323。

综上所述，防扭钢丝绳表面硬度远大于加强型钢丝绳轮表面硬度，而铝合金钢丝绳轮在使用过程中钢丝绳轮轮槽会与钢丝绳产生滑动摩擦行为，由于钢丝绳轮材料耐磨损性能差，长期使用将导致钢丝绳轮轮槽表面磨损，从而影响放线滑车正常使用，缩短放线滑车使用寿命，因此要对放线滑车加强型钢丝绳轮轮槽表面进行耐磨处理。

2. 钢丝绳轮轮槽衬钢

为解决上述问题，提高加强型钢丝绳轮轮槽耐磨性，对国内外铝合金轮放线滑车及相关文献进行调研发现，通过对铝合金材料进行热处理提高其表面硬度使超过防扭钢丝绳硬度这一方法可行性较低。故考虑在钢丝绳轮轮槽表面增加一层保护衬，以保护钢丝绳轮轮槽表面，提高其耐磨性。考虑到防扭钢丝绳材质，最终确定在铝合金钢丝绳轮轮槽表面衬入一圈衬钢。

为保证钢丝绳轮轮槽加入衬钢后，钢丝绳轮尺寸仍满足要求且不影响钢丝绳轮正常使用，衬钢应满足如下要求：

（1）SHD-3NJ-1500/140 型放线滑车槽底直径较大，但衬钢整体结构不宜过大，单体质量也不宜过大，应尽量降低衬钢运输及安装难度。

（2）为保证加强型钢丝绳轮正常使用，加入衬钢后的钢丝绳轮轮槽应能保证顺利展放钢丝绳，且确保旋转连接器能顺利通过。

（3）为保证衬钢和钢丝绳轮表面贴合度，应满足衬钢尺寸精度要求，且不同衬钢之间尺寸偏差应较小。

（4）由于衬钢要与防扭钢丝绳之间产生滑动摩擦，故会有更换需求，所以衬钢应拆装方便，便于更换。

（5）衬钢与钢丝绳轮间应连接牢固，放线滑车正常工作时，衬钢不应有脱落风险。

为满足以上对于衬钢的要求，对衬钢进行设计：

（1）采用分体式结构衬钢，考虑到加工难度、经济性、安装效率，确定单个钢丝绳轮轮槽衬钢由 8 块结构尺寸完全相同的衬钢拼装而成。

（2）为保证加入衬钢后的加强型钢丝绳轮轮槽能够正常使用，对衬钢尺寸进行设计计算，衬钢尺寸如图 4-27 所示。

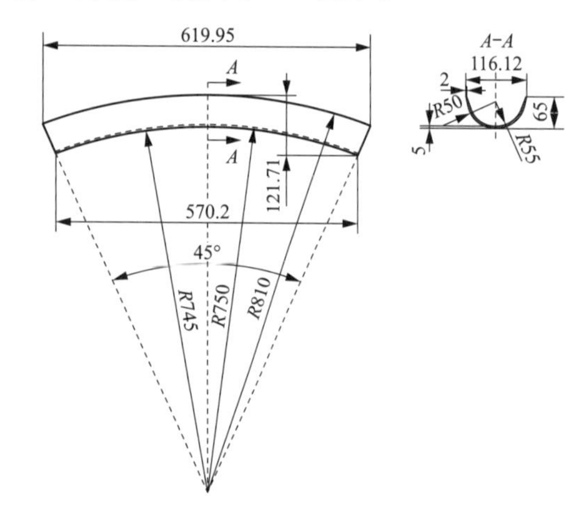


图 4-27　衬钢尺寸

（3）为保证衬钢和钢丝绳轮表面贴合度，提高衬钢尺寸精度，控制使不同衬钢之间的尺寸偏差较小，对衬钢采用精压铸成型工艺，衬钢压铸模具采用三轴数控加工中心进行加工，如图 4-28 所示。三轴数控加工中心可在 $X$、$Y$、$Z$ 三个方向上进行移动和加工，确保衬钢压铸模具的加工精度，从而控制衬钢的尺寸精度及不同衬钢间的尺寸偏差。

（4）钢丝绳轮衬钢由 8 块结构尺寸完全相同的衬钢拼装而成，当衬钢出现严重磨损或损坏时，只需要更换出现磨损或损坏的单片衬钢，无须更换全部衬钢。同时，更换下的单片衬钢还可进行回收再利用，经济性好。

（5）通过对比不同连接方式，考虑到装卸便捷性、加工成本、安装效率，以及放线滑车正常工作时衬钢无脱落风险，确定采用螺钉连接方式对衬钢和钢丝绳轮进行连接。同时，为进一步保证衬钢与钢丝绳轮间连接牢固，每块衬钢通过 2 个螺钉与钢丝绳轮连接。为避免展放防扭钢丝绳时钢丝绳与螺钉产生剐蹭，在衬钢上加工沉头孔，使用沉头螺钉进行连接。衬钢安装如图 4-29 所示。

图 4-28　衬钢压铸模具加工

图 4-29　衬钢安装

在钢丝绳轮轮槽表面安装衬钢可提高轮槽表面硬度，可有效提高轮槽表面耐磨损性能，同时不影响钢丝绳与钢丝绳轮表面正常接触，且衬钢材料价格较低，加工难度一般，国内厂家能进行加工。完成衬钢安装的SHD-3NJ-1500/ 140 型放线滑车如图 4-30 所示。

图 4-30　完成衬钢安装的放线滑车

### （二）钢丝绳轮防腐措施

1. 电化学腐蚀现象

不同金属可能存在电化学腐蚀现象，如钢丝绳轮（铝合金材质）和衬钢（钢材质）之间可能存在钢铝电化学腐蚀现象。

钢丝绳轮材料为铸造铝合金（代号 ZL111），采用金属型铸造结合变质处理，并进行固溶处理加完全人工时效的合金热处理铸造，依据 GB/T 1173—2013《铸造铝合金》的规定，其化学成分见表 4-16。

**表 4-16　　ZL111 铝合金化学成分**

| 合金牌号 | 合金代号 | 主要元素（质量分数,%） | | | | | | |
|---|---|---|---|---|---|---|---|---|
| | | Si | Cu | Mg | Zn | Mn | Ti | Al |
| ZAlSi9Cu2Mg | ZL111 | 8.0～10.0 | 1.3～1.8 | 0.4～0.6 | — | 0.10～0.35 | 0.10～0.35 | 余量 |

由表 4-16 可知，ZL111 铝合金含有 Cu、Mg 等成分，耐腐蚀性较差。当电位不同的铝合金和铸钢相互接触，并被放置在潮湿的大气中时，金属间会形成一种腐蚀电池，铝合金作为阳极发生氧化反应被溶解。

2. 电化学腐蚀形成条件及应对措施

通过调研与查阅相关文献发现，发生上述电化学腐蚀需满足下列三个条件：

（1）两种金属在电位上有差异，两者的电位差越大则电偶腐蚀可能性越大。

（2）两种金属的接触区有电解质覆盖或浸没。

（3）两种金属经导线连接或直接接触形成电子通道。

为避免钢丝绳轮与衬钢之间产生电化学腐蚀，避免上述三个条件中的任意一个即可，下面分别对其可行性进行分析：

（1）钢丝绳轮材质为ZL111铝合金，衬钢材质为铸钢，两种金属电位不同，化学性质活泼性也不同，无法改变其电位和化学性质从而达到避免电化学腐蚀的效果。

（2）放线滑车为户外使用施工机具，长期使用过程中难免会经常与潮湿空气接触，而空气中的$CO_2$、$SO_2$、$NO_2$等成分溶解于水后会形成电解质溶液，造成电化学腐蚀。想通过避免钢丝绳轮和衬钢被接触电解质覆盖或浸没，从而避免电化学腐蚀的可行性也较低。

（3）阻断两种金属经导线连接或直接接触形成电子通道。若能在衬钢和钢丝绳轮之间增加一层保护膜，隔断两者之间的连接或接触，就可以对钢丝绳轮进行有效防护。通过查阅相关论文资料并与放线滑车厂家进行沟通后，决定对衬钢表面进行镀锌处理，形成一层保护膜。当形成腐蚀电池时，镀锌层会代替铝合金成为阳极，镀锌层会溶解从而起到保护铝合金的作用，即使表面镀锌层不完整也能起到这个作用。

## 第五节 滑车滑轮支架设计

### 一、连板

完成放线滑车连板初始设计，并对连板进行减重优化。连板初始设计尺寸如图4-31所示，减重后示意图如图4-32所示。各方案仿真结果如表4-17所示。

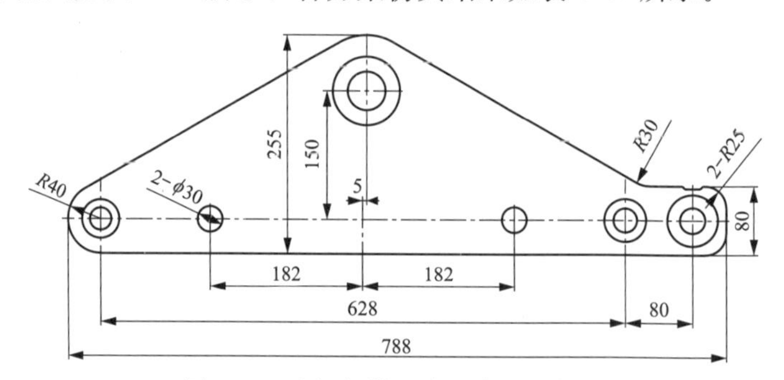


图4-31 连板初始设计尺寸（方案1）

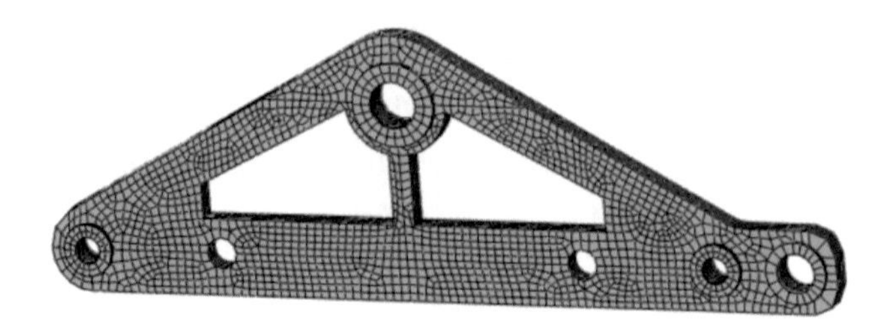

(a)

图4-32 减重后连板示意图（一）

（a）方案2

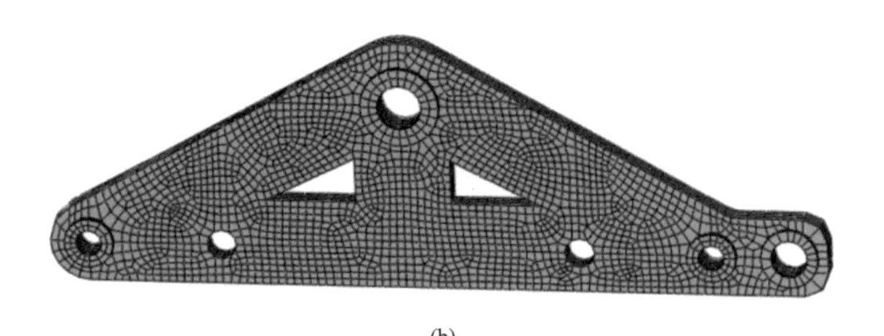
(b)

图 4-32　减重后连板示意图（二）

（b）方案 3

**表 4-17**　　**连板减重设计结果汇总**

| 名称 | 最大应力（MPa） | 最大变形（mm） | 质量（kg） |
|---|---|---|---|
| 方案 1（初始设计） | 153.3 | 0.558 | 21.1 |
| 方案 2 | 212.7 | 0.756 | 16.8 |
| 方案 3 | 154.1 | 0.559 | 20.6 |

由表 4-17 可知，与方案 1 相比，方案 2 减重效果明显，但其应力明显增加，连板强度受到影响；方案 3 强度与方案 1 接近，但是其减重效果不明显。考虑到连板加工成本及减重效果等因素，选用方案 1 作为连板设计方案。

## 二、支撑轴

考虑放线滑车结构尺寸，确定支撑轴总长约为 694mm。为确定支撑轴直径，对最为严峻的（与导线轮受力相比）支撑轴受力工况进行受力计算，支撑轴受力简图如图 4-33 所示。

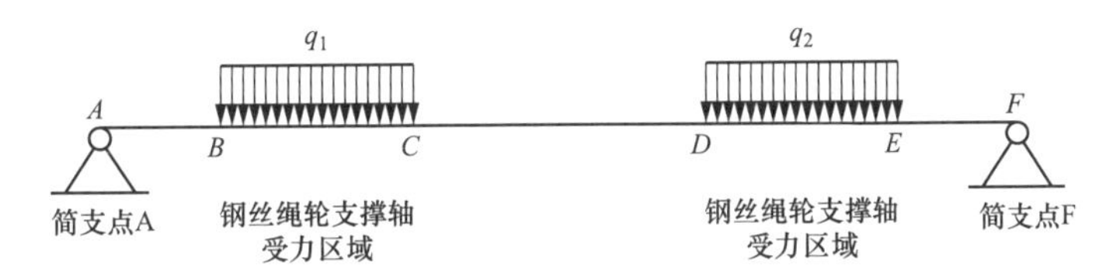


图 4-33　支撑轴受力简图

由于支撑轴所用材料为 40Cr 钢，且安全系数为 3，故可得支撑轴的最大弯曲应力 $\sigma_{max}$ 应不大于 326.7MPa，则

$$\sigma_{max}=\frac{M_{max}}{W}=\frac{M_{max}}{\frac{\pi d^3}{32}}=\frac{1.974\times10^7}{9.8125\times10^{-2}\times d^3}\leqslant 326.7\text{MPa} \tag{4-10}$$

式中　$\sigma_{max}$——支撑轴所受最大弯曲应力，MPa；

$M_{max}$——支撑轴所受最大弯矩，N·mm；

$d$——支撑轴直径，mm；

$W$——抗弯截面系数❶，$mm^3$。

❶　抗弯截面系数，是惯性矩与距离的比值，它与截面的几何形状有关，单位为 $m^3$ 或 $mm^3$。

求得 $d \geqslant 85.08$mm。根据轴承内径系列尺寸，确定支撑轴直径为 90mm，通过仿真计算确定支撑轴其余尺寸，其最大应力为 238.6MPa，满足放线滑车使用要求。

## 三、架体

在实际使用过程中，放线滑车用于转角塔时，架体承受滑轮及主轴自重 $G_0$，架体两侧槽钢承受由额定载荷 $F$ 转化的与支撑轴垂直的压力 $F_0$、由水平载荷 $P$ 转化产生的弯矩 $M_{弯}$ 对两侧槽钢产生的载荷 $F_M$，如图 4-34 所示。

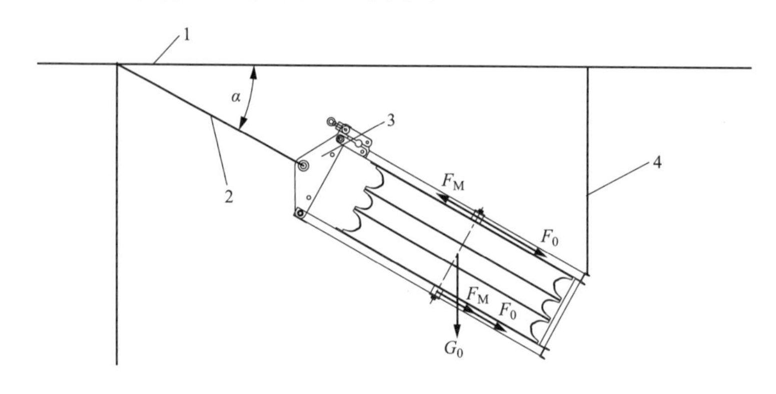


图 4-34　架体受力示意图

1—横担；2—挂具；3—放线滑车；4—悬挂线索

由图 4-34 可知，当滑车架体与横担夹角 $\alpha$ 为 0°时，重力 $G_0$ 与槽钢垂直，下端槽钢受力状况最为恶劣，将其简化为简支梁并进行受力分析，如图 4-35 所示。

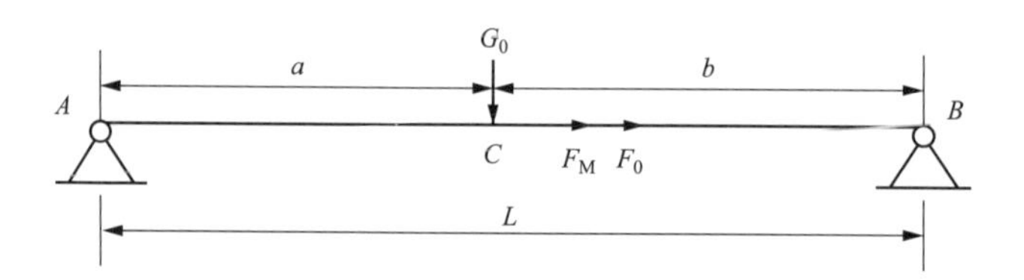


图 4-35　简支梁受力示意图

由于槽钢材质为 Q355，且安全系数为 3，故槽钢所受应力 $\sigma$ 应满足下式

$$\sigma = \frac{F_{合}}{A} + \frac{M_{G弯}}{W_y} = \frac{106842.105}{A} + \frac{2300100.097}{W_y} \leqslant 210(\text{MPa}) \tag{4-11}$$

式中　$\sigma$——槽钢所受应力，MPa；

$F_{合}$——槽钢沿轴向所受应力，$F_{合} = F_M + F_0$，N；

$A$——槽钢横截面积，mm$^2$；

$M_{G弯}$——槽钢所受重力 $G_0$ 产生的弯矩，N·mm；

$W_y$——槽钢截面模数，mm$^3$。

查询槽钢结构参数表，将槽钢横截面积及截面模数代入式（4-11）求得槽钢应力 $\sigma$，如表 4-18 所示。

表 4-18　　　　　　槽钢横截面积、截面模数及应力值

| 槽钢型号 | 横截面积 $A$（$cm^2$） | 截面模数 $W_y$（$cm^3$） | 槽钢应力 $\sigma$（MPa） |
|---|---|---|---|
| 14a | 18.516 | 13.0 | 234.633 |
| 14b | 21.316 | 14.1 | 213.251 |
| 16a | 21.962 | 16.3 | 189.759 |
| 16 | 25.162 | 17.6 | 173.149 |
| 18a | 25.699 | 20.0 | 156.579 |
| 18 | 29.299 | 21.5 | 143.448 |

综上所述，为满足强度要求及避免放线滑车架体较重，确定 16a 号槽钢作为放线滑车架体材料。

## 第六节　放线滑车试制及试验

### 一、样机试制

完成 SHD-3NJ-1500/140 型放线滑车设计和强度校核后，对其进行试制，放线滑车主要技术参数如表 4-19 所示，本次只试制了加强型铝合金钢丝绳轮，未对非加强型 MC 尼龙钢丝绳轮进行试制，主要原因如下：

表 4-19　　　　SHD-3NJ-1500/140 型放线滑车主要技术参数

| | | | |
|---|---|---|---|
| 放线滑车技术参数 | 规格型号 | SHD-3NJ-1500/140 | |
| | 额定载荷（kN） | 140 | |
| | 支撑轴 | 材质 | 40Cr |
| | | 屈服强度（MPa） | ≥540 |
| | | 直径（mm） | 90 |
| | 两侧槽钢 | 材质 | Q355 |
| | | 规格 | 16a 号槽钢 |
| | 底部槽钢 | 规格 | 8 号槽钢 |
| | 底部连杆 | 规格 | 8 号槽钢 |
| | 连板 | 材质 | Q355 |
| | | 高度（mm） | 225 |
| | | 厚度（mm） | 22 |
| | | 顶部挂孔直径（mm） | 45 |
| | | 提线孔直径（mm） | 30 |
| | | 插销孔直径（mm） | 26 |
| | | 受力手柄直径（mm） | 25 |
| | | 开门手柄直径（mm） | 16 |
| | | 可调开门销孔与插销孔中心距（mm） | 80 |
| | | 两侧插销孔中心距（mm） | 628 |
| | 连板底边到滑轮顶距离（mm） | ≥300 | |
| | 滑轮间及与架体间距离（mm） | 7±1 | |
| 导线轮技术参数 | 额定载荷（kN） | 70 | |
| | 槽底直径（mm） | $1500_{0}^{+5}$ | |
| | 滑轮宽度（mm） | $190_{0}^{+1}$ | |
| | 轴头厚度（mm） | 180±1 | |

续表

| | | | |
|---|---|---|---|
| 导线轮技术参数 | 双 R 槽型 | $R_c$（mm） | $70_{0}^{+2}$ |
| | | $R_g$（mm） | 27±1 |
| | 槽底深度（mm） | | 100±1 |
| | 加强筋厚度（mm） | | ≥30 |
| | 加强筋宽度（mm） | | ≥74 |
| | 双加强筋间隙（mm） | | ≥30 |
| | 腹板厚度（mm） | | ≥28 |
| | 腹板宽度（mm） | | ≥110 |
| | 轮槽厚度最大值/最小值（mm） | | 32/17 |
| | 轴承型号 | | 6218-Z |
| | 胶带要求 | 胶带厚度（mm） | ≥8 |
| | | 胶体材料/颜色 | 聚氨酯橡胶/原色 |
| | | 扯断强度（MPa） | ≥22 |
| | | 撕裂强度（kN/m） | ≥70 |
| | | 扯断延伸率（%） | ≥200 |
| | | 阿克隆磨损量（$cm^3$/1.61km） | ≤0.1 |
| | | 硬度（邵尔 A） | 75±5 |
| 钢丝绳轮技术参数 | 加强型钢丝绳轮铸造铝合金 | 牌号 | ZL111 |
| | | 铸造方法 | J（金属型铸造）、JB（金属型铸造变质处理） |
| | | 合金热处理状态 | T6（固溶处理加完全人工时效） |
| | | 抗拉强度（MPa） | ≥315 |
| | | 伸长率（%） | ≥2 |
| | | 布氏硬度 | ≥100 |
| | 非加强型 MC 尼龙滑车包胶要求 | | 与导线轮包胶要求相同 |
| | 额定载荷（kN） | | 180 |
| | 槽底直径（mm） | | $1500_{0}^{+5}$ |
| | 滑轮宽度（mm） | | $160_{0}^{+1}$ |
| | 轴头厚度（mm） | | 150±1 |
| | 槽底深度（mm） | | 100±1 |
| | 单 R 槽型半径（mm） | | $50_{0}^{+2}$ |
| | 加强筋厚度（mm） | | ≥20（加强型）/≥28（非加强型） |
| | 加强筋宽度（mm） | | ≥50（加强型）/≥36（非加强型） |
| | 腹板厚度（mm） | | ≥20（加强型）/≥75（非加强型） |
| | 腹板宽度（mm） | | ≥110（加强型）/≥150（非加强型） |
| | 非加强型滑车双加强筋间隙 | | ≥42 |
| | 衬钢厚度（mm） | | ≥4 |
| | 轮槽厚度最大值/最小值（mm） | | （28/14） |
| | 轴承型号 | | 32218 |

**注** 1. 导引绳入口采用可调开门，插销具有防脱落装置。
2. 滑车两侧均应设置可旋转脚蹬，脚蹬应可反弹，每侧两个脚蹬。
3. 滑车防跳线挡块应采用 MC 尼龙或橡胶等复合材料，不得采用金属材料。
4. 滑车使用条件为－20～＋50℃，海拔 3000m 以下，特殊条件使用前轮片应进行热处理。
5. 滑轮铸造不得采用多瓣式模具，滑轮表面应平滑过渡。
6. 滑轮轴承之间采用双卡簧，卡簧内设置大小钢隔套各一个，钢隔套必须进行防锈处理。
7. 滑轮两侧应有尼龙轴承防尘端盖，厚度不小于 3mm。
8. 导线轮主体采用 MC 尼龙，主体采用 6 道加强筋结构，每道筋采用双筋。
9. 导线轮包胶质量保证期应不小于 3 年且张力放线里程不小于 200km，胶套不得采用拼接结构。
10. 加强型钢丝绳轮主体采用铝合金铸造，槽内有钢衬，并采用 8 道加强筋结构，每道筋采用单筋。
11. 非加强型钢丝绳轮主体采用 MC 尼龙，采用 6 道加强筋结构，每道筋采用双筋。
12. 表中所列为最低性能要求的材料及对应的规格，鼓励采用性能更高的材料。

（1）SHD-3NJ-1500/140 型放线滑车的槽底直径为 1500mm，是 SHD-3NJ-1000/120 型放线滑车槽底直径的 1.5 倍，故导致滑车铸造用模具加工难度增大、铸造成品率降低、加工价格较高。且若加工非加强型 MC 尼龙钢丝绳轮，需另加工滑车浇铸模具 1 套（包括上模、中模、下模各 1 件）以及聚氨酯胶带模具 1 套（包括上模、中模、下模各 1 件及垫板 1 件），需多投入近百万元，经济性差。

（2）SHD-3NJ-1500/140 型放线滑车尚处于研究试制阶段，并未广泛使用，故需求批量小。小批量应用时，非加强型 MC 尼龙钢丝绳轮经济优势并不明显。

SHD-3NJ-1500/140 型放线滑车导线轮、钢丝绳轮分别采用 MC 尼龙离心浇铸工艺、ZL111 金属型低压铸造工艺而成，如图 4-36 所示。滑轮架体主要由两侧槽钢和底部槽钢通过焊接而成；支撑轴通过车床车削成阶梯轴的结构形式，满足导线轮、钢丝绳轮、轴承等结构件装配需要；其他标准结构件，如轴承、螺栓等均按照设计要求外购标准件。试制完成的 SHD-3NJ-1500/140 型放线滑车如图 4-37 所示。

(a)

(b)

图 4-36　SHD-3NJ-1500/140 型放线滑车滑轮

（a）MC 尼龙导线轮；（b）铝合金钢丝绳轮

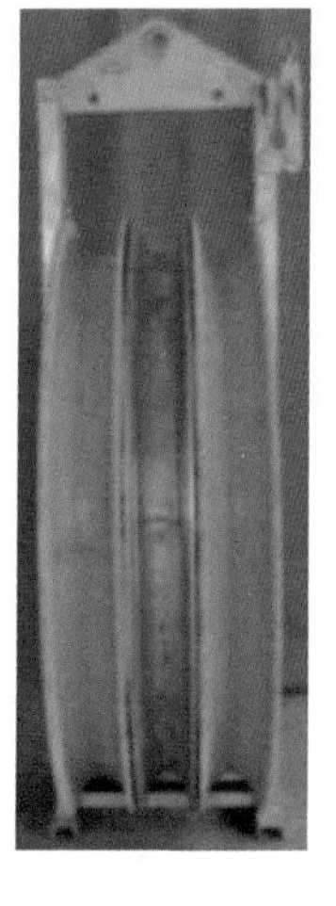

图 4-37　SHD-3NJ-1500/140 型放线滑车

MC尼龙滑轮制造工艺较为复杂，主要涉及浇铸、水煮、轮片加工等工序，滑轮制造过程中使用的制造工艺和装备如表4-20所示，浇铸工艺流程如图4-38所示。

表4-20　MC尼龙滑轮制造工艺和装备

| 序号 | 工艺名称 | 装备名称 | 装备用途 |
|---|---|---|---|
| 1 | 浇铸 | 金属模具 | 用于保证滑轮的形状及尺寸 |
| 2 | | 离心浇铸机 | 用于放置金属模具并使浇铸液体产生离心力 |
| 3 | | 烘箱 | 用于后固化过程中温度的保持 |
| 4 | 轮片加工 | 改造卧式车床 | 用于对后固化后的滑轮进行加工 |
| 5 | 水煮 | 水煮箱 | 对MC尼龙滑轮进行水煮处理，可以增加韧性 |
| 6 | 胶带加工 | 注塑机、聚氨酯胶带模具 | 用于制造配件——聚氨酯胶带 |

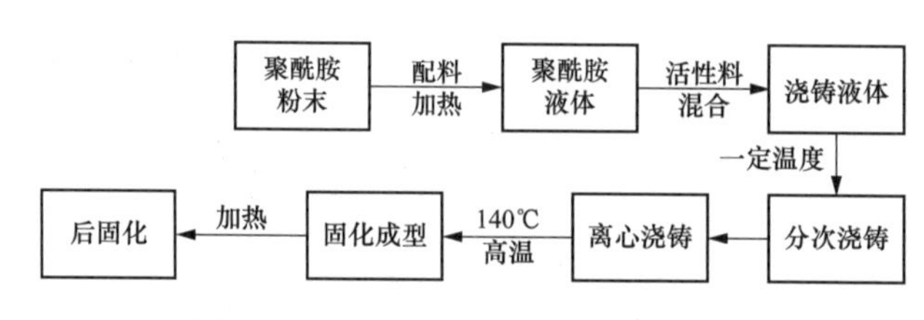

图4-38　MC尼龙滑轮浇铸工艺流程图

## 二、样机试验

### （一）导线及接续管保护装置过滑车试验

为验证SHD-3NJ-1500/140型放线滑车对1660mm$^2$导线的适用性，以及配套接续管保护装置对导线接续管和导线的保护性能，对1660mm$^2$导线开展导线及接续管保护装置过滑车试验，并对试验前后的导线性能进行检测，判断放线滑车及接续管保护装置是否满足工程应用要求。导线过滑车试验结束后，依次完成绞线试验、铝单线试验和芯棒试验，试验结果表明SHD-3NJ-1500/140型放线滑车对1660mm$^2$导线的适用性良好。详细试验内容见本书第二章第三节相关内容。

### （二）滑轮摩擦阻力系数试验

1. 试验场地布置

为验证SHD-3NJ-1500/140型放线滑车滑轮摩擦阻力系数是否满足要求，对其进行滑轮摩擦阻力系数试验。其试验场地布置如图4-39所示。

试验架位于场地中心，两侧各设置一台牵张两用机，按牵引方向不同分别起牵引和张紧作用，试验架距离两侧张力机至少30m。试验架及牵张两用机均采用地锚锚固。试验过程中，导线水平进出两端滑轮，本次试验过滑轮4次，滑轮安装数5个。

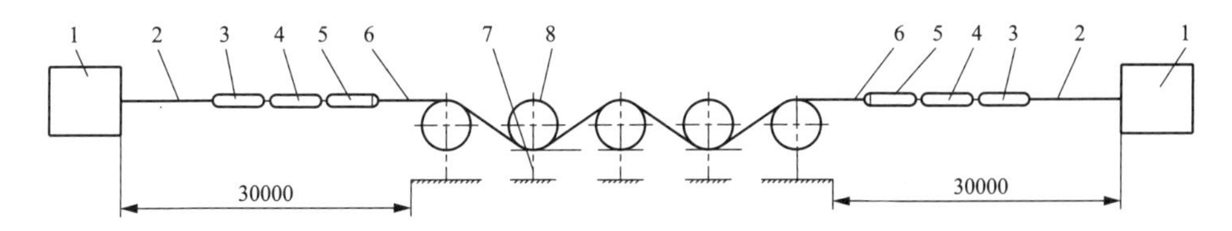


图 4-39　摩擦阻力系数试验场地布置

1—牵张两用机；2—钢丝绳；3—旋转连接器；4—拉力传感器；
5—网套连接器；6—导线；7—滑车试验架；8—被测滑轮

2. 测试方法

将传感器、数字显示仪按布置方案连接好，将被测滑轮的包络角调整为 25°，按试验所需牵引力、牵引速度牵引到达均匀稳定时，同时记录两侧数字显示仪数值 $T_1$、$T_2$。重复测试 5 次，记录每次的测试结果，如表 4-21 所示。

**表 4-21　　摩擦阻力系数试验数据**

| 数值 | 测试次数 | | | | |
|---|---|---|---|---|---|
| | 1 | 2 | 3 | 4 | 5 |
| $T_1$ | 82.1 | 81.4 | 79.7 | 79.5 | 80.8 |
| $T_2$ | 80.7 | 80.3 | 77.3 | 77.1 | 78.2 |
| 摩擦阻力系数 $k=(T_1/T_2)^{\frac{1}{n}}$ | 1.004 | 1.003 | 1.008 | 1.008 | 1.008 |
| $\overline{k}=1.006$ | | | | | |

**注**　$n$ 为试验过程中过滑轮个数；$\overline{k}$ 为 5 次测量的平均值。

经试验测得滑车摩擦阻力系数为 1.006，小于标准要求的 1.015，故放线滑车滑轮摩擦阻力系数合格。

### （三）放线滑车型式试验

1. 外观检测试验

放线滑车外观检测试验主要包括外观检查和滑轮槽底直径、滑轮宽度、轮槽半径、轮槽深度、滑轮跳动误差、装配质量、硬度检测，经试验上述被检测参数均符合设计要求，外观检测试验合格。

2. 滑车及滑轮载荷试验

滑车载荷试验对滑车施加径向载荷。滑轮载荷试验包括导线轮和钢丝绳轮载荷试验，分别对滑轮施加径向载荷和侧壁载荷，钢丝绳轮/导线轮侧壁载荷试验时使用旋转连接器/接续管保护装置模拟压杆，钢丝绳轮/导线轮径向载荷试验时使用钢丝绳/导线模拟压杆。滑车及滑轮载荷试验载荷系数分别为 1.0、1.25 和 3.0，其中 1.0、1.25 倍额定载荷试验时保持 5min，3.0 倍额定载荷试验无保持时间，加载到 3 倍额定载荷后就卸载。载荷试验示意图如图 4-40、图 4-41 所示。

经试验，SHD-3NJ-1500/140 型放线滑车及滑轮强度满足设计要求，试验合格。

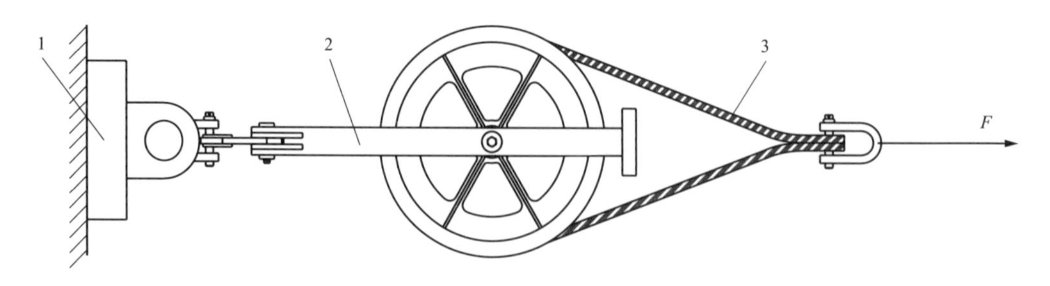


图 4-40　滑车载荷试验示意图

1—卧式拉力机固定端卡具；2—放线滑车；3—钢丝绳

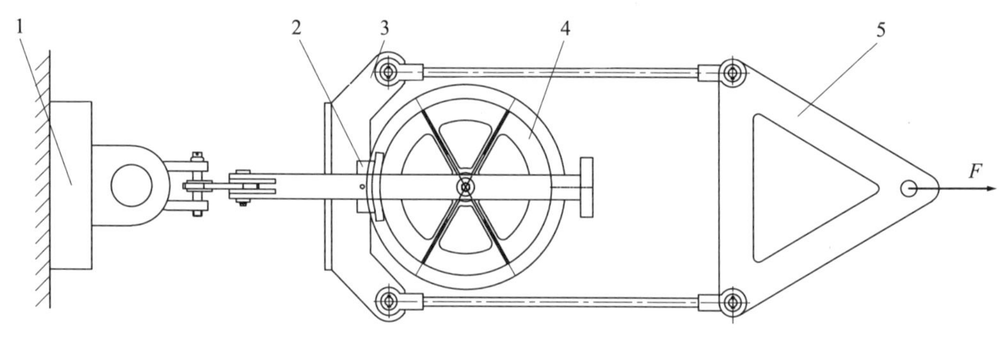


图 4-41　滑轮载荷试验示意图

1—卧式拉力机固定端卡具；2—模拟压杆；3—试验架梯形压板；4—滑轮；5—试验架三角拉板

## 第七节　设计方法总结

针对 1660mm$^2$ 导线，本书通过调研国内外放线滑车研究现状，并结合导线特点，确定放线滑车设计需解决的重点问题，并对其结构形式、滑轮材料、槽底直径进行研究。同时，借助有限元仿真及理论计算方法，完成滑轮及其余部件设计，从而完成放线滑车设计。最后，对放线滑车进行试制及试验，以验证放线滑车是否满足设计及工程应用要求。

综上所述，总结出一套放线滑车的设计流程，如图 4-42 所示。

（1）对国内外放线滑车研究现状进行调研，完成资料搜集。同时，结合 1660mm$^2$ 导线的特点确定放线滑车性能要求。

（2）从放线滑车结构形式、滑轮材料等方面入手，通过对比研究及计算，确定满足性能要求的滑车结构形式、滑轮材料备选方案。

（3）建立 1660mm$^2$ 导线过放线滑车的有限元仿真模型，对导线过不同槽底直径放线滑车进行仿真计算。

（4）根据 JL1/G2A-1250/100-84/19 型与 JLRX1/F1A-710/70-325 型导线过 1000mm 槽底直径放线滑车仿真结果及铝单线拉伸应力应变曲线，将铝股塑性区域占比小于上述两种导线铝股塑性区域占比仿真结果平均值（32.25%）作为导线散股的判据，铝股中最大主应变小于其塑性变形失稳时的临界拉伸应变（约为 0.008mm）作为股线破坏的判据。对仿真结果进行分析，确定满足性能要求的放线滑车槽底直径。

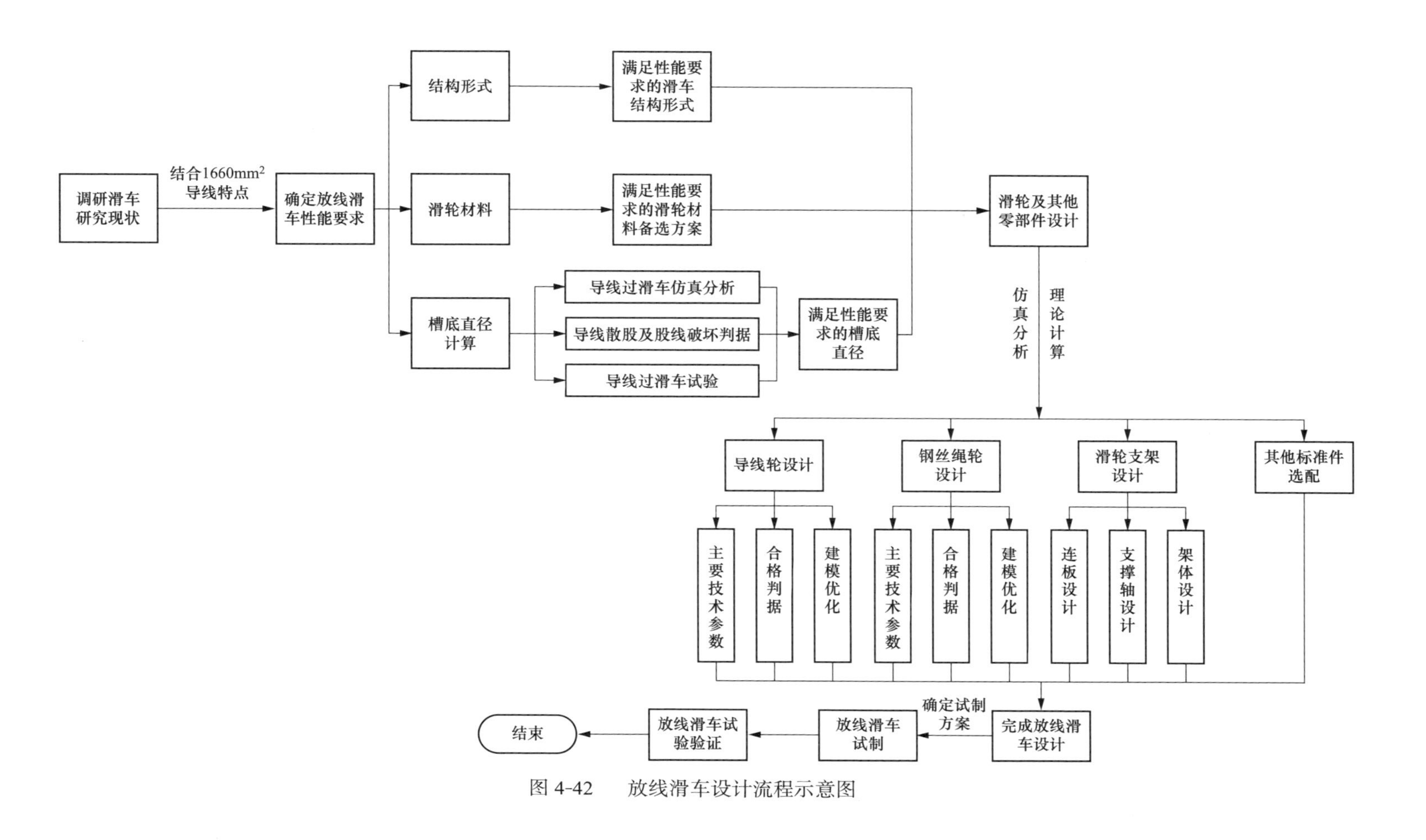


图 4-42　放线滑车设计流程示意图

（5）完成导线过滑车试验，对放线滑车槽底直径进行验证。

（6）通过仿真分析，结合理论计算方法，分别确定导线轮及钢丝绳轮主要技术参数，提出合格判据。建立导线轮、钢丝绳轮有限元模型，完成优化设计，确定滑轮材料及尺寸参数，完成导线轮、钢丝绳轮设计。

（7）通过仿真分析，结合理论计算方法，完成连板、支撑轴、架体设计，以及轴承、螺栓等标准件选型，从而完成放线滑车设计。

（8）确定放线滑车试制方案，完成放线滑车试制。

（9）完成导线滑轮摩擦阻力系数试验、放线滑车型式试验等试验，对放线滑车是否满足性能要求进行验证，完成设计流程。

# 第五章

# 卡　线　器

## 第一节　卡线器分类及特点

### 一、定义及性能要求

导线卡线器是指架空输电线路施工过程中能夹持住导线以完成相应施工作业的工具。在架设导线的各类临锚和紧线施工过程中，导线与锚固受力系统均要通过卡线器的夹持来完成力的传递。施工中，将锚线绳（或牵引绳）通过卡线器与导线相连接，使导线的张力传递给锚线绳以收放导线，并完成导线弧垂调整、导线连接、附件安装及连接金具更换等工作。导线卡线器工作状态如图 5-1 所示。

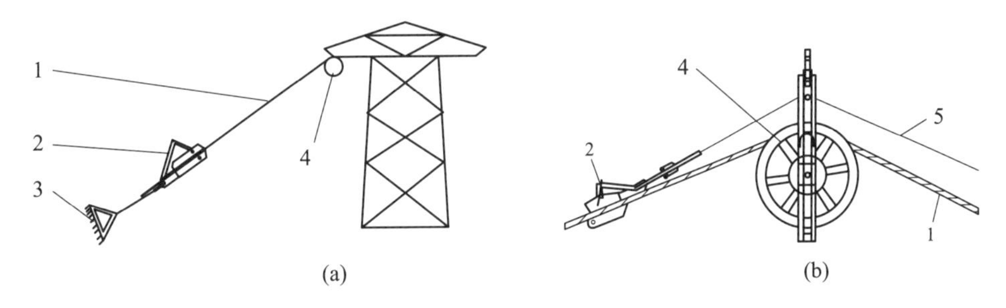


图 5-1　导线卡线器工作状态

(a) 临锚工况；(b) 紧线工况

1—导线；2—卡线器；3—地锚；4—放线滑车；5—钢丝绳

卡线器属高空作业工具，结构上应力求简单实用、使用轻便、夹持安全可靠，同时避免损伤导线。结合 DL/T 2131—2020《架空输电线路施工卡线器》的规定，导线卡线器的主要性能要求如下。

(1) 设计适用于多种型号导线的卡线器时，应根据每种导线的额定拉断力确定其额定载荷。卡线器额定载荷应满足

$$F \geqslant kT \tag{5-1}$$

式中　$F$——卡线器额定载荷，kN；

$k$——载荷系数，应用于导线时，$k=0.3$；

$T$——导线额定拉断力（$RTS$），kN。

(2) 导线卡线器夹嘴应有足够的长度，卡线器有效夹持长度应满足

$$L \geqslant 6.5d - 20 \tag{5-2}$$

式中　$L$——卡线器有效夹持长度，mm；

　　$d$——被夹持导线直径，mm。

（3）卡线器应满足方便导线装入、取出的要求。平行移动式导线卡线器夹嘴最大开口相对导线直径余量应满足表 5-1 的要求。

**表 5-1　　　平行移动式导线卡线器夹嘴最大开口相对导线直径余量**

| 适用导线截面积（$mm^2$） | 相对余量（mm） |
|---|---|
| ＜720 | ≥2 |
| ≥720 | ≥3 |

（4）卡线器应避免对导线造成损伤。

（5）卡线器应可靠，在受力后不应松脱。

（6）卡线器的安全系数不应小于 3。

（7）卡线器装配后应无连接松动或紧固件松动。

（8）卡线器活动部件应运动灵活。

## 二、导线卡线器分类

导线卡线器根据其夹持导线的工作原理不同分为平行移动式卡线器、双片螺栓紧定式卡线器、楔形卡线器等，其中平行移动式卡线器用途最为广泛。

### （一）平行移动式卡线器

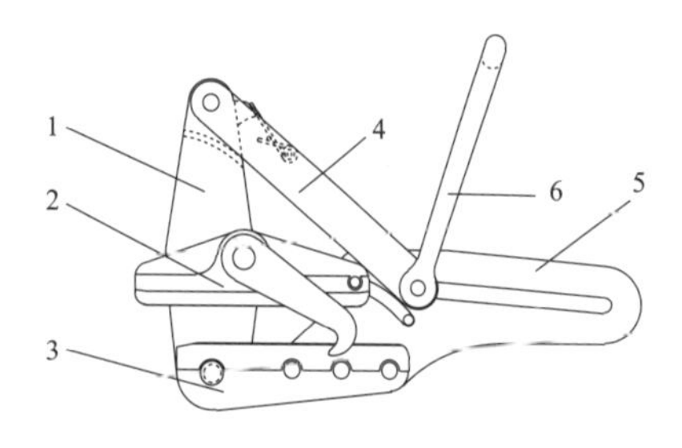


图 5-2　平行移动式卡线器结构示意图

1—压板；2—上夹嘴；3—下夹嘴；
4—拉板；5—本体；6—拉环

典型平行移动式卡线器结构示意图如图 5-2 所示，主要结构零部件包括卡线器本体、压板、拉板、拉环、上夹嘴、下夹嘴等。平行移动式卡线器采用连杆机构，其夹紧、释放导线的操作简便，具有夹持性能好、使用方便、施工效率高的特点。由于采用四连杆机构形式，卡线器拉环的拉力轴线与导线不共线，导线被夹持时在夹嘴前端易弯折，容易损伤导线。图 5-3 所示为采用平行移动式卡线器夹持导线。

图 5-3　采用平行移动式卡线器夹持导线

国内导线卡线器的研发和应用伴随着架空输电线路导线的研发和应用一步步发展，根据国内材料市场供应和制造工艺水平，卡线器主要结构件采用铝合金材料。由于钢芯铝绞线应用较普遍且用量大，630mm² 及以下截面积钢芯铝绞线导线卡线器相继研发及应用，主要由国内的机具制造厂家研发和制造。

21 世纪以来，中国电科院相继研发了适用于 720～1520mm² 钢芯铝绞线、630mm² 扩径导线、710mm² 及以下多个规格的碳纤维芯导线的卡线器，通过试验和工程试展放应用，均取得了良好的效果。

目前，特高压交流工程中 630mm² 导线常用 SKLQ-65 型卡线器，特高压直流工程中 1250mm² 导线常用 SK-L-100 型卡线器，这两种卡线器均采用平行移动式结构，主要结构零部件材质为高强铝合金，经工程实践证明具有良好的应用效果。但是，SK-L-100 型导线卡线器外形尺寸和质量较大，对施工应用造成了一定不便。

国内研发的导线卡线器应用在平原、山地及大跨越架线施工中，几乎覆盖了所有输变电施工工况。随着技术发展，导线截面积和放线张力逐渐增大，导线卡线器的外形尺寸和质量越来越大。如何减轻质量成为导线卡线器研发越来越重要的考虑因素。

国外常用导线卡线器与我国平行移动式卡线器结构相似。德国 ZECK 公司制造的大截面导线卡线器如图 1-7 所示。该卡线器所有主要零部件为特殊钢材锻造制成，具有强度高、体积小、质量轻的特点；卡线器夹嘴衬片采用可更换设计，针对不同直径的导线直接更换夹嘴内部衬片即可，提高了卡线器的适应性，减少了施工成本；衬片磨损后只需更换衬片，降低了使用成本。

### （二）双片螺栓紧定式卡线器

双片螺栓紧定式卡线器结构示意图如图 5-4 所示，其主要结构零部件包括压板、座板、拉杆、带环螺栓、螺母、销轴等，排列的多个压板各自独立。双片螺栓紧定式卡线器通过拧紧带环螺栓将带弧形槽的压板、座板压紧卡握住导线、钢丝绳或光缆。夹持线索时，带环螺栓应按规定的拧紧力矩紧定。

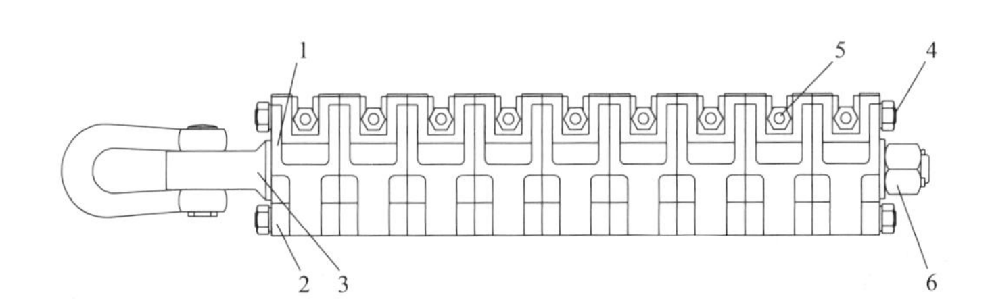


图 5-4　双片螺栓紧定式卡线器结构示意图

1—压板；2—座板；3—拉杆；4—销轴；5—带环螺栓；6—螺母

双片螺栓紧定式卡线器压板、座板采用 7A04 铝合金材料，通过模具锻造成型，拉杆采用 40Cr 钢材料，带环螺栓、螺母等零部件采用 Q235 钢材料。

双片螺栓紧定式卡线器结构简单，导线或地线与压板、座板接触面积大，增加了对导

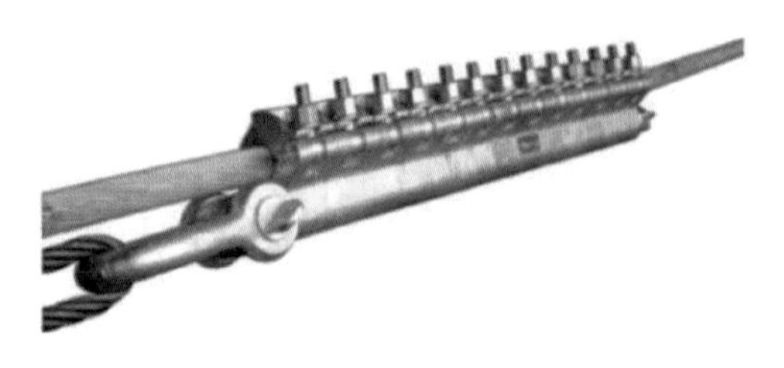

图 5-5　双片螺栓紧定式卡线器

线或地线的摩擦力，可以对较大规格的绞线进行握持，如图 5-5 所示。所以，双片螺栓紧定式卡线器目前在国内外施工中主要应用于大跨越施工及地线施工紧线临锚。这种卡线器存在两个缺点：①因需按照规定力矩拧紧带环螺栓，双片螺栓紧定式卡线器在施工安装时需使用力矩扳手，高空施工装卸繁琐；②因螺栓较多，预紧力不易统一，拧紧螺栓时易压伤导线。

### （三）楔形卡线器

楔形卡线器由导线夹片、楔形拉紧夹片等零部件组成，如图 5-6 所示。楔形卡线器楔形拉紧夹片、导线夹片主要采用 7A04 铝合金材料，通过模具锻造成型。楔形卡线器安装时将导线置于导线夹片内，并将导线夹片置于楔形拉紧夹片中。楔形拉紧夹片受拉力作用，通过楔形结构产生自锁，使楔形卡线器夹嘴通过摩擦力夹紧导线。

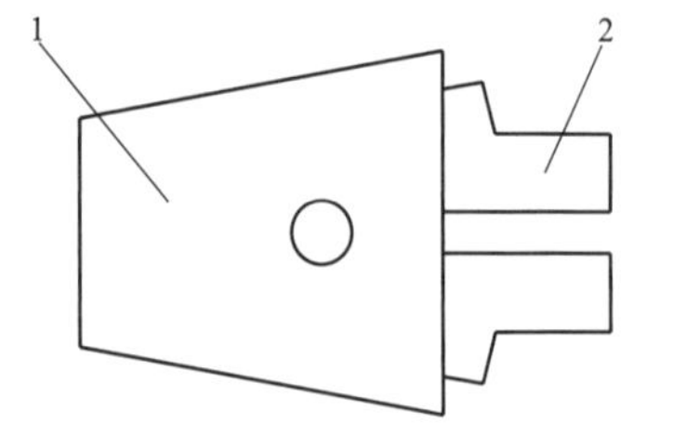


图 5-6　楔形卡线器结构示意图
1—楔形拉紧夹片；2—导线夹片

楔形卡线器主要用于大跨越施工紧线临锚。意大利 TESMEC 公司根据山区大跨越施工地形条件研发了一种楔形卡线器。该楔形卡线器具有强度高、适用导线额定载荷大的特点，在放线张力较大的施工工况下具有一定优势。楔形卡线器质量较大，卸载后不易拆卸，不适用于一般线路耐张塔高空紧线，目前国内应用较少。

## 第二节　平行移动式卡线器

### 一、选型分析

平行移动式卡线器采用四连杆机构形式，四连杆机构常用滑块机构、摇杆机构和平行连杆机构三种结构形式，如图 5-7 所示。

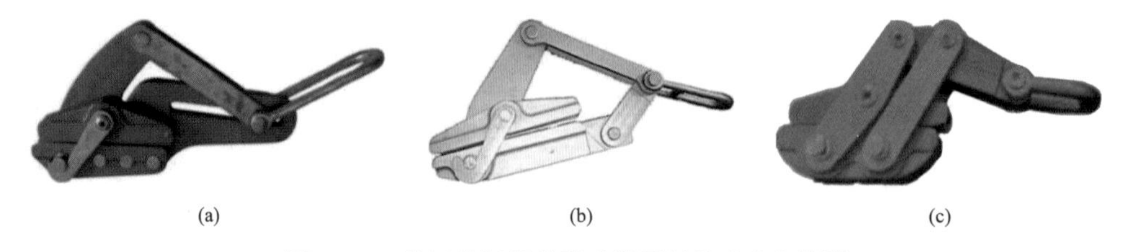

(a)　(b)　(c)

图 5-7　三种四连杆机构形式的平行移动式卡线器
（a）滑块机构；（b）摇杆机构；（c）平行连杆机构

### （一）滑块机构

滑块机构卡线器是现今生产量最大、施工应用最广泛的结构形式。卡线器本体与下夹嘴采用连接销轴固定，上夹嘴、压板、拉板、拉环依次使用连接销轴组成连杆机构。拉板与拉环的连接销轴在卡线器本体的滑槽中滑动。

### （二）摇杆机构

相比滑块机构，摇杆机构取消了卡线器本体与下夹嘴的连接，将下夹嘴与卡线器本体整体锻造成形，将拉板通过一个摇杆与卡线器本体连接，并在拉板与摇杆铰接点连接拉环。

### （三）平行连杆机构

平行连杆机构采用两侧各两块连板连接下夹嘴、上夹嘴和拉板，拉板前端通过销轴连接拉环。该结构形式通常应用于高强导线卡线器，在 1250mm$^2$ 高强导线载荷大于 100kN 的紧线工况下使用。

### （四）对比总结

采用滑块机构的卡线器，拉环和拉板的连接销轴通过在卡线器本体上的滑槽限位，连接销轴可以在滑槽中横向移动达到夹持和释放导线的目的。摇杆机构卡线器拉板通过一个摇杆铰接在卡线器本体上，拉板的铰接点绕其销轴中心转动。平行连杆机构形式是在摇杆机构的基础上为满足特殊工况的需求而设计的，由于整体质量较大，仅应用于较大额定载荷的卡线器。

下面从以下几个方面对滑块机构和摇杆机构进行比较。

1. 夹嘴磨损后的夹持效果

两种机构的新卡线器在夹持导线时都有良好的效果，夹嘴磨损后的性能差异较大。如图 5-8 所示，新卡线器夹持、释放导线时拉环行程为 $l_1$，在使用一段时间后夹嘴产生磨损，使夹紧导线时拉环行程在 $l_2$ 范围内。滑块机构由于限位滑槽约束，在夹持导线时根据销轴与滑槽边缘距离能够明确判断拉紧导线时上、下夹嘴是否能够提供足够的摩擦力。若夹持导线后销轴已经距离滑槽边缘很近，为避免限位导致夹紧力不足，需要更换卡线器。而摇杆机构的卡线器在夹持导线时不能判断，拉紧后会有导线滑移的风险。

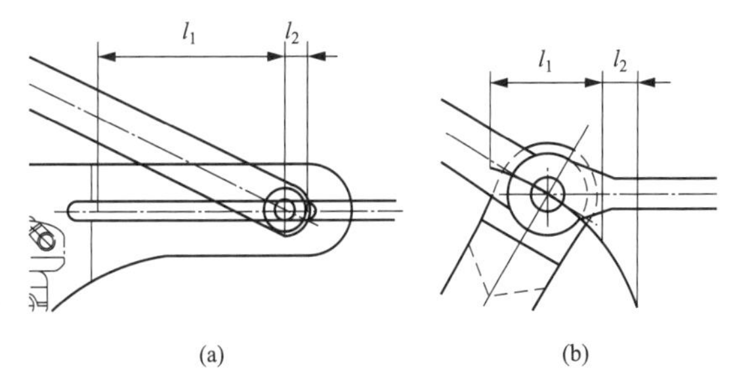


图 5-8 平行移动式卡线器行程对比

（a）滑块机构；（b）摇杆机构

2. 夹嘴更换成本

滑块机构卡线器多次使用后，如果上夹嘴、下夹嘴磨损严重可以进行单独更换。一体成型的摇杆机构卡线器下夹嘴与卡线器本体一体，磨损后整体更换的成本较大。

3. 导线磨损隐患

摇杆机构卡线器拉紧导线时，拉环的铰接点朝向导线方向转动，铰接位置销轴容易对导线产生磨损。滑块机构拉环铰接点销轴在滑槽中移动，始终与导线平行，可减小损伤导线。

4. 结构尺寸、整体质量

滑块机构拉环平行移动，滑槽的设计使卡线器整体尺寸较大，加之拉环长度较长，增加了卡线器的整体质量。摇杆机构卡线器仅摇杆转动，结构相对紧凑，拉环长度短，在同型导线及相同额定载荷的条件下，比滑块机构卡线器结构尺寸小、质量小。

滑块机构卡线器夹持性能好，对导线影响小，成本较低。摇杆机构卡线器在使用频率低的情况下，才体现出结构尺寸小、质量相对轻的优势，其应用工况范围较窄。

基于上述对比，平行移动式卡线器应优先选用滑块机构结构形式。

## 二、材料分析

导线卡线器的零部件材料主要从其强度、整体质量、夹嘴硬度与导线的摩擦系数等方面进行选择。国内外导线卡线器主要零部件材料如表 5-2 所示。

**表 5-2　　国内外导线卡线器主要零部件材料**

| 导线卡线器类型 | 卡线器主要零部件 | 国内 | 国外 |
|---|---|---|---|
| 平行移动式卡线器 | 本体、拉板、压板、夹嘴 | 铝合金 | 锻钢 |
| | 拉环 | 钢 | 锻钢 |
| 双片螺栓紧定式卡线器 | 压板、座板 | 铝合金 | 铝合金 |
| | 拉杆、卸扣 | 钢 | 钢 |
| 楔形卡线器 | 楔形拉紧夹片、导线夹片 | 铝合金 | 铝合金 |
| | 卸扣 | 钢 | 钢 |

国内铝合金材料市场供应广泛，采购市场成型材料经济性好，易于加工，因此国内主要采用铝合金作为卡线器零部件材料。锻钢材料通过开模锻造成型，强度较高，但对复杂工件锻造较为困难，不易开模，锻造设备及模具成本高，国外加工工艺相对成熟，制造成本较低，因此使用更为广泛。

1. 铝合金材料特点

铝合金密度低、强度比较高、塑性好，可加工成各种型材，具有优良的导电性、导热性和抗蚀性，使用量仅次于钢。针对铝合金原材料，国内机具制造厂家常采用采购棒材厂内锻造或直接采购挤压成型的板材两种方式，各有利弊。

材料锻造成型主要依赖于模具，锻造零部件外形不受原材料供货情况制约，但锻造设备及模具本身成本较高。从制造工艺角度来说，卡线器夹嘴部分的圆弧设计使采用锻造成型的方式较为困难。若采用采购挤压成型板材的方式，制造厂家可按照零部件外形直接采购相应厚度板材，该方式经济性较好，但是零部件制造受原材料板材尺寸制约较大，特殊厚度尺寸要求的板材受市场供应情况影响较大。

根据 GB/T 6892—2015《一般工业用铝及铝合金挤压型材》，7A04 铝合金材料力学性能如表 5-3 所示。

**表 5-3　　7A04 铝合金材料力学性能**

| 牌号 | 成型方式 | 热处理状态 | 抗拉强度（MPa） | 壁厚（mm） |
|---|---|---|---|---|
| 7A04 | 自由锻造 | CS | ≥540 | — |
| | 模具锻造 | | ≥560 | — |
| | 挤压成型 | 0 | ≤245 | — |
| | | T6 | ≥500 | ≤10 |
| | | | ≥530 | 10（不含）～20 |
| | | | ≥560 | >20 |

**注**　热处理状态 CS 指淬火热处理＋人工时效；热处理状态 0 指退火状态，热处理状态 T6 指固溶热处理后进行人工时效的状态。

2. 钛合金材料特点

钛合金是以钛为基础元素加入其他元素组成的合金。钛合金具有强度高、使用温差范围广、抗腐蚀性好、化学活性大、制造工艺性差的特点。在各类钛合金牌号中，以牌号 TC4 的钛合金最为常用。

钛合金常用于制造单位强度高、刚性好的轻质零部件，尤其适用于高温或低温及腐蚀性强的环境。但是，钛合金的价格昂贵制约了其应用，无论是最初的金属冶炼还是后续的加工，钛合金的价格都远高于其他金属。汽车工业中钛合金应用成本是铝板材的 6～15 倍、钢板材的 45～83 倍。

3. 锻钢材料特点

锻钢通过冷锻、冷镦、锻造、锻压等冷加工方法，使钢材内部的组织更加致密，改善了钢材晶体的结构，从而提高了钢材的强度和韧性。中国常用锻钢牌号为 35CrMo，美国常用锻钢牌号为 ASTM A182，德国常用锻钢牌号为 34CrMo4。

4. 镁合金材料特点

镁合金比强度[1]高、稳定性高、阻尼减震性能好、机械加工方便，铸造性能、切削加工性能优良，易于回收利用，具有环保特性。镁合金密度较低，特别适用于轻质结构件，在交通运输、国防军工、航空航天等行业有着广泛的应用。

当前镁合金的应用远不及铝合金广泛，主要原因是镁合金存在室温变形大、加工性能较差、易氧化燃烧、易腐蚀等缺陷，强度不如铝合金，限制了其在工程结构材料中的大量使用。锻造特点方面，镁合金对变形速度很敏感，墩粗速度过快，坯料表面容易沿最大剪切应力的方向开裂。另外，锻造温度不能太低，还要求模具的温度保持在与坯料温度相差不大的水平，因此镁合金锻造难度较高。

5. 材料性能对比

综上所述，各材料力学性能参数对比如表 5-4 所示。

---

[1] 比强度指材料的抗拉强度与材料密度之比，单位为 N・m/kg 。比强度越大表明达到相应抗拉强度所用材料质量越小，即表示材料轻质高强的性能越好。

表 5-4　　各材料力学性能参数对比

| 材料 | 抗拉强度(MPa) | 屈服强度(MPa) | 弹性模量(GPa) | 泊松比 | 密度($g/cm^3$) | 布氏硬度(HB) |
|---|---|---|---|---|---|---|
| 7A04 铝合金(挤压成型) | 560 | 450 | 70 | 0.33 | 2.71 | 150 |
| TC4 钛合金 | 902 | 825 | 110 | 0.31 | 4.45 | 195 |
| 35CrMo 钢 | 980 | 835 | 206 | 0.30 | 7.75 | 229 |
| F6a，4 级锻钢 | 895 | 760 | — | — | 7.75 | 263～321 |
| AZ80 镁合金 | 340 | 240 | 43 | 0.34 | 1.80 | 64 |

注　F6a，4 级锻钢材料参数出自美国标准 ASTM A182—2016《高温用锻制或轧制合金钢和不锈钢法兰、锻制管件、阀门和部件》。

相对于其他金属材料，钛合金的优势在于耐腐蚀性和高温条件下的高强度，但钛合金型材价格最高。锻钢比强度小，零部件用料较少但质量较大。镁合金比强度大，但由于绝对强度低，锻造难度较大，价格相对较高。铝合金材料，铝对铝的摩擦系数可达到 0.4，工作时铝合金卡线器对导线的相对滑移量小，工作时更为可靠；同时，铝合金材料的表面硬度与导线的表面硬度接近，卡线器工作时对导线表面的损伤相对较小。

各材料多维度综合比较如表 5-5 所示。

表 5-5　　各材料多维度综合比较

| 材料 | 比强度($\times10^6$ N·m/kg) | 制造工艺性能 | 特点及用途 | 价格(元/kg) |
|---|---|---|---|---|
| 35CrMo 钢 | 126.5 | 体积小，复杂工件锻造较为困难，不易开模 | 强度和韧性较高，热抗裂性较高，常用作桥梁、车辆、船舶、建筑、压力容器、特种设备材料 | 5 |
| 7A04 铝合金 | 199.2 | 易于锻造、热处理及机械加工 | 轻质高强度，用作代结构钢材料 | 30 |
| F6a，4 级锻钢 | 115.5 | 可锻造、热处理及机械加工 | 国外高强锻造钢材常用材料 | — |
| TC4 钛合金 | 202.7 | 热处理工艺要求高，机械加工难度较大 | 高、低温条件下强度高、耐腐蚀性好，常用作航空航天材料 | 500～600 |
| AZ80 镁合金 | 188.9 | 加工方便，铸造性能、切削性能优良，易于回收 | 绝对强度低，变形加工能力较差，易氧化燃烧、腐蚀，锻造难度较大，表面防护要求较高，常用于轻质结构件 | 100 |

卡线器材料选择应保证卡线器强度足够，并在工作安全的前提下，尽可能减轻卡线器的整体质量。综上所述，从比强度、制造工艺性能、材料价格等方面进行对比，7A04 铝合金材料轻质高强、易于加工、成本低，因此推荐 1660$mm^2$ 导线卡线器的材料为 7A04 铝合金。

## 三、样品设计

### （一）参数计算

JLZ2X1/F2A-1660/95-492 型导线额定拉断力为 401.6kN。根据式（5-1）计算得到卡线器最小额定载荷为 120.5kN，取 1660$mm^2$ 导线卡线器额定载荷为 125kN。

平行移动式导线卡线器为四连杆机构，其简图如图 5-9 所示。拉板与压板铰接于 $A$ 点，压板与上夹嘴铰接于 $C$ 点。铰接点 $A$ 与滑槽远端点 $B$ 点之间的距离为拉板长度 $L_{AB}$，铰接点 $A$ 与 $O$ 之间的距离为压板长度 $L_{OA}$，铰接点 $C$ 与 $OA$ 之间的距离为压板长度 $L_{OC}$。

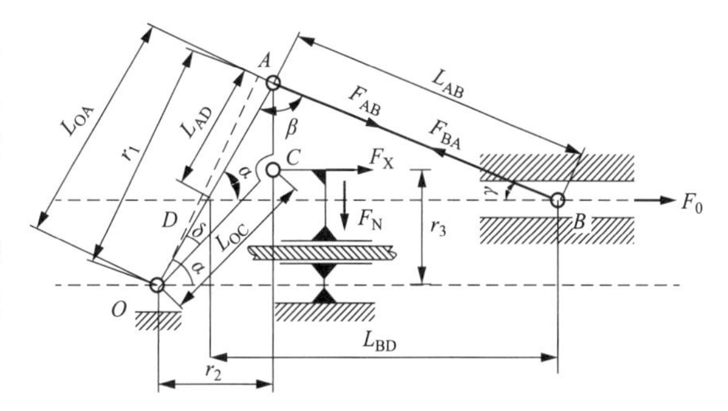

图 5-9　平行移动式卡线器四连杆机构简图

卡线器夹持导线应可靠，在受力后不应松脱，应满足

$$F_f = F_N \mu \tag{5-3}$$

式中　$F_N$——夹嘴对导线正压力，N；

$\mu$——卡线器夹嘴与导线间摩擦系数；

$F_f$——$F_N$ 产生的卡线器对导线的摩擦力，N，$F_f \geqslant F_0$；

$F_0$——拉环拉力，N。

卡线器的连杆机构将横向拉力 $F_0$ 转化为对导线的正压力 $F_N$，即拉力经过拉环传递到卡线器，卡线器既是一种机械结构，也是一个力的增大机构，因此拉力不仅被转化为夹嘴的正压力，而且在量值上也得到了放大。

将导线所受正压力与拉力的比用 $k$ 表示，$k$ 称为机构传力系数，应满足

$$F_N = F_0 k \tag{5-4}$$

根据图 5-9 进行受力分析，满足以下关系式

$$\begin{cases} F_{AB}\cos\gamma = F_0 \\ F_0 = F_X \\ F_{AB} r_1 = F_N r_2 + F_X r_3 \\ r_2 = L_{OC}\sin(\alpha - \delta) \\ r_1 = L_{OA}\sin\beta \\ r_3 = L_{OC}\cos(\alpha - \delta) \end{cases} \tag{5-5}$$

可得

$$\begin{cases} F_N = \dfrac{F_{AB} r_1 - F_X r_3}{r_2} = \dfrac{F_0 r_1 - F_0 r_3}{\cos\gamma r_2} = \dfrac{F_0[L_{OA}\sin\beta - L_{OC}\cos(\alpha - \delta)]}{L_{OC}\sin(\alpha - \delta)\cos\gamma} \\ k = \dfrac{F_N}{F_0} = \dfrac{L_{OA}\sin\beta - L_{OC}\cos(\alpha - \delta)\cos\gamma}{L_{OC}\sin(\alpha - \delta)\cos\gamma} \end{cases} \tag{5-6}$$

式中　$F_{AB}$——$AB$ 杆拉力，N；

$\gamma$——$AB$ 杆与水平线夹角，(°)；

$F_0$——拉环拉力，N；

$r_1$——$OA$ 杆在 $AB$ 杆垂直方向上的投影，mm；

$F_N$——夹嘴对导线正压力，N；

$r_2$——$OA$ 杆在水平方向上的投影，mm；

$r_3$——$C$ 点到 $O$ 点的竖直方向距离，mm；

$L_{OA}$——$OA$ 杆长度，mm；

$L_{OC}$——$OC$ 杆长度，mm；

$\alpha$——$OA$ 杆与水平方向夹角，(°)；

$\beta$——$OA$ 杆与 $AB$ 杆夹角，(°)；

$\delta$——$OA$ 杆与 $OC$ 杆夹角，(°)；

$k$——机构传力系数。

由式（5-6）可知，$k$ 取值由机构的各连杆长度和角度决定。传力机构决定着杆件长度及卡线器整体结构尺寸和质量，杆件加长有利于拉力传递且减小了零件与零件之间、卡线器与导线之间发生干涉的可能性。但是，杆件长度过大会增加卡线器整体尺寸，增加施工人员在搬运、移动，尤其是高空作业时的困难。因此卡线器结构不能过大、过重，各杆件的尺寸比例也必须相互适宜和协调。

经调研，以往施工中验证过的平行移动式卡线器的结构尺寸如表 5-6 所示，通过计算可以得到传力系数。

**表 5-6　　多种规格卡线器的结构尺寸**

| 导线类型 | 适用导线截面积（$mm^2$） | 导线直径（mm） | 夹嘴长度（mm） | 额定载荷（kN） | 机构传力系数 $k$ |
|---|---|---|---|---|---|
| 钢芯铝绞线 | 630 | 33.8 | 219 | 60 | 1.874 |
| | 720 | 36.2 | 273 | 65 | 2.717 |
| | 900 | 39.9 | 315 | 80 | 2.673 |
| | 1000 | 42.1 | 300 | 80 | 2.801 |
| | 1250 | 47.8 | 352 | 100 | 2.829 |
| | 1250 | 47.8 | 365 | 120 | 2.647 |
| 碳纤维芯导线 | 450 | 26.2 | 280 | 40 | 3.451 |
| | 500 | 27.6 | 310 | 45 | 3.532 |
| | 570 | 29.5 | 310 | 50 | 3.469 |
| | 630 | 30.7 | 310 | 50 | 3.413 |
| | 710 | 32.8 | 350 | 60 | 3.825 |

对比 710$mm^2$ 碳纤维芯导线用卡线器和 630$mm^2$ 钢芯铝绞线导线用卡线器，两者额定载荷相同，导线直径大小相近，710$mm^2$ 碳纤维芯导线卡线器机构传力系数明显增大。这是由于相对于钢芯铝绞线的钢芯，碳纤维芯导线复合材料芯抗压性能差，为防止零部件干涉，采用传统的设计方法加长卡线器夹嘴，进一步放大了整体机构尺寸。这种单纯放大设计的方式，存在偏于保守的可能。

1660$mm^2$ 导线与 1250$mm^2$ 钢芯铝绞线直径大小相近，参考 1250$mm^2$ 导线卡线器结构尺寸，考虑人工搬运的便利性，为避免整个装置体积过于庞大，影响高空作业，机构最长杆尺寸应小于 450mm。取拉板长度 $L_{AB}$ 为 400mm，压板长度 $L_{OA}$ 为 380mm，压板长度 $L_{OC}$ 为 160mm。

根据表 5-1 可得，1660$mm^2$ 导线用平行移动式导线卡线器夹嘴最大开口相对导线直径余量应不小于 3mm，$1660mm^2$ 导线直径为 49.2mm，取夹嘴最大开口尺寸不小于 52.2mm。同时，在设计时为保证拉力 $F_0$ 能良好地传递导线受到的正压力，夹持状态时拉板与压板的夹角 $\beta$、压板与上夹嘴铰接点位置、压板与上夹嘴的夹角 $\alpha$ 等参数需要着重考虑。

根据 $710mm^2$ 碳纤维芯导线及 $1250mm^2$ 钢芯铝绞线导线卡线器机构设计参数选取角度参数。拉板与压板夹角 $\beta$ 为传动角，即图 5-9 中 $\angle OAB$，根据杆件机构设计要求 $\beta \geqslant 40°$，当 $\beta$ 约为 90°时，压板与拉板间的传力效果较好，故选取 $\beta = 90°$。为保证上夹嘴在整个机构运动中保持平动，导线对上夹嘴的约束反力与水平线的夹角，即压板与上夹嘴夹角 $\alpha$ 在一定范围内取值，当卡线器处于夹持状态时取 $\alpha$ 为 60°，对应 $\gamma$ 为 30°。参考压板角度选取 $\delta$ 为 15°。

确定连杆的长度尺寸后，根据夹紧导线时的受力情况计算出各个杆件受力及 $k$ 值并得出正压力。将上述导线卡线器机构设计参数代入式（5-6）得到 $k$ 值

$$k = \frac{L_{OA}\sin\beta - L_{OC}\cos(\alpha - \delta)\cos\gamma}{L_{OC}\sin(\alpha - \delta)\cos\gamma} = \frac{380 \times \sin 90° - 160 \times \cos(60° - 15°)\cos 30°}{160 \times \sin(60° - 15°)\cos 30°} = 2.878$$

对比表 5-6 中各规格卡线器机构传力系数，本次设计的 $1660mm^2$ 导线用卡线器机构传力系数与钢芯铝绞线导线用卡线器接近。

由式（5-3）可得夹嘴对导线产生的等效正压力为

$$F_N = F_0 k = 125 \times 2.878 = 359.75(\text{kN})$$

### （二）夹嘴长度初步设计

卡线器夹嘴夹持导线时要求夹持稳定和可靠，同时还要保证导线不受损伤。夹嘴长度主要从考虑保护导线方面进行设计，为防止损坏导线必须保证在卡线器工作负荷下导线所受挤压应力小于导线材料允许的挤压应力，即 $\sigma_j \leqslant [\sigma_j]$。根据图 5-10 进行受力分析，当卡线器拉紧时夹嘴夹持面与导线紧密接触，导线径向截面受夹嘴压紧力，夹持时导线受力计算式为

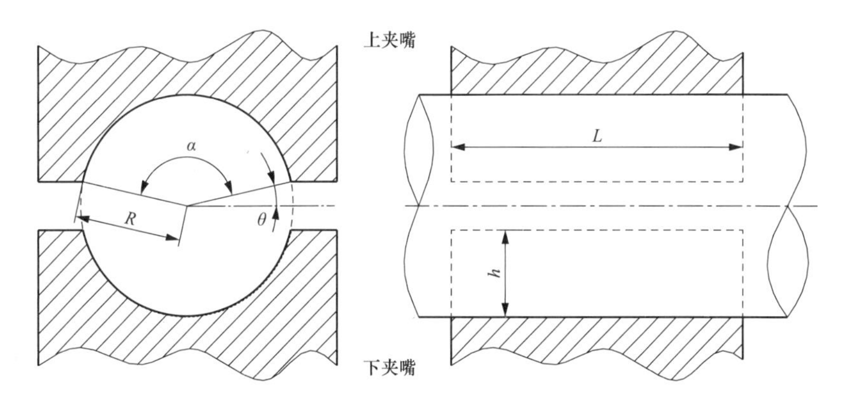


图 5-10　卡线器夹持导线夹嘴示意图

$$\begin{cases} 2\int_{\frac{\pi}{2}-\frac{\alpha}{2}}^{\frac{\pi}{2}} \sigma_j LR\sin\theta_1 \, d\theta_1 = F_N \\ \sigma_j \leqslant [\sigma_j] \end{cases} \tag{5-7}$$

式中　$F_N$——夹嘴对导线正压力，N；

$\alpha$——包心角，单侧夹嘴与导线接触圆心角，rad；

$\theta_1$——角度积分变量，rad；

$R$——夹嘴夹持面半径，mm；

$L$——夹嘴导线接触长度，mm；

$\sigma_j$——挤压应力，N；

$[\sigma_j]$——许用挤压应力，N。

由式（5-7）可推出夹嘴导线接触长度与包心角关系计算式为

$$L\sin\frac{\alpha}{2} \geqslant \frac{F_N}{2R[\sigma_j]} \tag{5-8}$$

导线所受挤压应力为

$$\sigma_j = \frac{F_N}{2RL\sin\frac{\alpha}{2}} \tag{5-9}$$

由式（5-9）可以看出，夹嘴导线接触长度和包心角共同决定了夹嘴对导线的挤压应力。结合式（5-8），得到各规格导线卡线器夹嘴关键参数如表 5-7 所示。

**表 5-7　　各规格导线卡线器夹嘴关键参数**

| 导线类型 | 导线截面积（$mm^2$） | 导线直径（mm） | 夹嘴导线接触长度（mm） | 包心角（°） | 正压力（kN） | 挤压应力（MPa） | 夹嘴导线接触长度与导线直径（$d$）关系 |
|---|---|---|---|---|---|---|---|
| 钢芯铝绞线 | 630 | 33.8 | 219 | 131.81 | 112.44 | 16.640 | $7.07d-20$ |
| | 720 | 36.2 | 273 | 137.23 | 176.605 | 19.192 | $8.09d-20$ |
| | 900 | 39.9 | 315 | 160.08 | 213.84 | 17.274 | $8.40d-20$ |
| | 1000 | 42.1 | 300 | 155.03 | 224.08 | 18.172 | $7.60d-20$ |
| | 1250 | 47.8 | 352 | 154.18 | 264.70 | 16.140 | $7.75d-20$ |
| | 1250 | 47.8 | 365 | 154.18 | 264.70 | 16.565 | $8.05d-20$ |
| 碳纤维芯导线 | 450 | 26.2 | 280 | 146.28 | 138.04 | 19.662 | $11.45d-20$ |
| | 500 | 27.6 | 310 | 151.04 | 158.94 | 19.186 | $11.95d-20$ |
| | 570 | 29.5 | 310 | 147.08 | 173.45 | 19.777 | $11.17d-20$ |
| | 630 | 30.7 | 310 | 147.08 | 170.65 | 18.697 | $10.75d-20$ |
| | 710 | 32.8 | 350 | 158.39 | 229.50 | 20.352 | $11.28d-20$ |

**注**　表中钢芯铝绞线为硬铝铝股，碳纤维芯导线为软铝铝股。

$710mm^2$ 及以下碳纤维芯导线卡线器包心角大多取 146°～160°。根据工程经验，推荐包心角不小于 152°。所以，将 $1660mm^2$ 导线卡线器包心角取为 155°。

为保证夹持力能够有效传递给主要受力的芯棒且不损伤导线，参考表 5-7 中压应力数据，将 $1660mm^2$ 导线卡线器夹持时的挤压应力取为 17.8MPa 进行初步设计，由式（5-9）可得夹嘴导线接触长度

$$L = \frac{F_N}{2R\sin\frac{\alpha}{2}\sigma_j} = \frac{484.75\times10^3}{49.2\times\sin77.5^\circ\times17.8} \approx 420(\text{mm})$$

$1660mm^2$ 导线直径为 49.2mm，卡线器夹嘴导线接触长度为 420mm，推算出夹嘴导线接触长度与导线直径倍率关系为 $L=8.90d-20$。初步设计结果满足卡线器有效夹持长度 $L\geqslant$

(6.5$d$−20) mm 的要求。

## （三）夹嘴导线接触长度优化

初步设计时，借鉴了以往设计的多种规格卡线器夹嘴参数，取压应力为 24.5MPa，从而计算得出夹嘴导线接触长度。以往卡线器设计，夹嘴导线接触长度多以导线直径乘以放大倍率的方式确定，缺乏一定的理论依据。夹嘴导线接触长度需结合 1660mm$^2$ 导线半硬铝型线铝股和芯棒的特点，采用试验与仿真分析的方法进行优化设计确定。

### 1. 夹嘴导线接触长度优化可行性分析

夹嘴导线接触长度是平行移动式卡线器的关键设计参数，决定着卡线器的整体尺寸和质量，也决定着被夹持导线是否会发生损伤。以往在设计卡线器时，其夹嘴导线接触长度多以导线直径乘以放大倍率、试验验证的方法确定，缺乏一定理论支撑，造成卡线器夹嘴导线接触长度较长，卡线器整体质量偏大。利用传统卡线器设计方法，确定卡线器夹嘴导线接触长度为 420mm，在满足载荷要求的前提下卡线器整体质量较大，造成架线施工搬运和安装不便。

根据 1660mm$^2$ 导线半硬铝型线铝股和碳纤维复合材料芯的特点，通过试验得出碳纤维复合材料芯径向耐压强度判据，参考 1250mm$^2$ 导线夹持状态应力仿真结果得出型线铝股塑性范围判据。通过对 1660mm$^2$ 导线绞线径向传力进行仿真分析研究，得到导线铝股和碳纤维复合材料芯的压应力值，以此为依据对卡线器夹嘴导线接触长度进行优化设计，减轻了卡线器质量，研究结果可为卡线器的设计和优化提供参考依据。

### 2. 铝股径向耐压分析

1250mm$^2$ 钢芯铝绞线采用硬铝材质圆线，1660mm$^2$ 导线采用半硬铝型线铝股，两种导线横截面对比如图 5-11 所示，由于圆线与型线铝股的截面形状不同，导致两者在受压时的状态不同。

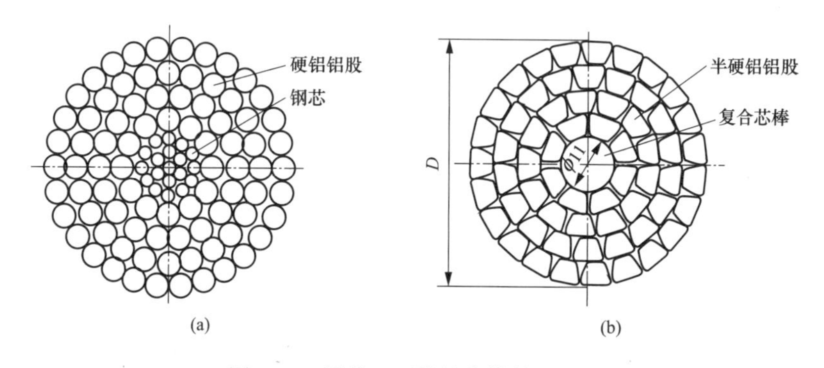


图 5-11 圆线、型线导线横截面对比

(a) 1250mm$^2$ 钢芯铝绞线截面；(b) 1660mm$^2$ 导线截面

圆线铝股为圆形截面，当导线被夹持时圆线铝股之间为线接触，因接触面积小，当握紧力较大时更容易损伤导线。型线铝股为圆角梯形截面，在夹嘴夹紧导线时，相邻层铝股间及同层铝股间为面接触，所以相对来说能承受更大的挤压应力。因此，应用于型线铝股的 1660mm² 大截面碳纤维芯导线卡线器夹嘴长度有优化缩短的空间。

3. 碳纤维复合材料芯径向耐压分析

在施工使用过程中，卡线器通过上、下夹嘴夹持碳纤维芯导线，夹嘴靠与导线间的摩擦力工作，此时导线承受较大的径向压紧力。若从提高导线的压应力以缩短夹嘴导线接触长度入手优化卡线器结构，可使卡线器更为轻便，便于施工。

通过碳纤维复合材料芯径向耐压试验确定失效压力，据此数据采用有限元仿真方法可获取碳纤维复合材料芯径向耐压应力。所得结果可作为验证碳纤维复合材料芯径向耐压的判据，为碳纤维芯导线在架空输电线路施工工艺与工器具的研发和改进方面提供参考。

1. 碳纤维复合材料芯径向耐压试验

不同型号碳纤维芯导线技术参数如表 5-8 所示。

**表 5-8　　不同型号碳纤维芯导线技术参数**

| 导线型号 | 导线直径（mm） | 碳纤维复合材料芯直径（mm） | 玻璃纤维层厚度（mm） |
|---|---|---|---|
| JLZ2X1/F2A-1660/95 | 49.2 | 11 | 0.98 |
| JLRX1/F1A-710/70 | 32.8 | 9.5 | 0.74 |
| JLRX1/F1A-450/50 | 26.2 | 8 | 0.72 |
| JLRX1/F1A-240/30 | 17.4 | 6 | 0.80 |

碳纤维复合材料芯径向耐压试验原理如图 5-12 所示。试验时，将试件水平放置于试验台并保持与压块对中，采取时间—位移加载方式，压块由上至下以 2mm/min 速度持续加载，直至试件失效，将试验机卸载并保存试验数据。

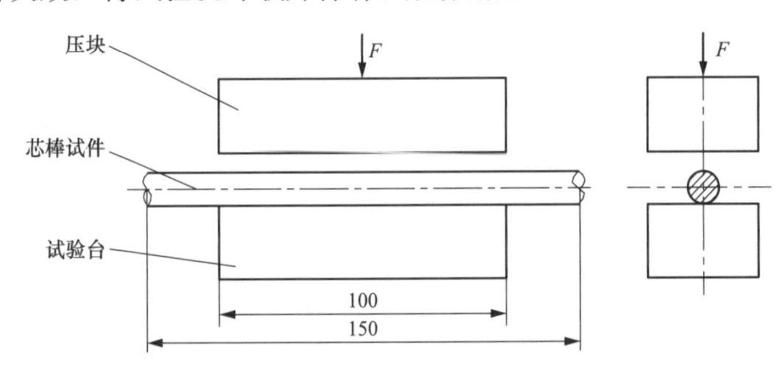


图 5-12　碳纤维复合材料芯径向耐压试验原理图

碳纤维复合材料芯试件试验前后对比如图 5-13 所示。试件最外层玻璃纤维层被压扁造成试件整体劈裂，失效破坏位置由与压块接触部分延伸至试件两端。

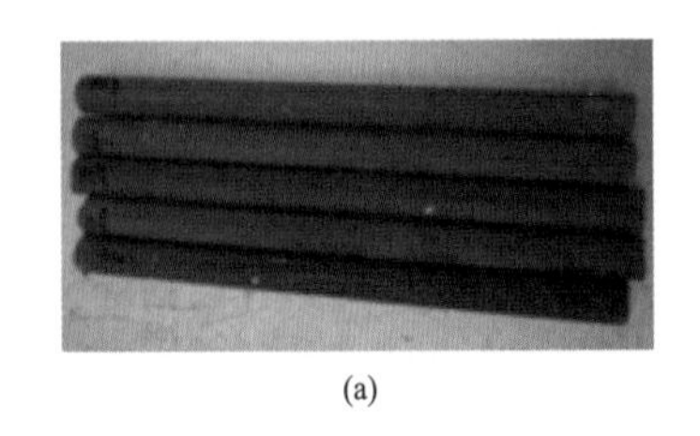
(a)

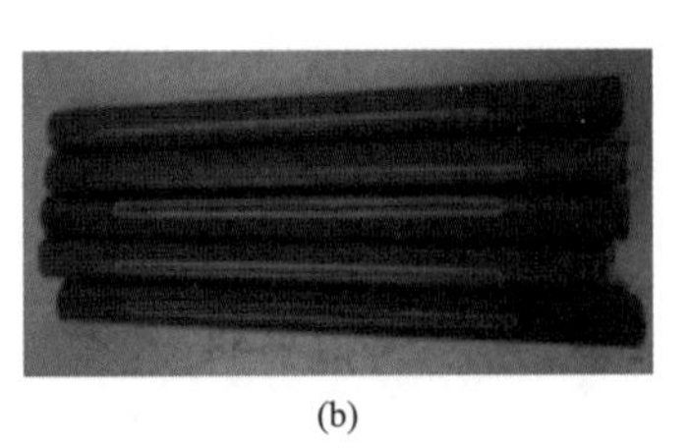
(b)

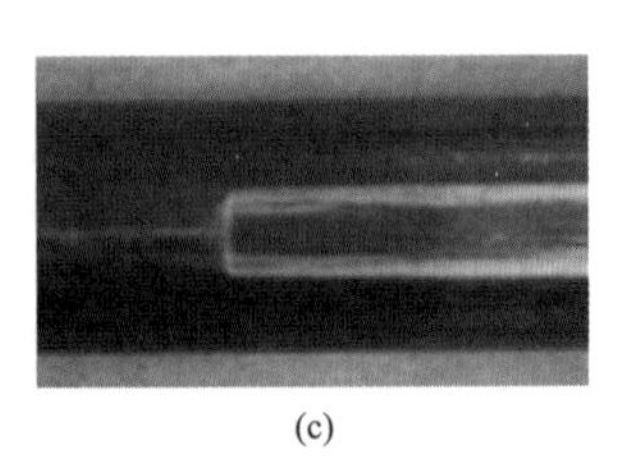
(c)

图 5-13　碳纤维复合材料芯试件试验前后对比

(a) 试验前；(b) 试验后（试件失效）；(c) 试件失效细节

不同直径碳纤维复合材料芯试件径向耐压试验失效压力值如表 5-9 所示。

**表 5-9　　不同直径碳纤维复合材料芯试件径向耐压试验失效压力值**

| 直径（mm） | 失效压力（kN） | | | | | |
|---|---|---|---|---|---|---|
| | 试件 1 | 试件 2 | 试件 3 | 试件 4 | 试件 5 | 最小值 |
| 6.0 | 25.1 | 27.9 | 25.7 | 26.1 | 25.2 | 25.1 |
| 8.0 | 37.3 | 37.5 | 38.0 | 37.6 | 38.1 | 37.3 |
| 9.5 | 44.7 | 43.2 | 43.9 | 45.7 | 42.4 | 42.4 |
| 11.0 | 46.1 | 51.9 | 46.9 | 50.9 | 50.8 | 46.1 |

考虑工程安全性，取试验的最小失效压力（根据径向耐压试验结果向下取整）作为碳纤维复合材料芯失效压力边界条件进行仿真计算。

2. 碳纤维复合材料芯径向耐压仿真

根据不同直径碳纤维复合材料芯的径向耐压失效压力值，建立径向耐压仿真模型进行分析，在有限元模型中对压块加载竖直径向力，通过仿真求得应力。

根据碳纤维复合材料芯几何参数，建立压块—玻璃纤维层—碳纤维层三维模型，如图 5-14 所示。

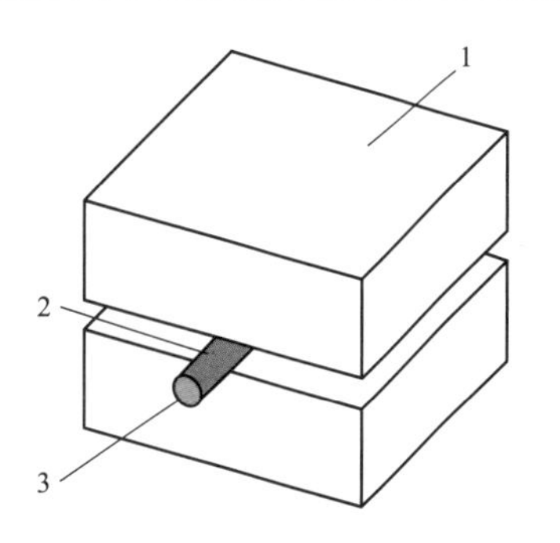


图 5-14　压块—玻璃纤维层—碳纤维层三维模型

1—压块；2—玻璃纤维层；3—碳纤维层

复合材料参数如表 5-10 所示。

**表 5-10　　复合材料参数**

| 材料 | 弹性模量（GPa） | | 泊松比 | 密度（$kg/m^3$） |
|---|---|---|---|---|
| | 轴向 | 径向 | | |
| 碳纤维树脂基复合材料 | 158 | 15 | 0.3 | 1800 |
| 玻璃纤维树脂基复合材料 | 50 | 12 | 0.3 | 2600 |

由仿真得到压块—玻璃纤维层—碳纤维层模型应力时程曲线，如图 5-15 所示。不同直径碳纤维复合材料芯径向耐压试验应力仿真结果如表 5-11 所示。

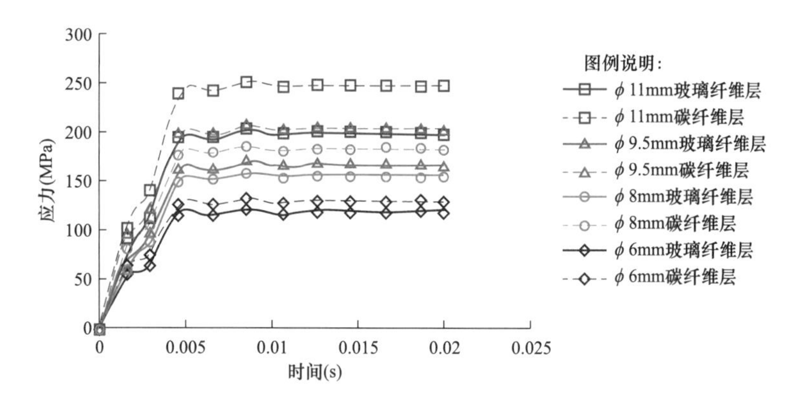


图 5-15　压块—玻璃纤维层—碳纤维层模型应力时程曲线

从图 5-15 应力时程曲线可以看出，不同直径碳纤维复合材料芯应力时程曲线具有相同的变化趋势，稳定状态应力最大值随直径增大而增大，表明碳纤维复合材料芯直径越大，径向耐压试验所得最小失效压力越大、应力最大值越大，仿真结果与试验数据相一致。

由试验可知，在压块载荷作用下，试件最外层玻璃纤维层首先发生劈裂，玻璃纤维层达到失效。由此可知，碳纤维复合材料芯径向耐压失效的判据为破坏压力下玻璃纤维层最大应力。

**表 5-11　　不同直径碳纤维复合材料芯径向耐压试验应力仿真结果**

| 直径（mm） | 最大应力位置 | 应力最大值（MPa） | 仿真施加径向耐压失效压力（kN） |
|---|---|---|---|
| 6.0 | 玻璃纤维层 | 120.59 | 25.0 |
|  | 碳纤维层 | 129.88 |  |
| 8.0 | 玻璃纤维层 | 155.38 | 37.0 |
|  | 碳纤维层 | 183.34 |  |
| 9.5 | 玻璃纤维层 | 165.81 | 42.0 |
|  | 碳纤维层 | 204.07 |  |
| 11.0 | 玻璃纤维层 | 200.00 | 46.0 |
|  | 碳纤维层 | 248.14 |  |

表 5-11 的仿真结果来源于某一个批次的碳纤维复合材料芯，考虑工程安全性，将整体模型仿真结果的 90%应力最大值作为考核碳纤维复合材料芯径向耐压应力参考值，不同直径下径向耐压应力值如表 5-12 所示。将仿真结果进行拟合，应力直径曲线如图 5-16 所示。

**表 5-12　　不同直径碳纤维复合材料芯径向耐压应力仿真结果**

| 直径（mm） | 最大应力位置 | 应力最大值（MPa） | 径向耐压应力参考值（MPa） |
|---|---|---|---|
| 6.0 | 玻璃纤维层 | 120.59 | 108.53 |
| 8.0 | 玻璃纤维层 | 155.38 | 139.84 |
| 9.5 | 玻璃纤维层 | 165.81 | 149.23 |
| 11.0 | 玻璃纤维层 | 200 | 180 |

根据不同直径碳纤维复合材料芯径向耐压应力参考值进行建模仿真，得到对应直径的考核芯棒径向耐压标准失效压力，拟合出不同直径碳纤维复合材料芯径向耐压试验失效压力与考核芯棒径向耐压标准失效压力曲线如图 5-17 所示，参考曲线得到不同直径芯棒考核芯棒径向耐压标准失效压力如表 5-13 所示。

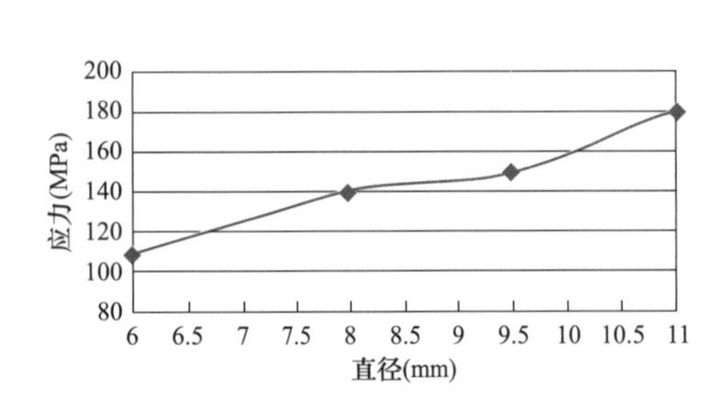


图 5-16　不同直径碳纤维复合材料芯径向耐压应力参考值拟合曲线

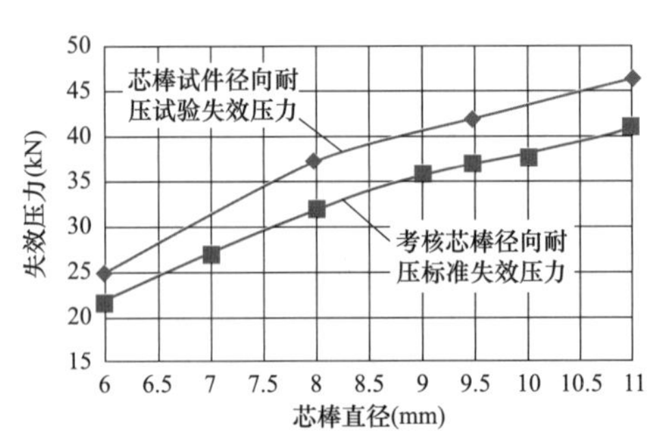


图 5-17　不同直径试件径向耐压试验失效压力与考核芯棒径向耐压标准失效压力曲线

表 5-13　　不同直径芯棒考核芯棒径向耐压标准失效压力

| 直径（mm） | 6.0 | 6.5 | 7.0 | 7.5 | 8.0 | 8.5 | 9.0 | 9.5 | 10.0 | 10.5 | 11.0 |
|---|---|---|---|---|---|---|---|---|---|---|---|
| 径向耐压标准失效压力（kN） | 22.0 | 24.0 | 27.0 | 29.0 | 32.0 | 34.0 | 36.0 | 37.0 | 38.0 | 39.0 | 41.0 |

4. 夹嘴接触长度优化设计

（1）压应力计算。

为防止卡线器夹紧导线时损坏导线，必须保证导线在工作负荷下所受挤压应力小于导线材料允许的挤压应力，即 $\sigma_d \leqslant [\sigma_d]$。根据碳纤维复合材料芯径向耐压仿真结果，以应力最大值 90%作为失效应力值，11mm 直径碳纤维复合材料芯失效应力值取 180MPa，通过受力分析计算得导线夹持时的最大压应力。

对碳纤维复合材料芯受力做简化处理，如图 5-18 所示，由受力分析可得

$$\sigma_X S_X = \sigma_d S_d \tag{5-10}$$

式中 $\sigma_X$——碳纤维复合材料芯压应力，MPa；

$S_X$——碳纤维复合材料芯表面积，$mm^2$；

$\sigma_d$——导线压应力，MPa；

$S_d$——导线表面积，$mm^2$。

则导线夹持时的压应力为

$$\sigma_d = \sigma_X \frac{S_X}{S_d} = \sigma_X \frac{\pi d_X l}{\pi d_d l}$$

$$= 180 \times \frac{11}{49.2} = 40.24(\text{MPa})$$

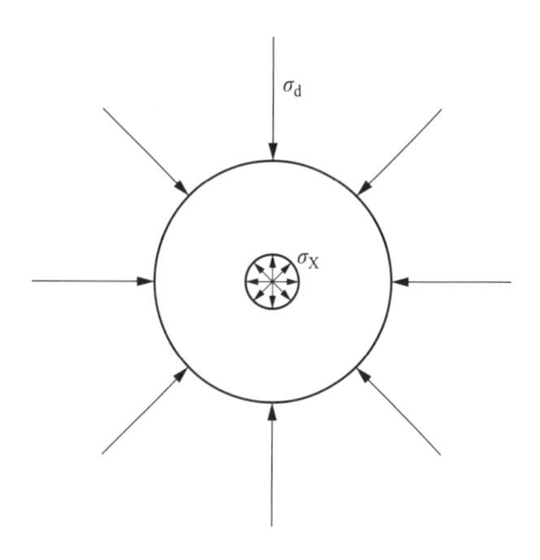


图 5-18　导线芯棒受力分析图

对比表 5-7 数据可知，碳纤维芯导线的许用压应力值远大于钢芯铝绞线。将导线夹持时的压应力 40.24MPa 作为最大压应力进行卡线器夹嘴长度设计。根据式（5-9），推出卡线器夹嘴与导线接触长度计算式

$$L = \frac{F_N}{2R\sin\frac{\alpha}{2}\sigma_d} \tag{5-11}$$

由式（5-11），取 $\sigma_d$ 为 40.24MPa 时计算得出夹嘴与导线接触长度为 255mm，较初步设计值减少约 165mm。该优化设计思路预计可大幅降低卡线器质量，但是压应力取值为 40.24MPa 过于激进，需进一步分析确定。

（2）夹嘴长度优化分析。

碳纤维芯导线由碳纤维芯棒和铝型线构成，同层铝单线之间存在空隙。碳纤维芯导线铝型线填充率指所有铝单线实际截面积之和与其所占绞线面积之比。铝型线填充率高，当卡线器夹紧导线，导线受力时铝型线层间铝股产生变形，相互挤压，铝型线填充率影响绞线径向传力大小。

1660$mm^2$ 导线填充率为 92%，通过对铝型线径向传力进行仿真分析研究，得到导线

铝股和芯棒的压应力值，以此为依据对卡线器夹嘴长度进行优化设计，减轻卡线器质量。

1）1660mm$^2$ 导线结构参数计算。1660mm$^2$ 导线技术参数如表 5-14 所示。

**表 5-14　　1660mm$^2$ 导线技术参数**

| 技术参数 | 数值 |
|---|---|
| 型线数量（根） | 62 |
| 外层型线数量（根） | 23 |
| 邻外层型线数量（根） | 18 |
| 邻内层型线数量（根） | 13 |
| 内层型线数量（根） | 8 |
| 型线等效直径（mm） | 5.84 |
| 复合芯直径（mm） | 11.0 |
| 合计计算截面积（mm$^2$） | 1755.79 |
| 铝股总计算截面积（mm$^2$） | 1660.76 |
| 复合芯计算截面积（mm$^2$） | 95.03 |
| 导线直径（mm） | 49.2±0.5 |

由式（5-12）近似计算各层型线铝股参数

$$
\begin{cases} D=\sqrt{\dfrac{4S_{Al}}{62\pi}\dfrac{n}{\eta}+d^2} \\ \theta=\dfrac{360}{n} \end{cases} \tag{5-12}
$$

式中　$D$——该层型线外圆直径，mm；

$d$——该层型线内圆直径，mm；

$S_{Al}$——导线铝股计算截面积，mm$^2$；

$n$——该层型线铝股根数；

$\eta$——填充率；

$\theta$——该层单根型线圆心角，(°)。

单股铝股截面积 $S$ 为 26.786452mm$^2$，以±0.1%为误差精度对铝股截面进行建模。同时，相邻两层铝股不考虑间隙，根据实际情况对同层间铝股间隙进行调整，保证同层相邻铝股最小间距 $\delta$ 在 0.1～0.2mm 范围内，得出 1660mm$^2$ 导线型线铝股参数如表 5-15 所示。

**表 5-15　　1660mm$^2$ 导线型线铝股参数**

| 参数 | 内层 | 邻内层 | 邻外层 | 外层 |
|---|---|---|---|---|
| 根数 | 8 | 13 | 18 | 23 |
| $\theta$（°） | 44.0 | 27.0 | 19.5 | 15.2 |
| $D$（mm） | 20.438 | 30.000 | 39.592 | 49.200 |
| $d$（mm） | 11.000 | 20.438 | 30.000 | 39.592 |
| $\delta$（mm） | 0.10～0.18 | 0.11～0.17 | 0.13～0.17 | 0.15～0.19 |

注　$\delta$ 为同层相邻两根铝股的最小间距。

2）导线模型材料参数与边界条件。复合芯棒及半硬铝股材料参数如表 5-16 所示。

表 5-16　　1660mm² 导线模型材料参数

| 材料 | 弹性模量（GPa） | 泊松比 | 密度（kg/m³） | 屈服强度（MPa） | 抗拉强度（MPa） |
|---|---|---|---|---|---|
| 复合芯棒 | 120 | 0.31 | 1620.00 | — | 2400 |
| 半硬铝股 | 70 | 0.33 | 2703.01 | 100 | 120 |

为避免计算不收敛采用动力学求解器进行计算，导线各铝股间采用通用接触，由程序自动进行接触检查并决定算法。

选取三个夹嘴长度优化方案，分别以夹嘴长度 350、325、275mm 作为目标，对导线截面进行应力分析。由式（5-11）确定各夹嘴长度对应的导线外压应力载荷，优化分析施加载荷如表 5-17 所示。

表 5-17　　优化分析施加载荷

| 方案 | 夹嘴长度优化目标 $L$（mm） | 施加载荷 $\sigma_j$（MPa） |
|---|---|---|
| 优化方案一 | 350 | 28.8 |
| 优化方案二 | 325 | 31.1 |
| 优化方案三 | 275 | 36.7 |

3）压应力判据。根据碳纤维芯导线芯棒径向耐压仿真得到芯棒破坏载荷为 200MPa，作为芯棒径向耐压的压应力判据。

当铝股在最大应力状态下，铝股进入塑性区，铝股达到屈服强度，但未达到破坏压应力值，同时在最大应力状态时铝股应力分布不均，因此以铝股进入塑性区比例作为铝股应力判据。根据第一章内容，1660mm² 导线过张力机主卷筒铝股进入塑性区（大于 100MPa）占比为 13.7%，可将其作为铝股压应力判据。

（3）计算结果。

提取芯棒中心一个单元研究径向传力的影响。取芯棒中心一个单元绘制夹紧过程的应力时程曲线，如图 5-19 所示。

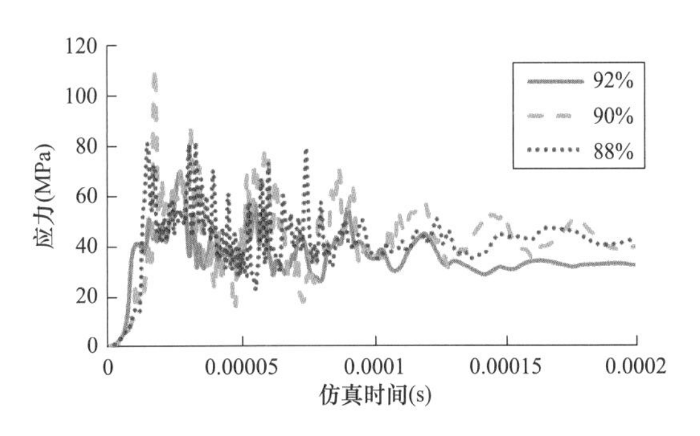

图 5-19　芯棒应力时程曲线

由芯棒中心单元应力时程曲线看出，外部载荷初始施加时芯棒内部应力快速上升，很快达到整个仿真过程的最大值。随着时间推移，模型内部各铝股间互相作用，应力大小呈现振荡，且振荡幅度逐渐减小，最终芯棒内部应力趋于稳定。

仿真计算时，需要研究稳定状态的应力情况及导线整体最大应力状态时铝股和芯棒的受力情况。

三个仿真方案导线在稳定状态下的铝股和芯棒的应力水平如表 5-18 所示。

表 5-18　　稳定状态铝股、芯棒仿真结果

| 优化方案 | 半硬铝股应力（MPa） | | 复合芯棒应力（MPa） | | 最大应力位置 |
|---|---|---|---|---|---|
| | 结果 | 判据 | 结果 | 判据 | |
| 方案一 | 114.5 | 120 | 120.8 | 180 | 芯棒外层 |
| 方案二 | 115.0 | 120 | 131.8 | 180 | 芯棒外层 |
| 方案三 | 112.8 | 120 | 126.6 | 180 | 芯棒外层 |

三个仿真方案导线在最大应力状态下的铝股和芯棒仿真数据如表 5-19 所示。

表 5-19　　最大应力状态铝股、芯棒仿真结果

| 优化方案 | 铝股塑性比例（%） | 铝股塑性数量 | 芯棒圆周平均应力（MPa） | 超过 180MPa 比例（%） | 芯棒最大应力（MPa） | 芯棒应力判据（MPa） |
|---|---|---|---|---|---|---|
| 方案一 | 10.5 | 11 | 78.4 | 0.4 | 188.8 | 200 |
| 方案二 | 9.7 | 12 | 109.3 | 2.6 | 197.8 | 200 |
| 方案三 | 11.5 | 15 | 115.0 | 2.3 | 196.1 | 200 |

由稳定状态和导线整体最大应力状态仿真结果可知，导线被夹紧时，在导线外表面加载的载荷最终传递到芯棒，导线芯棒受应力最大。导线铝型线和芯棒压应力均小于材料许用应力，芯棒最大应力均小于芯棒破坏载荷 200MPa，铝型线进入塑性区（>100MPa）比例均小于导线过张力机主卷筒塑性区比例 13.7%。

根据上述研究可知，碳纤维芯导线铝型线填充率会对导线外部受力向芯棒传递造成一定影响，在满足材料许用应力的条件下，可以优化减小卡线器夹嘴长度，以满足减轻卡线器整体质量的要求。

5. 卡线器夹嘴长度优化设计方案分析总结

（1）根据铝型线填充率对绞线径向传力的作用影响研究，优化方案三铝股进入塑性区的数量较方案一、二增加较多。参照 1250mm$^2$ 硬铝型线塑性区比例 10.2%及 1660mm$^2$ 导线过张力机主卷筒塑性区比例 13.7%，同时对比三个优化方案的塑性区铝股数量，优化方案二的 325mm 夹嘴长度满足铝股耐压指标要求。

（2）根据芯棒径向耐压试验及仿真分析研究，由仿真得到芯棒破坏载荷为 200MPa，325mm 夹嘴长度对应的芯棒最大应力在其允许范围内，超出 90%破坏载荷（即 180MPa）比例不高于 2.6%，可判定 325mm 夹嘴长度满足卡线器设计应用芯棒径向耐压失效应力判据指标要求。

综上所述，为满足减轻卡线器整体质量的要求，从导线耐压性能分析得出夹嘴长度最小为 325mm。

## （四）连杆机构尺寸优化

为了减轻卡线器整体质量并适应装卸导线时机构运动要求，对本体、拉板结构件进行了优化设计。其中，以下夹嘴导线接触长度为 325mm 进行建模时，由于夹嘴导线接

触长度过短，导致卡线器本体上用于上夹嘴开合的定位槽无法布置。经过设计调整，当下夹嘴导线接触长度为 328mm 时可满足要求。主要结构零部件初步设计与优化设计对比如图 5-20 所示。

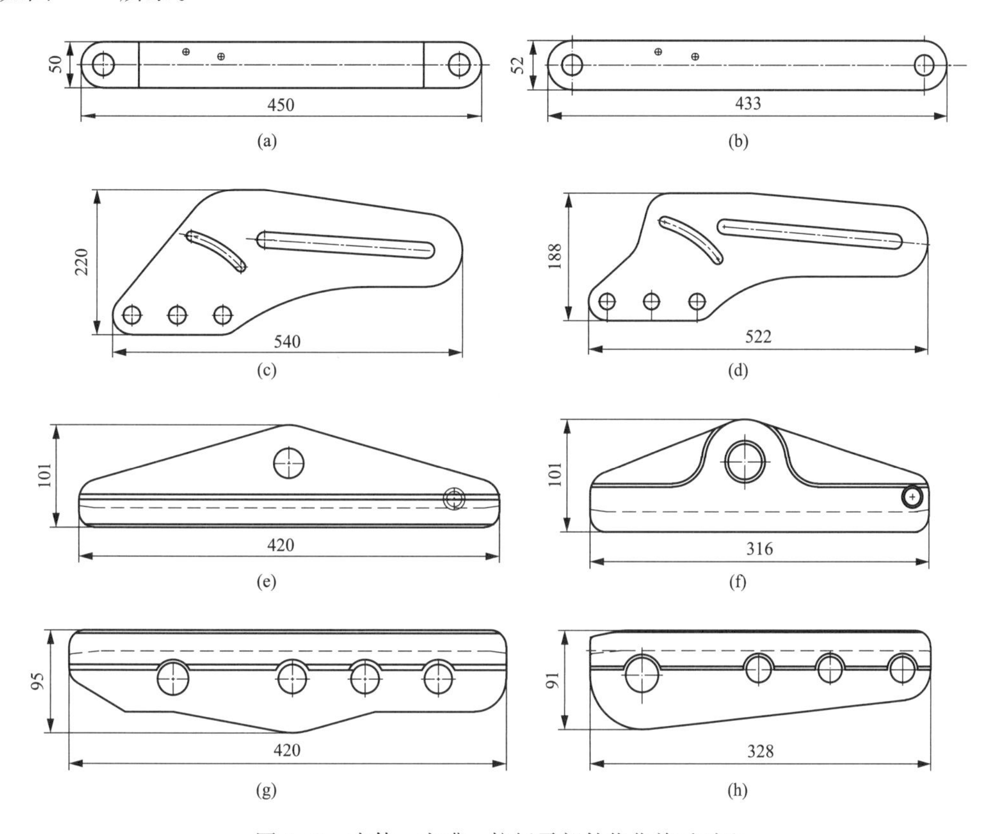


图 5-20　本体、夹嘴、拉板零部件优化前后对比

(a) 拉板优化前；(b) 拉板优化后；(c) 本体优化前；(d) 本体优化后；
(e) 上夹嘴优化前；(f) 上夹嘴优化后；(g) 下夹嘴优化前；(h) 下夹嘴优化后

3. 钢制拉环长度优化

根据优化后的卡线器结构尺寸，将拉环总长度由初步设计时的 343mm 缩短至 300mm，拉环优化前后对比如图 5-21 所示。

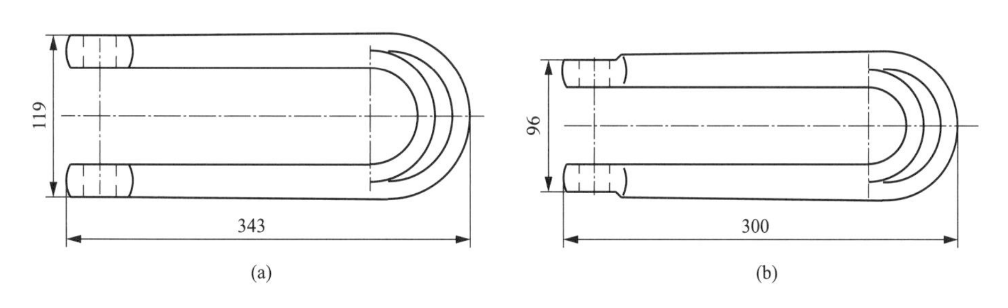


图 5-21　拉环优化前后对比

(a) 拉环优化前；(b) 拉环优化后

### （五）强度校核

对拉环施加250kN拉力，对卡线器进行2倍额定载荷仿真，考察卡线器零部件在此条件下是否发生屈服。

对拉环施加375kN拉力，对卡线器进行破坏载荷仿真，考察卡线器零部件在此条件下是否发生破坏。卡线器各零部件应力结果如表5-20所示，上、下夹嘴变形量如表5-21所示。

**表5-20　　卡线器各零部件应力结果**

| 加载系数 | 额定载荷（kN） | 仿真加载（kN） | 主要零部件应力（MPa） | | | | | |
|---|---|---|---|---|---|---|---|---|
| | | | 本体 | 拉板 | 压板 | 上夹嘴 | 下夹嘴 | 拉环 |
| 2 | 125 | 250 | 390 | 389 | 444 | 238 | 231 | 523 |
| | 材料屈服强度（MPa） | | 450 | 450 | 450 | 450 | 450 | 785 |
| 3 | 125 | 375 | 520 | 542 | 548 | 356 | 291 | 784 |
| | 材料抗拉强度（MPa） | | 560 | 560 | 560 | 560 | 560 | 980 |

**表5-21　　上、下夹嘴变形量**

| 加载系数 | 额定载荷（kN） | 仿真加载（kN） | 变形量（mm） | |
|---|---|---|---|---|
| | | | 上夹嘴 | 下夹嘴 |
| 3 | 125 | 375 | 0.21 | 0.19 |

由仿真结果可知，加载2倍额定载荷时各主要零部件应力均低于材料屈服强度，满足安全系数要求。加载破坏载荷时，卡线器各零部件应力值均低于材料抗拉强度，卡线器的结构使用性能良好，上、下夹嘴具有足够刚度。各零部件强度能够满足3倍安全系数要求。

模型优化前后主要参数对比如表5-22所示。

**表5-22　　优化前后主要参数对比**

| 设计对比 | 项目 | 本体 | 拉板 | 压板 | 上夹嘴 | 下夹嘴 | 拉环 | 整体 |
|---|---|---|---|---|---|---|---|---|
| 初步设计 | 长度（mm） | 540 | 450 | 435 | 418 | 420 | 360 | 950 |
| | 估算质量（kg） | 6.5 | 3.3 | 6.5 | 4.7 | 4.7 | 2.9 | 32.0 |
| 优化设计 | 长度（mm） | 522 | 433 | 442 | 316 | 328 | 300 | 842 |
| | 估算质量（kg） | 4.7 | 1.64 | 4.3 | 2.8 | 2.8 | 2.7 | 24.0 |

经过优化后的1660mm$^2$导线用卡线器减重效果明显，最终质量为24.0kg。

## 四、样品试制及试验

### （一）样品试制

2017年3月，中国电科院组织某电力机具厂进行了平行移动式导线卡线器样品试制。该厂家采购挤压成型的板材进行加工，加工了SK-LT-125-A型初步设计样品和SK-LT-

125-B 型优化设计样品各 3 件共 6 件样品，如图 5-22 所示。

2 个型号的样品结构尺寸和质量参数对比如表 5-23 所示。SK-LT-125-B 型优化设计样品较 SK-LT-125-A 型初步设计样品在整体结构上尺寸减小，质量减轻。

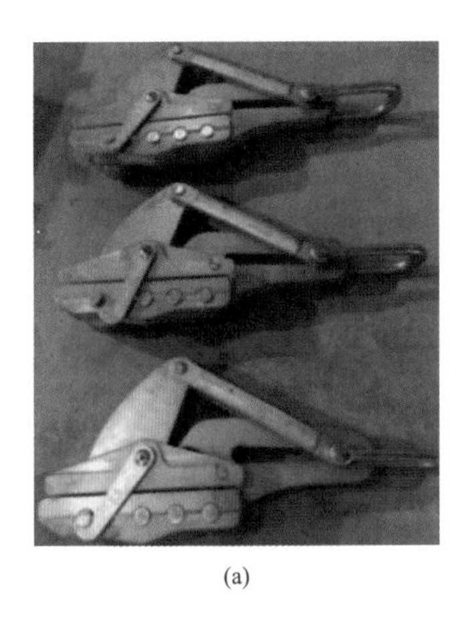

(a)

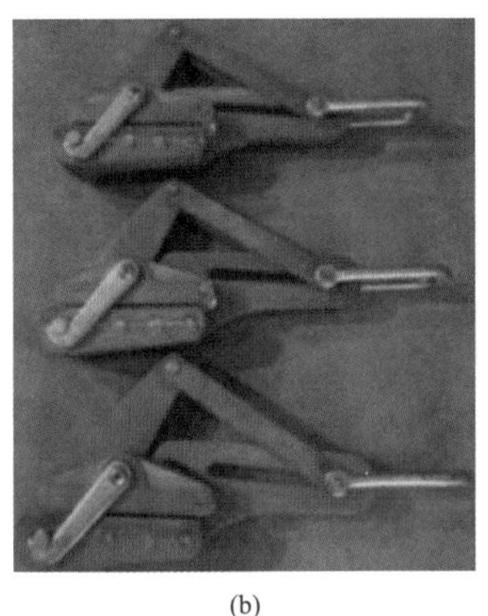

(b)

图 5-22 卡线器样品

(a) SK-LT-125-A 型；(b) SK-LT-125-B 型

表 5-23 2 个型号的样品结构尺寸和质量参数对比

| 对比项 | 额定载荷（kN） | 夹嘴长度（mm） | 整体长度（mm） | 质量（kg） |
|---|---|---|---|---|
| SK-LT-125-A 型 | 125 | 420 | 950 | 32 |
| SK-LT-125-B 型 | 125 | 328 | 840 | 24 |
| 优化结果（%） | 0 | −21.9 | −11.6 | −25.0 |

### （二）样品试验

1. 试验要求

导线卡线器样品试验依据 DL/T 2131—2020《架空输电线路施工卡线器》的要求，试验项目包括外观检测和载荷试验。

外观检测考察试验样品主要技术参数是否满足设计要求。载荷试验考察试验样品对导线夹持的效果及自身强度与刚度。载荷试验包括额定载荷试验、1.5 倍额定载荷试验、2 倍额定载荷试验和破坏试验。

2. 试验过程

(1) 外观检测。导线卡线器外观检测试验包括总体长度、夹嘴长度、夹嘴开口等主要技术参数，经检测上述参数符合设计要求，外观检测合格。

(2) 载荷试验。截取一根长度为 5m 的 1660mm$^2$ 导线，在导线两端分别使用卡线器样品夹持稳定，夹持位置保证夹嘴后部导线自由端长度不少于 300mm，将卡线器样品拉环连接至拉力机。载荷试验关键参数如表 5-24 所示。载荷试验装置如图 5-23 所示。

1）SK-LT-125-A 型、SK-LT-125-B 型样品在额定载荷、1.5 倍额定载荷试验项目中，卡线器拆装灵活，对导线夹持稳定，卡线器夹嘴与导线无相对滑移，被夹持导线受力均匀，导线无压扁现象，导线表面无明显压痕。

2）2 倍额定载荷试验后，试验样品拆装灵活，被夹持部分导线铝股均无破断现象。SK-LT-125-A 型 1 号样品导线滑移 3mm，2 号样品导线滑移 5mm，相对滑移量满足标准要求。SK-LT-125-B 型样品无明显相对滑移，满足标准要求。

**表 5-24　　载荷试验关键参数**

| 载荷试验项目 | 额定载荷试验 | 1.5 倍额定载荷试验 | 2 倍额定载荷试验 | 破坏试验 |
|---|---|---|---|---|
| 载荷系数 | 1.0 | 1.5 | 2.0 | 3.0 |
| 试验载荷值（kN） | 125.0 | 187.5 | 250.0 | 375.0 |
| 保持时间（min） | 10 | 10 | 10 | — |
| 考察内容 | 被夹持导线质量、相对滑移①、卡线器装拆 | | 导线破断、相对滑移、卡线器装拆 | 是否破坏 |
| 试验用材料 | 1660mm² 导线 | | | 1660mm² 导线、1250/100 钢芯铝绞线、钢制拉棒 |

① 滑移，是指在加载过程中导线与其接触的卡线器零件因静摩擦力不足发生相对滑动，同时伴随加载力无法继续增加。

图 5-23　载荷试验装置

3）SK-LT-125-A 型样品破坏试验，卡线器整体无破坏，满足标准要求。过程中：①使用 1660mm² 导线进行试验，第一次达到破坏载荷 375kN 时导线未破断，卡线器样品未破坏，第二次加载至 373kN 时导线两端铝股剪断，一端芯棒被抽出，如图 5-24（a）所示；②使用 1250/100 钢芯铝绞线进行试验，分别加载至 256、283kN 时均发生大距离滑移，导致拉力机无法继续加载，卸载后导线表面磨损严重，如图 5-24（b）所示；③使用钢制拉棒，达到破坏载荷时样品无破坏。

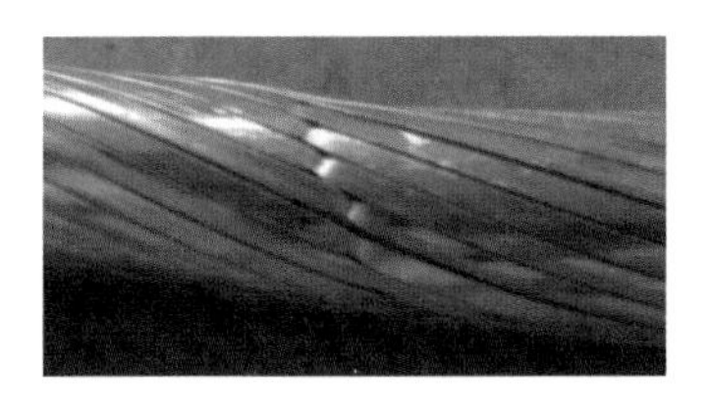
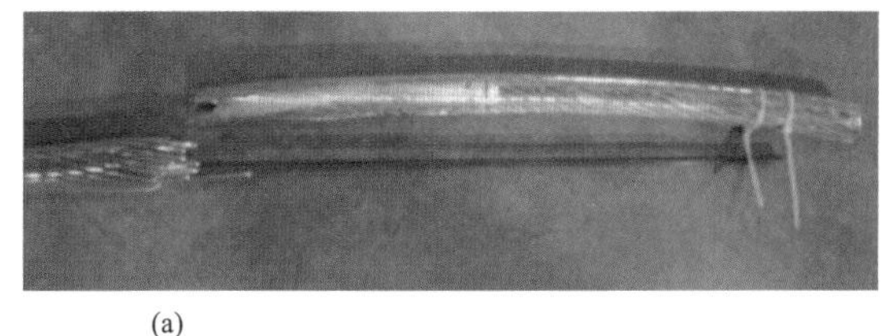

(a)

(b)

图 5-24　SK-LT-125-A 型样品破坏试验导线情况

(a) 1660mm² 导线剪断；(b) 1250/100 钢芯铝绞线磨损严重

4）SK-LT-125-B 型样品破坏试验，卡线器整体无破坏，满足标准要求。其中：①采用 1660mm² 导线进行破坏试验，当加载至 276kN（大于 2 倍额定载荷 250kN）时，导线表面铝股发生剪断并卸载，如图 5-25（a）所示；②换用 1250/100 钢芯铝绞线（额定拉断力 523kN）进行破坏试验，当载荷达到 196、210kN 时样品均发生大距离滑移，导致拉力机无法继续加载，卸载后观察试验导线表面发生磨损，如图 5-25（b）所示；③使用特制钢制拉棒，达到破坏载荷时样品无破坏。

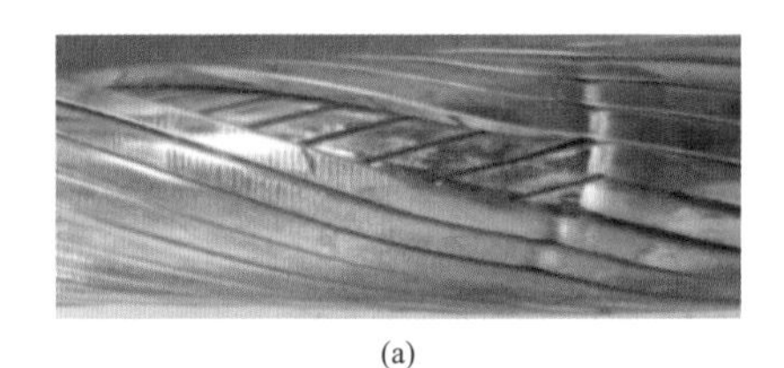

(a)

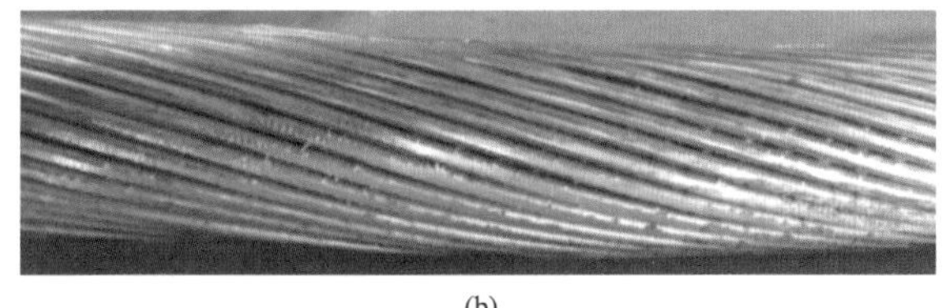

(b)

图 5-25　SK-LT-125-B 型样品破坏试验导线情况

(a) 1660mm² 导线剪断；(b) 1250/100 钢芯铝合金绞线磨损

载荷试验结果如表 5-25 所示。

**表 5-25　　载荷试验结果**

| 试验项目 | 试验用材料 | SK-LT-125-A 型样品<br>夹嘴长 420mm | SK-LT-125-B 型样品<br>夹嘴长 328mm |
|---|---|---|---|
| 额定载荷 | 1660mm² 导线 | 符合标准要求 | 符合标准要求 |
| 1.5 倍额定载荷 | | | |
| 2 倍额定载荷 | | | |
| 破坏试验 | 1660mm² 导线 | 一件样品加载至 373kN 时铝股破断 | 一件样品加载至 276kN 时铝股破断 |
| | 1250/100 钢芯铝绞线 | 一件样品加载至 256kN 时滑移；一件样品加载至 283kN 时滑移 | 一件样品加载至 196kN 时滑移，一件样品加载至 210kN 时滑移 |
| | 特制钢棒 | 符合标准要求 | 符合标准要求 |

3. 试验总结

通过试验验证，SK-LT-125-A、SK-LT-125-B 型平行移动式卡线器样品试验结果满足标准相应指标要求，试验合格。

SK-LT-125-B 型样品相较 SK-LT-125-A 型样品具有质量轻、结构尺寸小的优势，放线施工推荐使用 SK-LT-125-B 型样品。

（三）验证试验

2017 年 10 月，在河南开展 $1660mm^2$ 导线试展放工作，施工单位向制造厂家订购 SK-LT-125-B 型导线卡线器 10 件。为保障导线现场试展放工作顺利进行，中国电科院于 2017 年 8 月中旬在该厂家进行了导线卡线器适配导线拉力验证试验，对该批次 10 件导线卡线器进行逐个试验，该次试验的目的主要是：

（1）检验额定载荷、1.5 倍额定载荷是否出现滑移，2 倍额定载荷下是否出现明显滑移及铝股破断。

（2）考察该批次导线卡线器额定载荷、过载荷试验后是否出现塑性变形。

（3）考虑到该批次产品后期要在试展放中使用，本次未进行破坏试验。

适配导线拉力验证试验结果如表 5-26 所示。

表 5-26　适配导线拉力验证试验结果

| 试验项目 | 加载载荷（kN） | 相对滑移（mm） | 导线状况 | 塑性变形或破坏 |
|---|---|---|---|---|
| 额定载荷试验 | 125.0 | 无滑移 | 符合标准要求 | 无塑性变形 |
| 1.5 倍额定载荷试验 | 187.5 | 无滑移 | 符合标准要求 | 无塑性变形 |
| 2 倍额定载荷试验 | 250.0 | 2 件滑移 2mm；<br>7 件滑移 3mm；<br>1 件发生破坏 | 符合标准要求 | 1 件发生破坏 |

其中有 1 件样品未能承受 2 倍额定载荷而发生破坏，分析原因为本体固定销轴加工精度未达标，导致装配体内应力过大。就此对生产厂家提出了提高加工质量、加强产品出厂试验的要求。后续产品未出现类似问题，并顺利通过工程试验。

## 第三节　双片螺栓紧定式卡线器

### 一、样品设计

（一）设计计算

双片螺栓紧定式卡线器夹持导线时通过拧紧螺栓施加预紧力，在卡线器压板、座板与导线接合面间产生对导线摩擦力。双片螺栓紧定式卡线器夹持受力图如图 5-26 所示。

为简化计算，在分析螺栓连接受力时，假设所有螺栓的材料、直径、长度和预紧力均相同。在横向拉力 $F_0$ 的作用下，各螺栓所需要的预紧力均为 $F_{预}$。

装配时预紧力的大小是通过拧紧力矩来控制的，螺栓拧紧力矩为 100N·m，预紧力与拧紧力矩关系式如下

$$T \approx 0.2F_{预} d \tag{5-13}$$

式中 $T$——拧紧力矩，N·mm；

$F_{预}$——螺栓预紧力，N；

$d$——螺栓公称直径，mm。

则

$$F_{预} \approx \frac{T}{0.2d} \tag{5-14}$$

根据图 5-26 分析，夹持时导线受力计算式为

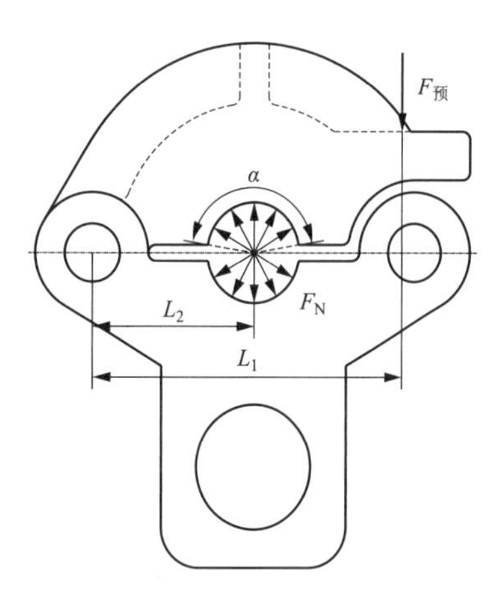


图 5-26 双片螺栓紧定式卡线器夹持受力图

$$F_{预} L_1 = \int_{\frac{\pi-\alpha}{2}}^{\frac{\pi+\alpha}{2}} F_N L_2 \sin\theta \mathrm{d}\theta \tag{5-15}$$

式中 $L_1$——双片螺栓紧定式卡线器压板、座板连接处与施加螺栓预紧力位置的水平距离，mm；

$F_N$——卡线器对导线正压力；N；

$L_2$——双片螺栓紧定式卡线器压板、座板连接处与钳口中心的水平距离，mm；

$\alpha$——包心角，压板与导线接触圆心角，rad；

$\theta$——积分变量，rad。

由式（5-15）推导得

$$F_N = \frac{F_{预} L_1}{\left(\cos\frac{\pi-\alpha}{2} - \cos\frac{\pi+\alpha}{2}\right)L_2} \tag{5-16}$$

对于双片螺栓紧定式卡线器连接，应保证连接预紧后接合面间所产生的最大摩擦力不小于横向拉力。假设螺栓数目为 $N$，则其平衡条件为

$$i\mu F_N N \geqslant F_0 \tag{5-17}$$

$$N \geqslant \frac{F_0}{i\mu F_N} \tag{5-18}$$

式中 $F_0$——横向拉力，N；

$F_N$——卡线器对导线正压力，N；

$\mu$——接合面的摩擦系数；

$N$——螺栓数目；

$i$——接合面数。

根据式（5-18）可知，螺栓数目与摩擦系数相关，摩擦系数越小，需要螺栓数目越多。1660mm$^2$ 导线卡线器额定载荷 $F_0$ 为 125kN，双片螺栓紧定式卡线器压板和座板夹紧面积近似相同，接合面数 $i$=2。经初步计算，卡线器螺栓数目应不少于 10 个。

（二）结构设计

双片螺栓紧定式卡线器采用 7A04 铝合金材料锻造成型，主体由压板、座板、拉杆、

带环螺栓等零部件组成。在三维软件中建立双片螺栓紧定式卡线器各部件的三维模型，如图 5-27 所示，装配体如图 5-28 所示。

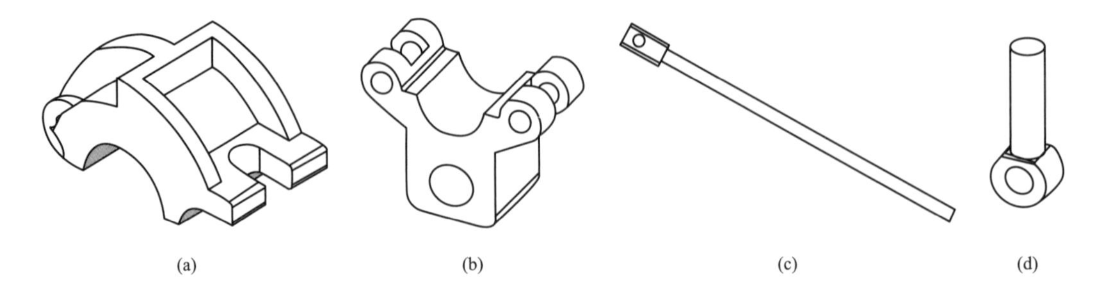


图 5-27　双片螺栓紧定式卡线器三维模型零部件

(a) 压板；(b) 座板；(c) 拉杆；(d) 带环螺栓

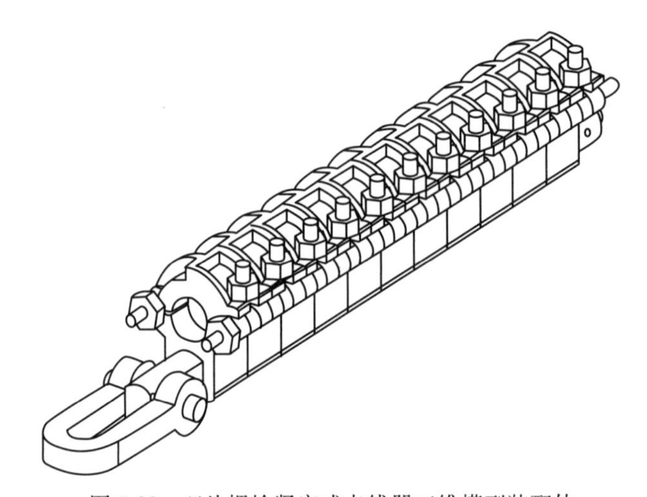

图 5-28　双片螺栓紧定式卡线器三维模型装配体

由各零部件材料属性计算得到各个零部件质量，如表 5-27 所示，并计算不同组数的双片螺栓紧定式卡线器装配体质量。

**表 5-27　　双片螺栓紧定式卡线器零部件质量**

| 序号 | 零部件 | 材料 | 质量（kg） | 数量 |
|---|---|---|---|---|
| 1 | 压板 | 7A04 | 0.783 | *N* |
| 2 | 座板 | 7A04 | 0.456 | *N* |
| 3 | 拉杆 | 40Cr | 5.154 | 1 |
| 4 | 螺栓 | Q235 | 0.891 | 2 |
| 5 | 带环螺栓 | Q235 | 0.146 | *N* |
| 6 | 大螺母 | Q235 | 0.486 | 1 |
| 7 | 螺母 | Q235 | 0.078 | *N* |
| 8 | 卸扣 | 40Cr | 2.748 | 1 |
| 9 | 销轴 | Q235 | 0.462 | 1 |
| 10 | 其他 | Q235 | 1.000 | 1 |

不同组数双片螺栓紧定式卡线器主要技术参数如表 5-28 所示，增加双片螺栓紧定式卡线器组数，即有效钳口长度，使导线与钳口接触面积更大，可减少导线损伤，有效保护导线，同时考虑卡线器自重，初步选取卡线器组数为 10，再通过样品试验验证确定卡线器组数。

**表 5-28　不同组数双片螺栓紧定式卡线器主要技术参数**

| 组数 | 7 | 8 | 9 | 10 | 11 | 12 |
|---|---|---|---|---|---|---|
| 总质量（kg） | 21.9 | 23.3 | 24.8 | 26.3 | 27.7 | 29.2 |
| 有效钳口长度（mm） | 416.5 | 476.0 | 535.5 | 595.0 | 654.5 | 714.0 |

## （三）强度校核

对双片螺栓紧定式卡线器进行 2 倍载荷仿真及破坏载荷（3 倍额定载荷）仿真分析，卸扣加载拉力分别为 250kN 及 375kN，对压板、座板钳口圆弧施加固定约束，得到双片螺栓紧定式卡线器各零部件应力有限元仿真计算结果如表 5-29 所示。

**表 5-29　双片螺栓紧定式卡线器各零部件应力有限元仿真计算结果**

<table>
<tr><th>序号</th><th>载荷系数</th><th>额定载荷（kN）</th><th>仿真载荷（kN）</th><th colspan="2">最大应力（MPa）</th><th colspan="2">材料强度判定（MPa）</th></tr>
<tr><td rowspan="4">1</td><td rowspan="4">2.0</td><td rowspan="4">125</td><td rowspan="4">250.0</td><td>压板</td><td>121.15</td><td rowspan="2">7A04 铝合金屈服强度</td><td rowspan="2">450</td></tr>
<tr><td>座板</td><td>91.34</td></tr>
<tr><td>卸扣</td><td>599.23</td><td rowspan="2">40Cr 钢屈服强度</td><td rowspan="2">785</td></tr>
<tr><td>拉杆</td><td>570.31</td></tr>
<tr><td rowspan="4">2</td><td rowspan="4">3.0</td><td rowspan="4">125</td><td rowspan="4">375.0</td><td>压板</td><td>121.39</td><td rowspan="2">7A04 铝合金抗拉强度</td><td rowspan="2">560</td></tr>
<tr><td>座板</td><td>136.66</td></tr>
<tr><td>卸扣</td><td>898.84</td><td rowspan="2">40Cr 钢抗拉强度</td><td rowspan="2">980</td></tr>
<tr><td>拉杆</td><td>855.41</td></tr>
</table>

由仿真计算结果可知，双片螺栓紧定式卡线器在 2 倍额定载荷工况下，各零部件最大应力均低于材料屈服强度，说明所采用材料满足强度要求。在破坏载荷工况下，双片螺栓紧定式卡线器压板、座板、拉杆、卸扣最大应力均低于材料抗拉强度，7A04 铝合金、40Cr 钢材料满足结构强度要求。

综上所述，由仿真计算得到双片螺栓紧定式卡线器各零部件最大应力均在所用材料的力学性能允许范围内，该结构形式双片螺栓紧定式卡线器满足安全系数要求。

双片螺栓紧定式卡线器主要技术参数如表 5-30 所示。双片螺栓紧定式卡线器装卸较为繁琐，若拧紧螺栓的力矩超过设定值易压伤导线，故对于 1660mm$^2$ 导线施工不推荐双片螺栓紧定式卡线器。

**表 5-30　双片螺栓紧定式卡线器主要技术参数**

| 适用导线 | 额定载荷（kN） | 有效钳口长度（mm） | 钳口夹持面直径（mm） | 质量（kg） | 片数 |
|---|---|---|---|---|---|
| 1660mm$^2$ 导线 | 125 | 595.0 | 49.2 | 26.3 | 10 |

## 二、拧紧力矩及组数确定试验

双片螺栓紧定式卡线器通过对拧紧螺栓施加预紧力夹持导线，预紧力大小通过拧紧力矩来控制。施加拧紧力矩过大会损伤导线，使导线外层铝股发生剪断，施加拧紧力矩过小，卡线器钳口对导线的摩擦力不足，使得被夹持导线产生滑移，需通过卡线器夹持试验确定双片螺栓紧定式卡线器拧紧力矩。

增加双片螺栓紧定式卡线器组数，可增大导线与钳口接触面积，提高夹持性能。根据安装操作可知，由于螺栓拧紧过程中需逐个并多次拧紧螺栓，增加组数会使得施工安装、拆卸繁琐，同时使双片螺栓紧定式卡线器质量增大。需通过卡线器减组试验确定双片螺栓紧定式卡线器组数。

因此，开展双片螺栓紧定式卡线器夹持性能试验，考察双片螺栓紧定式卡线器拧紧力矩及组数对夹持性能的影响，通过试验确定双片螺栓紧定式卡线器拧紧力矩及组数。

### （一）拧紧力矩对夹持效果的影响

对卡线器施加1.5倍额定载荷保持10min，卡线器组数为10组。分别设定不同螺栓拧紧力矩，试验结果如表5-31所示。导线表面产生压痕，如图5-29所示。

**表5-31　双片螺栓紧定式卡线器1.5倍额定载荷试验结果**

| 试验载荷（kN） | 拧紧力矩（N·m） | 卡线器组数 | 试验结果 |
|---|---|---|---|
| 187.5 | 60 | 10 | 导线无滑移，导线表面有轻微压痕 |
| | 70 | | 导线无滑移，导线表面有明显压痕 |
| | 80 | | 导线无滑移，导线表面有明显压痕 |

(a)

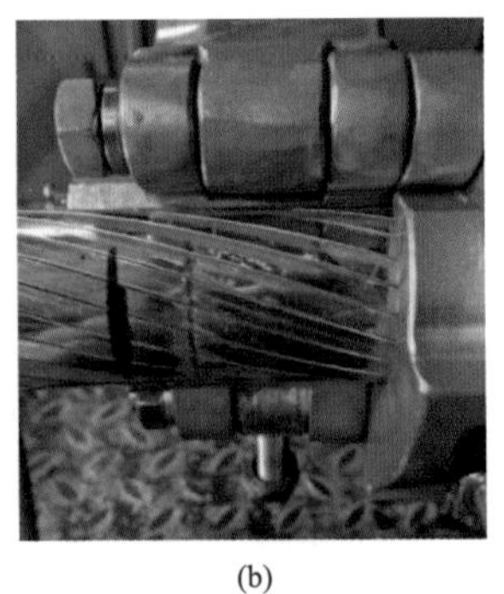
(b)

图5-29　导线表面产生压痕

(a) 拧紧力矩为60N·m；(b) 拧紧力矩为70N·m

由表5-31试验结果可知，随螺栓拧紧力矩增大，导线表面压痕增大，当拧紧力矩大于60N·m时，导线表面产生明显压痕，拧紧力矩等于60N·m时，导线表面仅产生轻微压痕，卡线器与导线无相对滑移，卡线器可有效夹持导线。

对卡线器施加2倍额定载荷保持10min，设定螺栓拧紧力矩为60N·m，试验结果如表5-32所示。导线表面产生轻微压痕，如图5-30所示。

表5-32　　双片螺栓紧定式卡线器2倍额定载荷试验结果

| 试验载荷（kN） | 拧紧力矩（N·m） | 卡线器组数 | 试验结果 |
| --- | --- | --- | --- |
| 250.0 | 60 | 10 | 导线外层铝股没有发生剪断，导线滑移量为2mm，导线表面有轻微压痕 |

由表5-32试验结果可知，当设定螺栓拧紧力矩等于60N·m时，导线滑移量为2mm，卡线器可有效夹持导线，导线外层铝股没有发生剪断，导线表面有轻微压痕。

图5-30　导线表面压痕

因此，为保证卡线器有效夹持导线，同时减小导线表面损伤，从压痕可接受程度选取拧紧力矩60N·m作为双片螺栓紧定式卡线器螺栓拧紧力矩参考值。

### （二）组数对夹持效果的影响

由夹持性能试验设定螺栓拧紧力矩为60N·m，对卡线器施加2倍额定载荷保持10min。卡线器初始组数为10组，逐一减少卡线器组数，直至被夹持导线产生滑移量超过5mm，试验终止。试验结果如表5-33所示。

表5-33　　双片螺栓紧定式卡线器减组试验结果

| 试验载荷 | 拧紧力矩 | 卡线器组数 | 试验结果 |
| --- | --- | --- | --- |
| 250.0kN | 60N·m | 10 | 导线滑移量为1～2mm |
| | | 9 | 加载到247.6kN，导线滑移超过5mm，载荷无法继续增加 |

由表5-33试验结果可知，设定螺栓拧紧力矩为60N·m，卡线器组数为10组，试验时导线滑移量为1～2mm；卡线器组数减为9组，试验加载时导线滑移超过5mm。因此，设置螺栓拧紧力矩为60N·m，需要设置双片螺栓紧定式卡线器组数至少10组。

### （三）拧紧力矩及组数确定试验总结

通过开展双片螺栓紧定式卡线器夹持性能试验，分别考察双片螺栓紧定式卡线器拧紧力矩及组数对夹持性能的影响，经过试验确定，双片螺栓紧定式卡线器组数取10组，拧紧力矩参考值大小为60N·m。

## 二、样品试制及试验

### （一）样品试制

2017年5月，中国电科院组织某电力机具厂进行了双片螺栓紧定式卡线器样品试制，样品型号为 SK-LL-125-A，样品数量为 3 件，如图 5-31 所示。

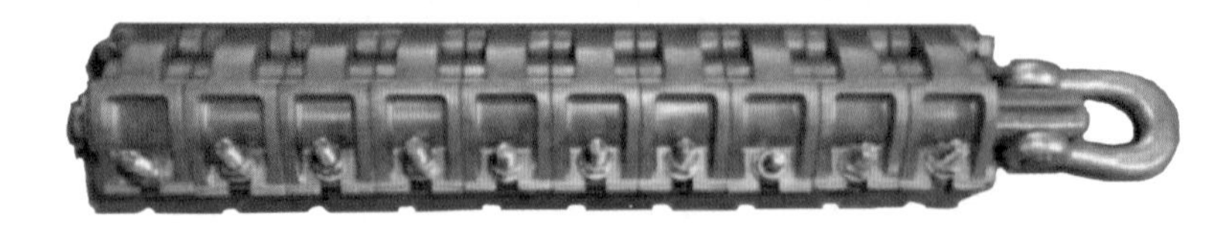

图 5-31　双片螺栓紧定式卡线器样品

（二）样品试验

1. 试验要求

双片螺栓紧定式卡线器试验依据为 DL/T 2131—2020《架空输电线路施工卡线器》，试验项目包括外观检测及载荷试验。

2. 试验过程

（1）外观检测。双片螺栓紧定式卡线器外观检测主要包括总体长度、钳口长度、钳口夹持面直径等主要技术参数检测，经试验验证上述参数符合设计要求，外观检测合格。

（2）载荷试验。载荷试验包括额定载荷试验、1.5 倍额定载荷试验、2 倍额定载荷试验和破坏试验。

初次试制的双片螺栓紧定式卡线器端面未加工坡口，设置拧紧力矩较大时，由于卡线器端面压力较大，发生导线外层铝股剪断，因此对双片螺栓紧定式卡线器端面优化加工过渡圆弧倒角，样品零部件如图 5-32 所示。

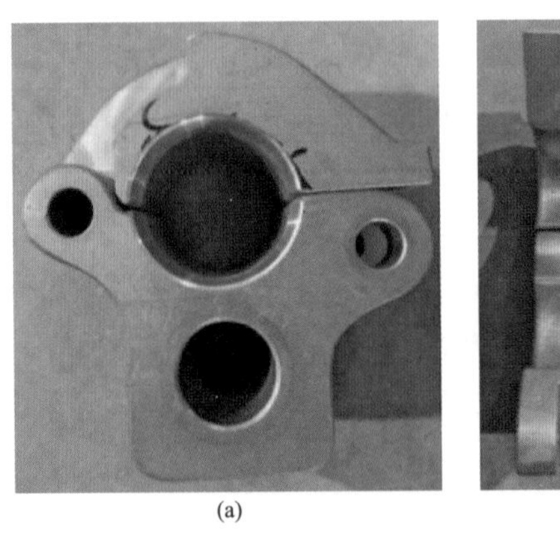

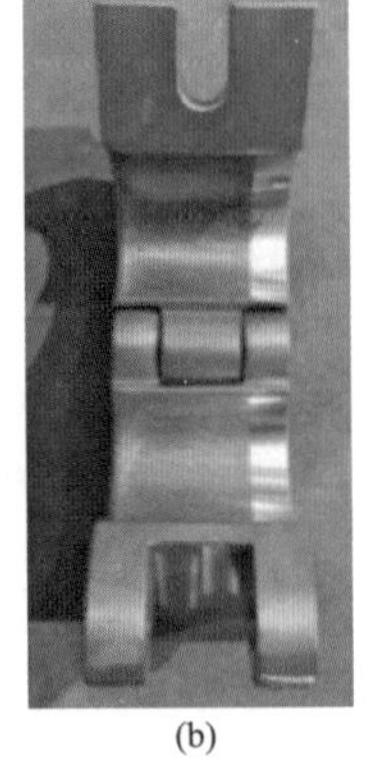

(a)　(b)

图 5-32　双片螺栓紧定式卡线器试验样品零部件（压板、座板）

（a）夹持状态；（b）打开状态

截取 6m 长 1660mm$^2$ 导线，将导线两端用双片螺栓紧定式卡线器卡紧，连接至拉力机进行试验，导线自由端长度保证 300mm 以上，载荷试验如图 5-33 所示。

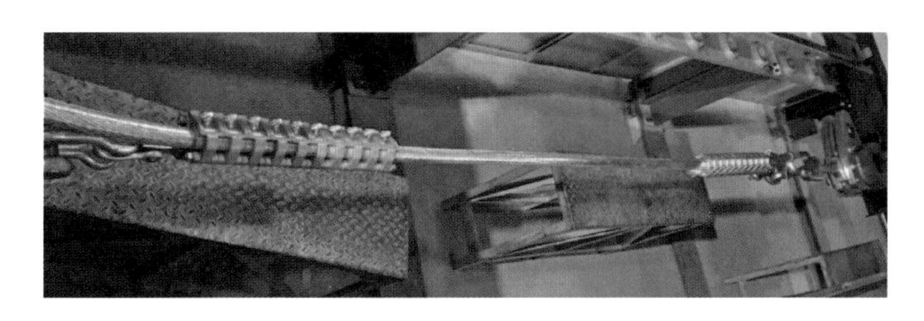

图 5-33 双片螺栓紧定式卡线器载荷试验

卡线器片数为 10 片，设定拧紧力矩为 60N・m，分别对卡线器施加额定载荷、1.5 倍额定载荷、2 倍额定载荷，保持 10min，试验结果如表 5-34 所示。

**表 5-34　　　　双片螺栓紧定式卡线器载荷试验结果**

| 试验项目 | 试验载荷（kN） | 拧紧力矩（N・m） | 卡线器片数 | 试验结果 |
|---|---|---|---|---|
| 额定载荷试验 | 125.0 | 60 | 10 | 导线无滑移，导线表面有轻微压痕 |
| 1.5 倍额定载荷试验 | 187.5 | | | 导线无滑移，导线表面有轻微压痕 |
| 2 倍额定载荷试验 | 250.0 | | | 导线外层铝股没有发生剪断，导线滑移量为 2mm，导线表面有轻微压痕 |

根据试验结果，额定载荷试验卸载后卡线器与导线无相对滑移，导线表面有轻微压痕；1.5 倍额定载荷试验卸载后试验样品拆装灵活，卡线器与导线无相对滑移，导线表面有轻微压痕；2 倍额定载荷试验卸载后试验样品拆装灵活，导线外层铝股没有发生剪断，导线表面有轻微压痕，导线滑移量为 2mm，相对滑移量满足规范要求。

对双片螺栓紧定式卡线器施加破坏载荷，使用卡线器夹持钢棒，试验结果如表 5-35 所示。

**表 5-35　　　　双片螺栓紧定式卡线器破坏试验结果**

| 试验项目 | 试验载荷（kN） | 拧紧力矩（N・m） | 卡线器片数 | 试验结果 |
|---|---|---|---|---|
| 破坏试验 | 375.0 | 70 | 10 | 滑移 |
| | | 90 | | 滑移 |
| | | 110 | | 滑移 |
| | | 130 | | 无滑移，卸载后卡线器无破坏现象 |

根据试验结果，设定螺栓拧紧力矩为 130N・m 时，破坏载荷试验时加载无滑移，卸载后卡线器无破坏现象。

### （三）试验总结

（1）工程应用时，推荐双片螺栓紧定式卡线器组数取 10 组，拧紧力矩设定值为 60N・m。双片螺栓紧定式卡线器样品试验结果满足标准相应指标要求，试验合格。

（2）拧紧力矩越大，导线表面产生压痕越严重。优化加工过渡圆弧倒角可减小卡线器端口压力，减轻导线表面压痕，保护导线。

（3）双片螺栓紧定式卡线器夹持性能好，但是拧紧过程中需逐个并分多次拧紧螺栓，安装、拆卸较为繁琐，耗时长。

## 第四节　楔形卡线器

### 一、样品设计

楔形卡线器因设计体积大、自身质量大，不便于高空施工。本节根据楔形卡线器楔形机构形式，对 $1660mm^2$ 导线用楔形卡线器进行结构设计，研究并联使用两个楔形卡线器的形式设计方法，通过受力分析确定楔形卡线器钳口长度，减轻了卡线器质量，可为楔形卡线器的设计和优化提供参考依据。

楔形卡线器由导线夹片、楔形拉紧夹片组成，两个楔形卡线器并联使用时配合使用卸扣、钢丝绳、吊点滑车等工器具，如图 5-34 所示。

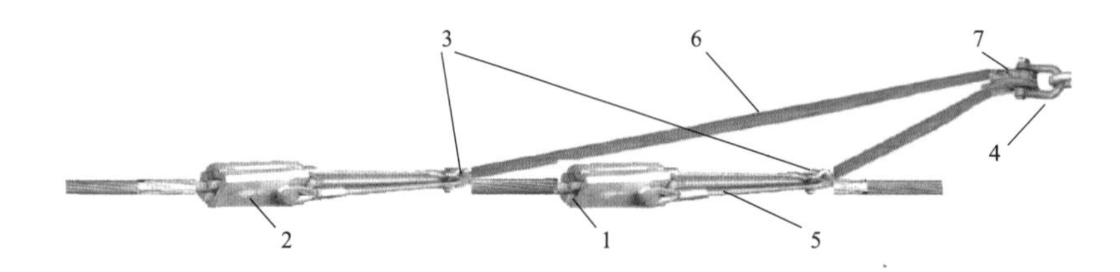


图 5-34　两个楔形卡线器并联使用

1—导线夹片；2—楔形拉紧夹片；3—卸扣（0.75 倍额定载荷）；4—卸扣；5—钢丝绳（0.75 倍额定载荷）；6—钢丝绳；7—吊点滑车

楔形卡线器夹紧导线时，楔形拉紧夹片受钢丝绳拉力 $F_0$，楔形拉紧夹片与导线夹片接触，通过接触传力给导线夹片对导线施加正压力 $F_N$，以及卡线器钳口对导线的摩擦力 $F_f$，如图 5-35 所示。

由受力分析可得

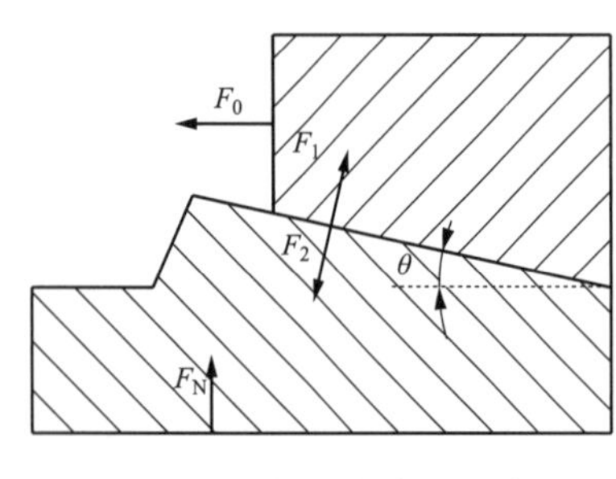


图 5-35　楔形卡线器夹持受力图（部分剖面）

$$F_0 = F_1 \sin\theta \tag{5-19}$$

$$F_1 = F_2 = \frac{F_0}{\sin\theta} \tag{5-20}$$

$$F_N = F_2 \cos\theta = F_0 \frac{\cos\theta}{\sin\theta} = \frac{F_0}{\tan\theta} \tag{5-21}$$

式中　$F_0$——楔形拉紧夹片受钢丝绳拉力，kN；

$F_1$——导线夹片对楔形拉紧夹片正压力，kN；

$F_2$——楔形拉紧夹片对导线夹片正压力，kN；

$F_N$——导线夹片对导线正压力，kN；

$\theta$——楔形拉紧夹片和导线夹片接触倾斜角度，即楔形角度，(°)。

对于楔形卡线器连接，应保证卡紧后接合面间所产生的最大摩擦力不小于横向拉力，

则其平衡条件为

$$\mu F_{\mathrm{N}} \geqslant F_0 \tag{5-22}$$

$$\mu \geqslant \frac{F_0}{F_{\mathrm{N}}} \tag{5-23}$$

结合式（5-21）、式（5-23），则

$$\theta \leqslant \arctan\mu \tag{5-24}$$

式中　$\mu$——摩擦系数。

取摩擦系数 $\mu$ 为 0.2，则楔形拉紧夹片和导线夹片接触倾斜角度 $\theta$ 应不大于 11.31°，选取 $\theta$ 为 10°。

1660mm² 导线卡线器额定载荷为 125kN，使用单个楔形卡线器时，楔形卡线器承受额定载荷 $F$ 为 125kN。并联使用两个楔形卡线器时，单个楔形卡线器承受 0.75 倍额定载荷，最小工作载荷为 93.75kN，根据卡线器额定载荷确定钳口长度。

（1）使用单个楔形卡线器。由式（5-21）可知导线夹片对导线施加的正压力为

$$F_{\mathrm{N}} = \frac{F_0}{\tan\theta} = \frac{62.5}{\tan 10^{\circ}} = 354.455(\mathrm{kN})$$

由式（5-9）推导可得钳口接触长度为

$$L = \frac{F_{\mathrm{N}}}{2R\sin\frac{\alpha}{2}\sigma_{\mathrm{j}}} = \frac{354.455 \times 10^3}{49.2 \times \sin 50^{\circ} \times 24.12} \approx 390(\mathrm{mm})$$

（2）并联使用两个楔形卡线器。由式（5-21）可知导线夹片对导线施加的正压力为

$$F_{\mathrm{N}} = \frac{F_0}{\tan\theta} = \frac{46.875}{\tan 10^{\circ}} = 265.841(\mathrm{kN})$$

由式（5-9）推导可得钳口接触长度

$$L = \frac{F_{\mathrm{N}}}{2R\sin\frac{\alpha}{2}\sigma_{\mathrm{j}}} = \frac{265.841 \times 10^3}{49.2 \times \sin 50^{\circ} \times 24.12} \approx 292(\mathrm{mm})$$

楔形卡线器的楔形拉紧夹片、导线夹片采用 7A04 铝合金材料。工作时将导线置于楔形卡线器中，配合使用卸扣、钢丝绳、吊点滑车等工器具。1660mm² 导线卡线器最小工作载荷为 125kN，由各零部件材料及尺寸得到单个楔形卡线器和并联使用两个楔形卡线器的各零部件质量及总体质量如表 5-36 和表 5-37 所示。

**表 5-36　单个楔形卡线器各零部件及总体质量**

| 序号 | 零部件 | 质量（kg） | 备注 |
|---|---|---|---|
| 1 | 楔形拉紧夹片 1 | 5.86 | 材料为 7A04 铝合金 |
| 2 | 楔形拉紧夹片 2 | 6.99 | 材料为 7A04 铝合金 |
| 3 | 导线夹片 | 4.41×2 | 材料为 7A04 铝合金，2 件 |
| 4 | 其他 | 17.98 | 卸扣、钢丝绳等 |
| 5 | 总体质量 | 39.65kg | |

表 5-37　　并联使用两个楔形卡线器时各零部件及总体质量

| 序号 | 零部件 | 质量（kg） | 备注 |
|---|---|---|---|
| 1 | 楔形拉紧夹片 1 | 3.92×2 | 材料为 7A04 铝合金 |
| 2 | 楔形拉紧夹片 2 | 4.66×2 | 材料为 7A04 铝合金 |
| 3 | 导线夹片 | 2.38×4 | 材料为 7A04 铝合金，2 件 |
| 4 | 其他 | 33.38 | 卸扣、钢丝绳等 |
| 5 | 总体质量 | 60.06kg | |

根据上述结果可知，并联使用两个楔形卡线器可减小楔形卡线器结构尺寸，减轻单个卡线器质量，达到优化减重效果。但因并联使用时需使用吊点滑车连接平衡两个楔形卡线器，总体质量较重，不适用于耐张塔高空紧线。

## 二、强度校核

### （一）使用单个楔形卡线器

卡线器额定载荷为 125kN，对楔形卡线器进行加载仿真计算，分别加载 2 倍额定载荷和破坏载荷（3 倍额定载荷），对楔形卡线器强度进行分析。得到楔形卡线器各零部件有限元仿真最大应力计算结果如表 5-38 所示。

表 5-38　　使用单个楔形卡线器各零部件有限元仿真最大应力计算结果

<table>
<tr><th>序号</th><th>载荷系数</th><th>额定载荷（kN）</th><th>仿真载荷（kN）</th><th colspan="2">最大应力（MPa）</th><th>材料强度判定（MPa）</th></tr>
<tr><td rowspan="4">1</td><td rowspan="4">2.0</td><td rowspan="4">125</td><td rowspan="4">250.0</td><td>楔形拉紧夹片 1</td><td>205.23</td><td rowspan="4">450</td></tr>
<tr><td>楔形拉紧夹片 2</td><td>208.08</td></tr>
<tr><td>导线夹片 1</td><td>342.39</td></tr>
<tr><td>导线夹片 2</td><td>334.29</td></tr>
<tr><td rowspan="4">2</td><td rowspan="4">3.0</td><td rowspan="4">125</td><td rowspan="4">375.0</td><td>楔形拉紧夹片 1</td><td>307.84</td><td rowspan="4">560</td></tr>
<tr><td>楔形拉紧夹片 2</td><td>312.11</td></tr>
<tr><td>导线夹片 1</td><td>513.59</td></tr>
<tr><td>导线夹片 2</td><td>501.44</td></tr>
</table>

由 2 倍额定载荷仿真结果可知，楔形卡线器各零部件最大应力均低于材料屈服强度，说明所采用 7A04 铝合金材料满足强度要求。

由破坏载荷仿真结果可知，楔形卡线器各零部件最大应力均低于材料抗拉强度，说明选用 7A04 铝合金材料满足结构强度要求。

综上所述，由仿真计算得到使用单个楔形卡线器各零部件最大应力均在所用材料的力学性能参数允许范围内，该结构形式楔形卡线器满足安全系数要求。

### （二）并联使用两个楔形卡线器

并联使用两个楔形卡线器时，单个楔形卡线器承受 0.75 倍额定载荷，即 93.75kN。

对楔形卡线器加载进行仿真计算，分别加载2倍额定载荷和破坏载荷，对楔形卡线器强度进行分析。得到楔形卡线器各零部件有限元仿真最大应力计算结果如表5-39所示。

**表5-39　　并联使用两个楔形卡线器各零部件有限元仿真最大应力计算结果**

| 序号 | 载荷系数 | 额定载荷（kN） | 仿真载荷（kN） | 最大应力（MPa） | | 材料强度判定（MPa） |
|---|---|---|---|---|---|---|
| 1 | 2.0 | 93.75 | 187.50 | 楔形拉紧夹片1 | 235.59 | 450 |
| | | | | 楔形拉紧夹片2 | 219.30 | |
| | | | | 导线夹片1 | 307.11 | |
| | | | | 导线夹片2 | 287.51 | |
| 2 | 3.0 | 93.75 | 281.25 | 楔形拉紧夹片1 | 353.38 | 560 |
| | | | | 楔形拉紧夹片2 | 328.95 | |
| | | | | 导线夹片1 | 460.66 | |
| | | | | 导线夹片2 | 431.27 | |

由2倍额定载荷仿真结果可知，楔形卡线器各零部件最大应力均小于材料的屈服强度，说明所采用7A04铝合金材料满足强度要求。

由破坏载荷仿真结果可知，楔形卡线器各零部件最大应力均小于材料的抗拉强度，说明选用7A04铝合金材料满足结构强度要求。

综上所述，由仿真计算得到并联使用两个楔形卡线器各零部件最大应力均在所用材料的力学性能参数允许范围内，该结构形式楔形卡线器满足安全系数要求。

楔形卡线器主要技术参数如表5-40所示。使用单个楔形卡线器设计体积大、自身质量重，39.65kg的质量不便于高空施工。并联使用两个楔形卡线器，单个卡线器质量较轻，便于安装，同时增加了施工可靠性，但是总质量达到了60.06kg，故对于1660mm$^2$导线施工不推荐使用楔形卡线器。

**表5-40　　楔形卡线器主要技术参数**

| 适用导线 | 使用卡线器数量 | 额定载荷（kN） | 有效钳口长度（mm） | 钳口夹持面直径（mm） | 质量（kg） |
|---|---|---|---|---|---|
| 1660mm$^2$导线 | 1个 | 125 | 390 | 49.2 | 39.65 |
| | 2个并联 | 93.75 | 292 | 49.2 | 60.06 |

# 第五节　产　品　定　型

## （一）结构选型对比

1660mm$^2$导线用平行移动式卡线器、双片螺栓紧定式卡线器、楔形卡线器对比如表5-41所示，从结构性能、施工安装及适用场合、加工及成本等方面对比三种卡线器。

表 5-41　　平行移动式卡线器、双片螺栓紧定式卡线器、楔形卡线器对比

| 卡线器形式 | 结构性能 | 施工安装及适用场合 | 加工及成本 |
| --- | --- | --- | --- |
| 平行移动式卡线器 | 通过连杆机构传力夹紧导线，可靠性高。拉环所受拉力与导线轴心不在一条直线上，易损伤导线前端，通过加工坡口可有效减轻导线损伤 | 采用连杆机构夹紧导线，操作简便，施工效率很高。适用于线路施工中临时锚线，应用场合广 | 用量多，工艺简单，对加工设备要求不高，加工成本低 |
| 双片螺栓紧定式卡线器 | 压板等距布置，导线与钳口接触面积大、夹持性能好。由于螺栓拧紧力不易掌握，易压伤导线 | 螺栓拧紧过程中需逐个并多次拧紧螺栓，高空施工安装、拆卸繁琐。适用于大跨越施工及地线施工紧线临锚，很少用于耐张塔的高空紧线 | 用量少，零件加工精度要求高，加工设备要求高，加工成本高 |
| 楔形卡线器 | 通过楔形结构形式使机构产生自锁，压紧导线。施工使用的两个楔形卡线器相距较远，所受拉力与导线轴心不在一条直线上，易损伤导线 | 质量大，楔形自锁结构卸载后不易拆卸。国外大跨越施工用，适用于放线张力大的工况，不适用于耐张塔高空紧线 | 用量少，尺寸精度要求高，工艺装备夹具要求高，加工成本高 |

通过上述对比，平行移动式卡线器夹持性能好，施工安装操作简单，应用场合广，加工成本低，因此推荐使用平行移动式卡线器。

SK-LT-125-B 型平行移动式卡线器具有质量轻、结构尺寸小的优势，1660mm$^2$ 导线施工推荐使用 SK-LT-125-B 型平行移动式卡线器。

### （二）技术条件

根据 DL/T 875—2016《架空输电线路施工机具基本技术要求》，卡线器的主要技术参数有额定载荷、夹嘴长度、最大开口尺寸及整体质量等。1660mm$^2$ 导线张力放线用 SK-LT-125-B 型卡线器如图 5-36 所示，其技术参数如表 5-42 所示。

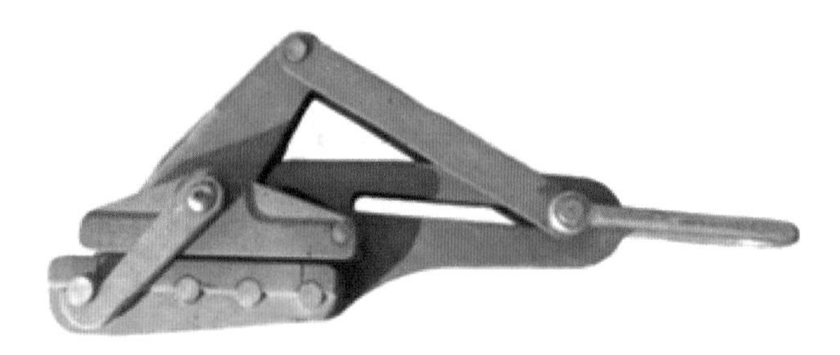

图 5-36　SK-LT-125-B 型卡线器

表 5-42　　SK-LT-125-B 型卡线器主要技术参数

| 适用导线 | JLZ2X1/F2A-1660/95-492 |
| --- | --- |
| 额定载荷（kN） | 125 |
| 夹嘴长度（mm） | 328 |
| 最大开口尺寸（mm） | ≥53 |
| 整体质量（kg） | ≤24 |
| 破坏载荷（kN） | ≥375 |

注　卡线器主要零部件推荐采用高强铝合金，夹嘴内圆弧需有防滑纹。

# 第六节 设计方法总结

## 一、卡线器设计流程与方法

结合导线卡线器主要性能要求，本章对 1660mm$^2$ 导线用卡线器结构形式、材料进行了研究，通过结构设计及仿真校核计算完成了卡线器设计，并对卡线器进行了样品试制及试验，通过试验验证卡线器是否满足设计及工程应用的要求，并由研发过程总结出一套卡线器设计流程，如图 5-37 所示。

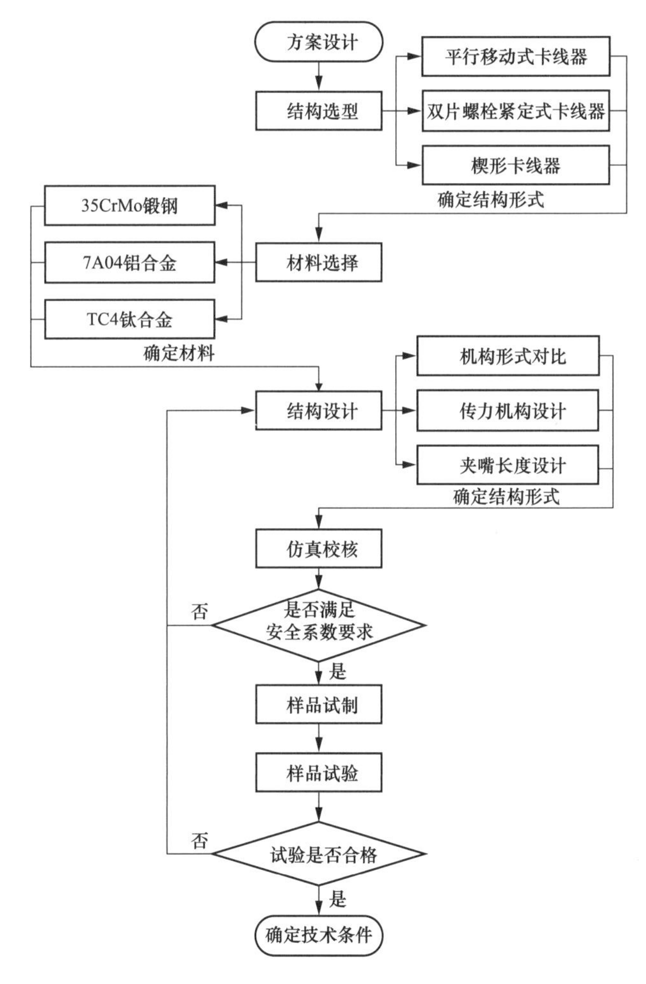


图 5-37 卡线器设计流程图

### （一）结构选型

从结构性能、施工安装、适用场合、加工及成本等方面对平行移动式卡线器、双片螺栓紧定式卡线器、楔形卡线器进行了结构选型对比。双片螺栓紧定式卡线器高空施工装卸繁琐，螺栓预紧力大，力矩大小不易掌握，易压伤导线，常应用于大跨越施工及地线施工紧线临锚用；楔形卡线器体积大、质量大，主要用于大跨越施工紧线临锚；平行移动式卡线器夹持导线可靠性高，使用轻便，施工效率高，适用于线路施工中临时锚线。因此，对于常规导线及大截面导线，非大跨越施工用导线卡线器首选平行移动式卡线器。

### （二）材料选择

从比强度、制造工艺性能、材料价格等方面对材料进行对比。7A04 铝合金材料轻质高强、易于加工、成本低，导线卡线器的材料选择 7A04 铝合金。

### （三）平行移动式卡线器结构设计及仿真校核

1. 结构设计

（1）机构形式对比。对比了三种常用平行移动式卡线器的机构形式，即滑块机构、摇杆机构、平行连杆机构。滑块机构形式卡线器夹持性能好，对导线影响小，成本较低，卡线器选用滑块机构形式。

（2）传力机构设计。分析了卡线器机构传力模型，推导出连杆卡线器传力系数计算公式，根据卡线器零部件设计尺寸计算传力系数，可以作为卡线器结构设计参考。

（3）夹嘴长度设计。针对上、下夹嘴夹持导线的工况，分析导线受力情况，推导出导线夹紧时损伤的判别公式，得到夹嘴长度计算方法。参考碳纤维复合材料芯径向耐压标准失效压力判据，计算确定平行移动式卡线器夹嘴长度，优化卡线器结构。提供了一种通过理论计算卡线器夹嘴长度的设计方法，改变了以往通过用导线直径乘放大倍率估算夹嘴长度的设计方法。

2. 仿真校核

对平行移动式卡线器进行三维建模及有限元仿真计算，由仿真得到各主要零部件满足结构强度要求。

### （四）双片螺栓紧定式卡线器结构设计及仿真校核

1. 结构设计

（1）根据螺栓预紧力与拧紧力矩关系式得到螺栓预紧力，并通过受力分析得到卡线器夹持导线受力与螺栓预紧力关系式，确定导线压力。

（2）由受力分析计算可知，螺栓数目与摩擦系数相关，摩擦系数越小，需要螺栓数目越多，可增加有效钳口长度，使导线与钳口接触面积更大，可减小导线损伤，有效保护导线。通过样品试验验证确定卡线器组数。

2. 仿真校核

对双片螺栓紧定式卡线器进行三维建模及有限元仿真计算，由仿真得到各主要零部件应力满足结构强度要求。

### （五）楔形卡线器结构设计及仿真校核

1. 结构设计

（1）针对楔形卡线器结构形式，通过受力分析得到楔形卡线器夹持导线压力与卡线器额定载荷关系式。

（2）根据导线压力与卡线器额定载荷关系式，计算使用单个楔形卡线器和并联使用两个楔形卡线器两种工况的导线受力，由卡线器钳口设计计算式得到楔形卡线器钳口接触长度。

2. 仿真校核

对使用单个楔形卡线器和并联使用两个楔形卡线器两种工况进行三维建模及有限元仿真计算，由仿真得到各主要零部件满足结构强度要求。

### （六）样品试制及试验

依据样品设计进行导线卡线器样品试制及试验。

（1）根据样品设计结果，分别试制了平行移动式卡线器初步设计样品、平行移动式卡线器优化设计样品和双片螺栓紧定式卡线器样品。通过试验验证，卡线器样品试验结果满足标准相应指标要求，试验合格。

（2）开展双片螺栓紧定式卡线器夹持性能试验，设置不同拧紧力矩，考察双片螺栓紧定式卡线器拧紧力矩对夹持性能的影响；设置不同卡线器组数，考察双片螺栓紧定式卡线器组数对夹持性能的影响。通过试验确定双片螺栓紧定式卡线器拧紧力矩及组数。

第六章

# 其 他 机 具

## 第一节 接续管保护装置

### 一、接续管保护装置定义及性能要求

一般架空输电线路放线区段长 6～8km，导线盘长 2.5km。在输电线路张力放线施工中，需对两根导线进行压接以满足整个张力放线段的长度要求。接续管保护装置是张力放线时用于保护接续管及其两端导线通过放线滑车时不受损伤的装置，是不定长张力放线过程中确保放线质量的重要施工器具。

在放线过程中进出放线滑车时，导线接续管和两端出口处的导线承受较大的弯矩，多次通过滑车后，接续管两端出口处导线易多次弯折发生剪切损坏，导线出现损伤的概率与导线外径、接续管承受的张力、滑车上导线的转向角正相关。导线的这种损坏发生在高空，并不立即出现导线散股，或损伤发生在邻外层时，易被忽略。

根据 DL/T 1192—2020《架空输电线路接续管保护装置》的规定，接续管保护装置的基本性能要求如下：

（1）接续管保护装置通过滑车后不应产生变形、松动或错位等，进而导致接续管产生弯曲变形。

（2）接续管保护装置的外径宜埋入滑轮轮槽 2/3 以上，钢管外径应为接续管直径的 1.22～1.32 倍。

（3）接续管保护装置的保护长度应大于接续管压接后长度，一般为接续管长度的 1.12～1.15 倍。

（4）接续管保护装置的橡胶头长度应能够保护接续管通过时导线不产生变形，且应有合适的锥度。橡胶头外露部分的外径应大于接续管钢管内径 2～3mm。

（5）在弯曲受力状态下，接续管保护装置的安全系数不应小于 3。

### 二、接续管保护装置分类及特点

按被保护对象类型进行分类，接续管保护装置可分为导线接续管保护装置和地线接续管保护装置；按端部的保护方式进行分类，可分为常规型接续管保护装置和蛇节型接续管保护装置。

1. 常规型接续管保护装置

常规型接续管保护装置结构示意图如图 6-1 所示，它主要由上下两个尺寸相同的半圆形钢管、橡胶头及绑扎物等组成，具有结构简单、拆装方便、保护效果好的特点，1000mm² 及以下截面积导线用接续管保护装置为常规型接续管保护装置。

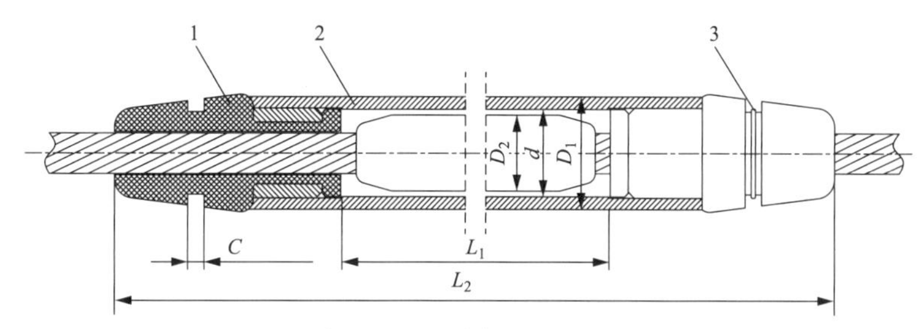


图 6-1 常规型接续管保护装置结构示意图

1—橡胶头；2—钢管；3—绑扎物（卡箍）

$C$—绑扎宽度；$L_1$—保护长度；$L_2$—总长度；$D_1$—钢管外径；$d$—钢管内径；$D_2$—接续管外径

2. 蛇节型接续管保护装置

蛇节型接续管保护装置在钢管和橡胶头之间增加了蛇节部件，它主要由钢管、连接头、蛇节、橡胶头及绑扎物等组成，其结构示意图如图 6-2 所示。蛇节部件是钢质材料，具有一定的弯曲刚度，在过滑车时能够随滑车轮槽保持自身弯曲半径，降低导线弯曲处的应力集中，从而保护导线。

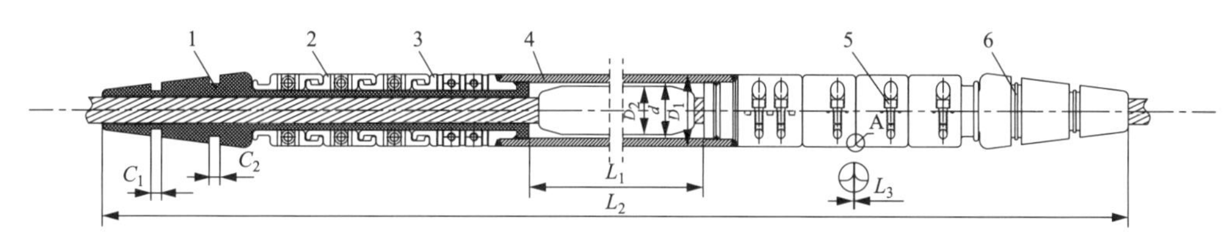


图 6-2 蛇节型接续管保护装置结构示意图

1—橡胶头；2—蛇节；3—连接头；

4—钢管；5—紧固螺钉；6—绑扎物（卡箍）

$C_1$、$C_2$—绑扎宽度；$L_1$—保护长度；$L_2$—总长度；$L_3$—零件间隙；$D_1$—钢管外径；

$d$—钢管内径；$D_2$—接续管外径

由于 1250mm² 及以上截面积导线用接续管很长，接续管两端导线在过滑车时会产生较大的集中应力，使用常规型接续管保护装置易发生邻外层铝股单线断裂。为了保护导线，1250mm² 及以上截面积导线应采用蛇节型接续管保护装置。碳纤维芯导线由于其芯棒抗弯扭性能差，也应使用蛇节型接续管保护装置。

## 三、蛇节型接续管保护装置设计

蛇节型接续管保护装置设计主要包括额定载荷计算、钢管设计、连接头设计、蛇节设计等。

### （一）额定载荷计算

接续管保护装置受力最大的工况为通过放线滑车时其额定载荷与滑车导线轮的额定载

荷相同，可按照式（4-1）计算。1660mm² 导线接续管保护装置的额定载荷计算值如表 6-1 所示。

**表 6-1　接续管保护装置的额定载荷计算值**

| 导线型号 | 单位长度质量（kg/km） | 额定载荷（kN） |
| --- | --- | --- |
| JLZ2X1F2A-1660/95-492 | 4813.78 | 48.8 |

根据计算结果，综合考虑施工质量和接续管保护装置通用化，减少接续管保护装置系列种类，将适用于 1660mm² 导线的接续管保护装置的额定载荷设计为 49kN。

### （二）钢管设计

1. 钢管保护长度

钢管是接续管保护装置的主体部分，它是由无缝钢管采用线切割方式得到的两个半圆管，是受力的主要零件。

1660mm² 导线用接续管保护装置对应的接续管型号为 JLRX/T-1660/95，接续管长度为 1380mm，外径为 80mm。

DL/T 1192—2020《架空输电线路接续管保护装置》要求接续管保护装置的保护长度一般为接续管长度的 1.12～1.15 倍。JLRX/T-1660/95 型接续管长度为 1380mm，根据倍率关系计算得出的保护长度为 1546～1587mm。由于碳纤维芯导线芯棒采用接续管的楔形结构进行接续，接续管整体压接后的延伸率低。根据试验测量数据，压接后伸长不大于 170mm，计算得出型号为 $SJ_{II}-\phi80\times1380/49$ 的接续管保护装置的保护长度不大于 1550mm，取值为 1550mm。

2. 钢管内、外径

接续管保护装置的钢管内径尺寸应大于接续管直径并留有一定裕度。根据设计经验，一般接续管保护装置的钢管内径比接续管直径大 6～8mm，可知钢管内径不小于 88mm。钢管外径为接续管直径的 1.22～1.32 倍，确定钢管外径不应大于 140mm（放线滑车导线轮通过物轮槽半径 $R_c$ 为 70mm）。

3. 常规材料的钢管强度校核

选择钢管时，一方面要根据接续管外径和放线滑车的槽底半径进行确定；另一方面，还需要考虑钢管的市场供货情况，以及满足接续管保护装置过滑车抗弯性能要求。

接续管保护装置的钢管由采购的结构用无缝钢管加工成，应考虑所选规格钢管材料的市场供货情况。通过调研行业内结构用无缝钢管供货情况，根据计算并查阅《机械设计手册》，选用 $\phi127\times18$ 的无缝钢管，其材料选 Q355 钢，其力学性能如表 6-2 所示。

**表 6-2　钢管材料的力学性能**

| 钢材牌号 | 屈服强度 $\sigma_s$（MPa） | 抗拉强度 $\sigma_b$(MPa) | 比强度（1000N·m/kg） |
| --- | --- | --- | --- |
| Q355 | 355 | 470～630 | 59.9～80.3 |
| BG890QL | 890 | 960～1100 | 122.3～140.1 |

根据接续管保护装置参数，按照下式对钢管的强度进行校核

$$
\begin{cases}
M=\dfrac{F_{额定}L_1}{4}\\
W=\dfrac{\pi D^3\left[1-\left(\dfrac{D}{d}\right)^4\right]}{32}\\
\sigma=\dfrac{M}{W}
\end{cases}
\tag{6-1}
$$

式中 $M$——接续管保护装置钢管所受弯矩，N·mm；

$F_{额定}$——接续管保护装置额定载荷，N；

$L_1$——接续管保护装置钢管有效保护长度，mm；

$W$——接续管保护装置钢管抗弯截面系数，$mm^3$；

$D$——接续管保护装置钢管外径，mm；

$d$——接续管保护装置钢管内径，mm；

$\sigma$——接续管保护装置钢管所受应力，MPa。

代入变量值后得 $M=2.26625\times10^7$N·mm，$W=1.48\times10^5mm^3$，$\sigma=153$MPa。由于接续管保护装置的安全系数 $n$ 为 3，许用应力 $[\sigma]=\sigma_b/3=470/3=156.7$（MPa），故$\sigma<[\sigma]$。

钢管选用的 $\phi127\times18$mm 的 Q355 钢无缝钢管满足强度要求。接续管保护装置质量达到 135kg±3kg，可见为满足强度要求选用常规材料 Q355 钢设计的接续管保护装置尺寸、质量均较大，不利于施工现场使用。

4. 高强度材料的钢管强度校核

BG890QL 高强钢管为 500t 及以上的履带式起重机吊臂常用材料，该材料具有高强度、可焊性强、高疲劳寿命的特点。选用高强度材料 BG890QL 的 $\phi121\times8.8$mm 无缝钢管来设计一种轻型接续管保护装置，以达到减小接续管保护装置尺寸及质量的目的。BG890QL 高强钢的材料力学性能如表 6-2 所示。

根据接续管保护装置的额定载荷，安全系数取 $n$ 为 3，$[\sigma]=\sigma_b/3=960/3=320$（MPa），按式（6-1）对采用 BG890QL 材料的钢管强度进行校核，可得$\sigma=303.9$MPa，小于 $[\sigma]$。

校核结果证明，轻型接续管保护装置选用的 $\phi121\times8.8$mm 的 BG890QL 高强度无缝钢管可满足强度要求，质量达到 88kg±3kg，减重约 35%。

### （三）连接头设计

蛇节部件由蛇节及其连接头组成，接续管保护装置蛇节示意图如图 6-3 所示，其连接头的三维模型如图 6-4 所示。

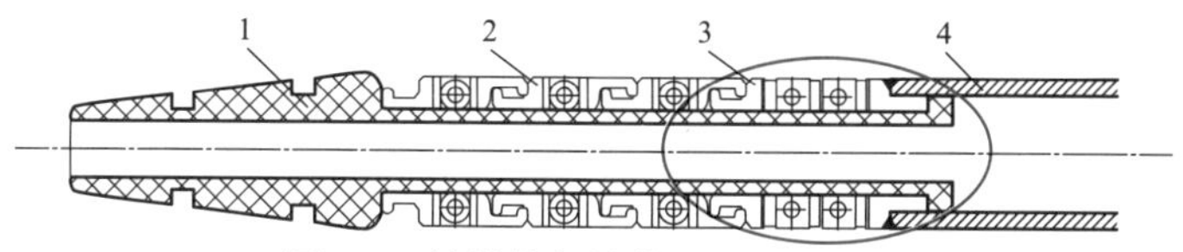


图 6-3 接续管保护装置蛇节示意图

1—橡胶头；2—蛇节；3—连接头；4—钢管

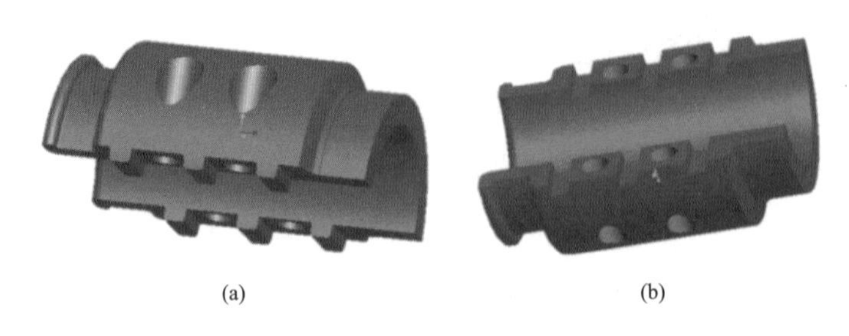


图 6-4 连接头三维模型

(a) 上连接头；(b) 下连接头

连接头与钢管采用焊接方式，为保证整体表面的平整，连接头的外径应与钢管的外径相等。连接头与钢管焊接成为一个整体，其在工作时会受到很大的弯矩，从而在两端产生一定的挠度，这导致在连接头和钢管的连接处产生很大的剪切应力。

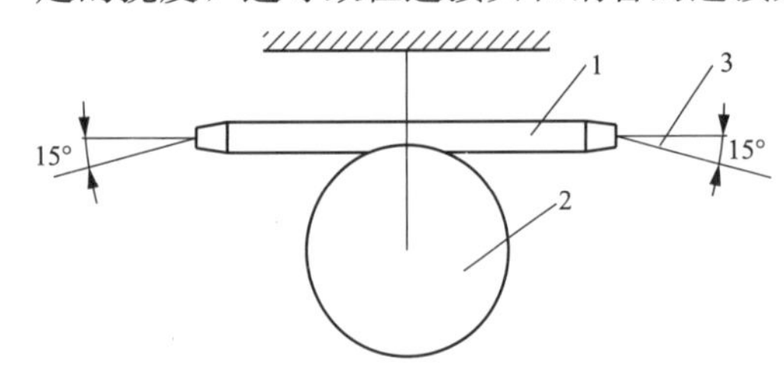


图 6-5 接续管保护装置工作时的连接示意图

1—接续管保护装置；2—放线滑车；3—导线

接续管保护装置工作时的连接示意图如图 6-5 所示，受力分析如图 6-6 所示。在接续管保护装置过滑车时导线与水平方向呈 15°的夹角，接续管保护装置受到放线滑车支撑力 $P$ 和两端导线产生的与水平方向呈 15°角的拉力 $F$ 作用。将拉力 $F$ 进行分解，可分解成水平方向的力 $F_1$ 和竖直方向的力 $F_2$。

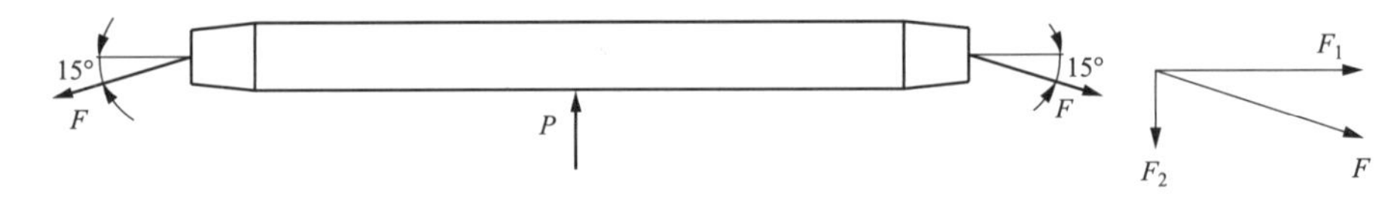


图 6-6 接续管保护装置受力分析图

整个钢管的最大剪应力 $\tau_{max}$ 计算式为

$$\tau_{max}=\frac{Q_{max}S_{zmax}^{*}}{I_z b} \tag{6-2}$$

式中 $Q_{max}$——截面上的最大剪力，N；

$I_z$——截面对中性轴的惯性矩，$m^4$；

$b$——截面宽度，m；

$S_{zmax}^{*}$——过所求应力点水平线到截面边缘所包围面积对中性轴的静矩，$m^3$。

接续管保护装置受力中心对称，假定将其对称面固定，看作悬臂梁模型进行分析。由式（6-2）推导得到薄壁圆管截面最大剪应力发生在中性轴上某点处，且最大剪应力是平均剪应力的 2 倍，即

$$\tau_{max}=\frac{2Q}{A} \tag{6-3}$$

式中 $A$——截面积，$m^2$；

$Q$——截面上的剪力。

$$\tau_{max} = \frac{2 \times 12.7 \times 10^3}{\frac{\pi}{4} \times (127^2 - 91^2)} = 4.1(\text{MPa})$$

由剪应力互等定理可知，钢管垂直切面的最大切应力 $\tau_{max}$ 与钢管中性轴水平切面的剪应力 $\tau'$ 相等，故水平方向上剪切力、连接节定位处所受剪切力为

$$F_{剪1} = F_{剪2} = \frac{\tau_{max}\omega L_1}{2} = \frac{\tau'\omega L_1}{2} \tag{6-4}$$

式中 $F_{剪1}$——水平方向上剪切力，N；

$F_{剪2}$——连接节定位处所受剪切力，N；

$L_1$——接续管保护装置钢管有效保护长度，mm；

$\tau'$——钢管中性轴的水平切面上的剪应力，MPa；

$\omega$——钢管壁厚，mm。

计算得 $F_{剪1} = F_{剪2} = 57195$（N）。

连接头定位齿的个数取 3，齿厚由连接头的内外径之差确定为 $t=18$mm，齿高 $h=6$mm，齿宽 $k=9.5$mm。定位齿所受剪切力为

$$\tau = \frac{F_{剪}}{3tk} = 111.5(\text{MPa})$$

式中 $\tau$——定位齿所受剪应力，MPa；

$F_{剪}$——定位齿所受剪力，N；

$t$——连接头的内外径之差，mm；

$k$——定位齿齿宽，mm。

许用应力 $[\sigma] = \frac{\sigma_s}{3} = 118.03$（MPa），$\sigma_s$ 为材料屈服强度，单位为 MPa。$\tau < [\sigma]$，连接头满足强度要求。

（四）蛇节设计

蛇节设计应满足以下要求：①蛇节与连接头相连，相邻蛇节之间以及蛇节与连接头之间连接不脱扣；②蛇节可绕轴向自由转动；③蛇节可随导线弯曲一定角度。为满足上述要求，将蛇节的回转体结构截面设计成“S”形（如图 6-7 所示）。材料选择 Q355 钢。

这种结构形式的蛇节既能保证连接节能顺着滑车滑轮的圆弧有一定程度的弯曲，又可以限制弯曲的最大角度，将原来较大的过滑车导线包络角变成可控、分散的包络角（如图 6-8 所示）。该结构利用蛇节的最大弯曲程度来控制导线通过放线滑车时的折弯曲率半径，使导线在过放线滑轮时的折弯曲率半径大于导线允许的曲率半径，避免损伤导线，延长了导线的使用寿命。

蛇节的尺寸根据滑车槽底直径设计得到，如图 6-9 为对应滑车槽底直径为 $30d$ 的蛇节的设计。

图 6-10 所示为 $SJ_{Ⅱ}$-$\phi$80×1380/49-A 型 Q355 常规材料钢管蛇节型接续管保护装置和 $SJ_{Ⅱ}$-$\phi$80×1380/49-B 型 BG890QL 高强度材料钢管蛇节型接续管保护装置设计图。

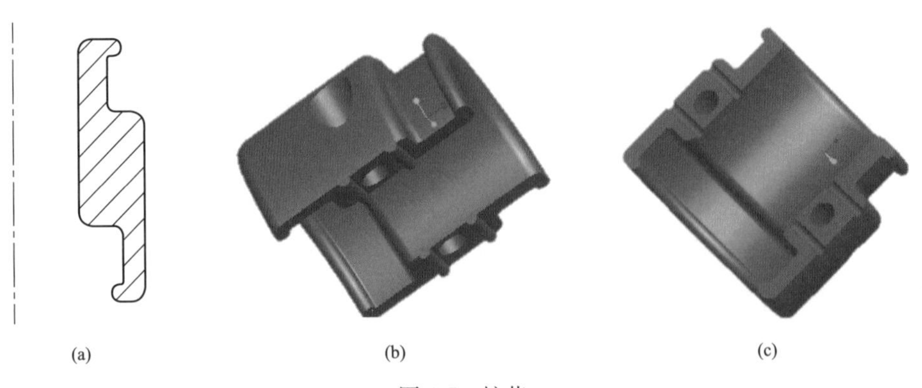


图 6-7　蛇节

(a) 回转体截面；(b) 上蛇节；(c) 下蛇节

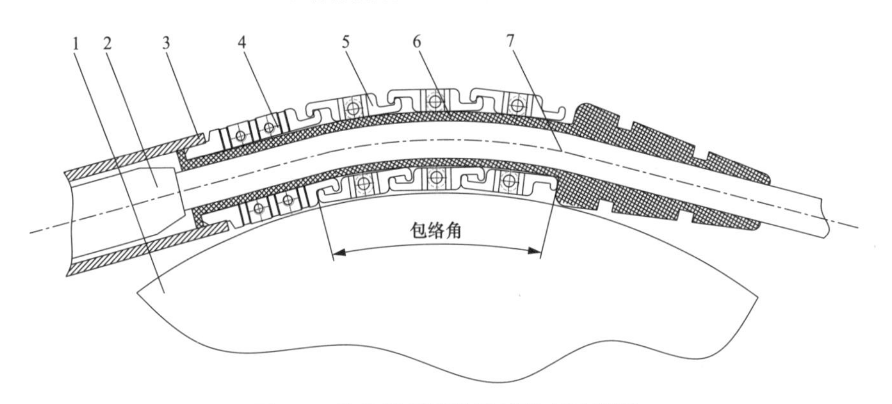


图 6-8　接续管保护装置过滑车示意图

1—滑车滑轮；2—接续管；3—导线；4—钢管；5—连接头；6—蛇节；7—橡胶头

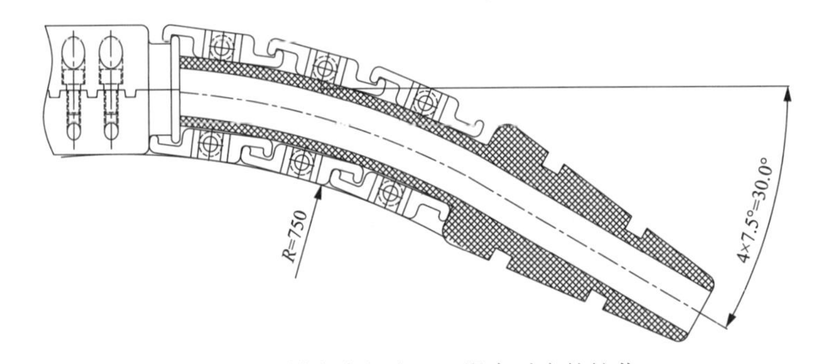


图 6-9　槽底直径为 30$d$ 滑车对应的蛇节

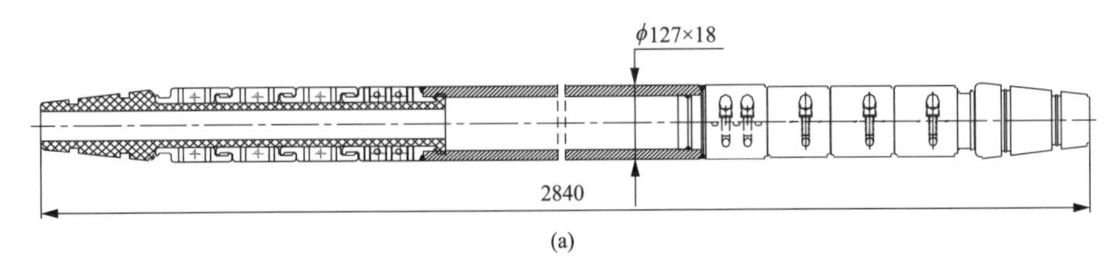


图 6-10　蛇节型接续管保护装置设计图（一）

(a) $SJ_{Ⅱ}$-$\phi$80×1380/49-A 型

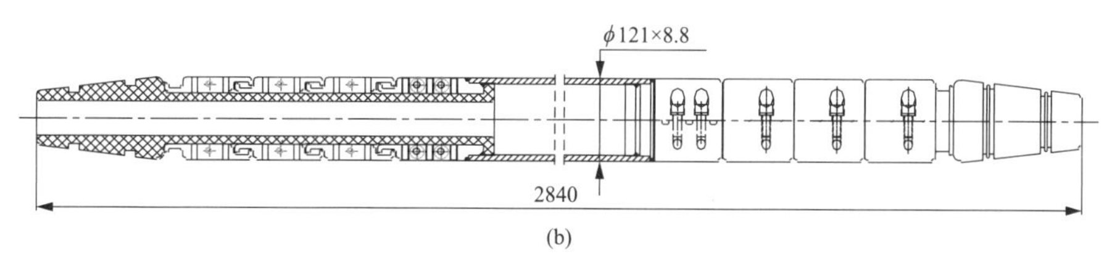


(b)

图 6-10　蛇节型接续管保护装置设计图（二）

（b）SJ$_{Ⅱ}$-ϕ80×1380/49-B 型

## 四、蛇节型接续管保护装置样品试制及试验

### （一）接续管保护装置样品试制

分别试制了 1660mm$^2$ 导线接续管保护装置 SJ$_{Ⅱ}$ —ϕ80×1380/49-A 型样品（以下简称 A 型样品）和 SJ$_{Ⅱ}$-ϕ80×1380/49-B 型样品（以下简称 B 型样品）。

接续管保护装置样品需要加工的零部件包括钢管、连接头、蛇节、橡胶头。连接螺栓等标准件采用外购方式。A 型样品钢管采用 Q355 钢管，B 型样品钢管采用 BG890QL 高强钢管，钢管采用激光切割成形。连接头和蛇节均采用 Q355 钢管，经过数控机床加工成形。钢管、连接头和蛇节在加工成形之后，通过热镀锌工艺进行防腐处理。橡胶头原材料采用天然橡胶，先进行模具加工再进行橡胶注射成形。

试制完成的接续管保护装置样品如图 6-11 所示，主要技术参数如表 6-3 所示。

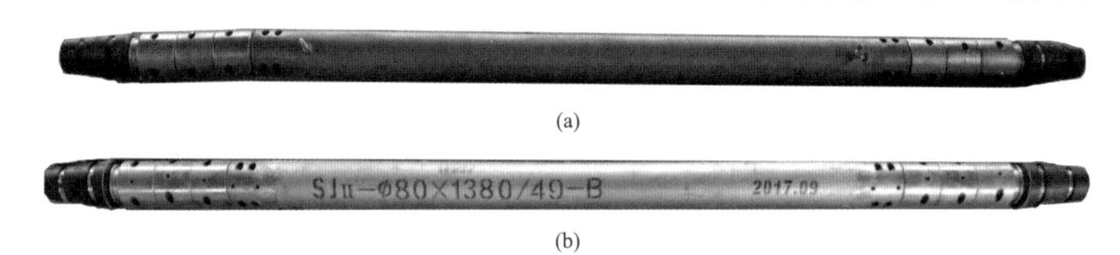


(a)

(b)

图 6-11　蛇节型接续管保护装置样品

（a）SJ$_{Ⅱ}$-ϕ80×1380/49-A 型；（b）SJ$_{Ⅱ}$-ϕ80×1380/49-B 型

**表 6-3　　接续管保护装置主要技术参数**

| 型号 | SJ$_{Ⅱ}$-ϕ80×1380/49-A | SJ$_{Ⅱ}$-ϕ80×1380/49-B |
|---|---|---|
| 保护长度（mm） | 1550 | |
| 橡胶头内径（mm） | 50.5 | |
| 适用导线型号 | JL2X1/F2A-1660/95-492 | |
| 接续管规格 | ϕ80×1380 | |
| 额定载荷（kN） | 49 | |
| 胶头材质 | 天然橡胶或聚氨酯橡胶，硬度（邵尔 A）80 | |
| 总长（mm） | 2840 | |
| 主体材质 | Q355 | BG890QL |
| 外径（mm） | 127 | 121 |
| 内径（mm） | 91 | 103.4 |
| 单重（kg） | 135 | 88 |
| 钢管规格（mm） | ϕ127×18 无缝钢管 | ϕ121×8.8 无缝钢管 |

### （二）接续管保护装置样品试验

样品试验均参照 DL/T 1192—2020《架空输电线路接续管保护装置》及 Q/GDW 1851—2012《碳纤维复合材料芯架空导线》，标准规定的试验项目包括外观检测、载荷试验及过滑车试验。

1. 外观检测

接续管保护装置外观检测主要包括总长度、保护长度和钢管内、外径等主要尺寸检测。经测量，接续管保护装置样品外观检测结果满足要求。

2. 载荷试验

样品在接续管保护装置试验台上进行载荷加载，调整试验台使接续管保护装置与钢丝绳成 15°夹角。接续管保护装置载荷试验布置示意图见图 6-12。

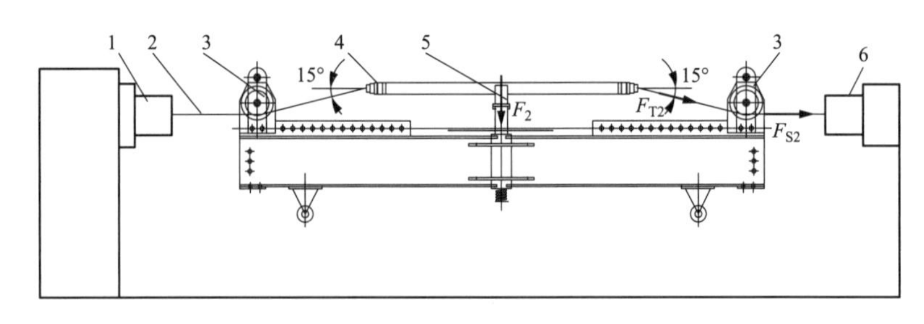


图 6-12　接续管保护装置载荷试验布置示意图

1—拉力机固定端；2—钢丝绳；3—滑车；4—接续管保护装置；5—支撑架；6—拉力机加载端

对其进行受力分析可得

$$F_{S2}=F_{T2}=\frac{F_2}{2\sin 15^\circ} \tag{6-5}$$

式中　$F_2$——接续管保护装置加载载荷，kN；

$F_{T2}$——钢丝绳张力，kN；

$F_{S2}$——拉力机拉力值，kN。

载荷试验拉力机设定值如表 6-4 所示。

**表 6-4　　载荷试验拉力机设定数值**

| 样品型号 | 试验项目 | 载荷系数 | 需加载荷（kN） | 拉力机设定值（kN） |
|---|---|---|---|---|
| $SJ_{II}$-$\phi$80×1380/49-A<br>$SJ_{II}$-$\phi$80×1380/49-B | 额定载荷试验 | 1.00 | 49.00 | 94.66 |
| | 过载试验 | 1.25 | 61.25 | 118.33 |
| | 破坏试验 | 3.00 | 147.00 | 283.98 |

额定载荷、过载试验载荷保持时间为 10min，试验后保护钢管应无塑性变形和破坏现象，绑扎物应无断裂现象；破坏试验后接续管保护装置应无破坏现象，绑扎物应无断裂现象。试验结果满足标准要求。

3. 过滑车试验

过滑车试验验证接续管保护装置对滑车的通过性能。搭建接续管保护装置过滑车试验装置，如图 6-13 所示，调整试验张力（额定载荷）和过滑车包络角为 30°。在卷扬机的牵引作用下，使接续管保护装置往复通过滑车，当通过滑车次数达到规定次数 20 次后停止试验，卸载后拆开接续管保护装置，观察接续管保护装置的钢管及接续管应无变形，接续管保护装置端头处导线应无损伤。

图 6-13　接续管保护装置过滑车试验装置

试验结果表明，蛇节型接续管保护装置 A 型样品及 B 型样品试验结果均满足标准要求。

综上所述，当性能相同时，优先选用自重小的机具，推荐 $SJ_{II}$-$\phi$80×1380/49-B 型接续管保护装置作为 1660mm² 导线接续管保护装置。

## 五、接续管保护装置设计方法总结

### （一）接续管保护装置设计流程

根据标准规定的性能要求，结合应用导线的特点，通过理论计算结合试验验证的方法对接续管保护装置进行设计和定型，主要设计流程如下：

（1）接续管保护装置类型选择。根据工程经验及研究结论，1000mm² 及以下截面积的钢芯铝绞线选用常规型接续管保护装置，可兼顾保护导线和减小施工工器具质量的要求。1250mm² 及以上截面积的钢芯铝绞线和碳纤维芯导线等对避免损伤有特殊要求的导线推荐选用蛇节型接续管保护装置。

（2）额定载荷确定。接续管保护装置的额定载荷为 1km 档距导线、包络角 30°等条件下，放线滑车对接续管保护装置的最大垂直载荷。根据计算结果应向上取整确定额定载荷，确定最终额定载荷时还应考虑装置的通用化、系列化。

（3）保护钢管设计。保护钢管设计包括保护长度和钢管内、外径，以及材料选择等。保护长度应根据导线接续管长度确定，宜比接续管压接后长度长 10～40mm。若接续工艺采用钢芯搭接的方式，钢管的保护长度可按照接续管长度的 1.12～1.15 倍设计。钢管内径尺寸应大于接续管直径并留有一定裕度，根据设计经验，钢管内径比接续管直径大 6～8mm。钢管外径应考虑接续管外径和放线滑车槽底半径进行初步选型，再根据接续管保护装置过滑车工况受力进行强度校核，最终选定的钢管规格应满足市场充分供货的要求。

（4）连接头设计。连接头与钢管之间采用焊接方式，应在接续管保护装置过滑车工况导线与水平方向呈 15°夹角的条件下对其进行设计和校核。

（5）蛇节结构设计。蛇节型接续管保护装置需对蛇节结构进行设计。每端蛇节数量不应少于 3 节。蛇节上应有齿和齿槽，相邻蛇节之间应留有活动裕度，弯曲角度曲率直径不小于该导线适用的滑车槽底直径，弯曲角度不小于导线通过时的最大包络角，一般不小于 30°。

（6）接续管保护装置屈服安全系数不应小于 1.75，破坏安全系数不应小于 3。优先选用高强度钢材以减小装置总质量。

1660mm² 导线用接续管保护装置的设计流程如图 6-14 所示。

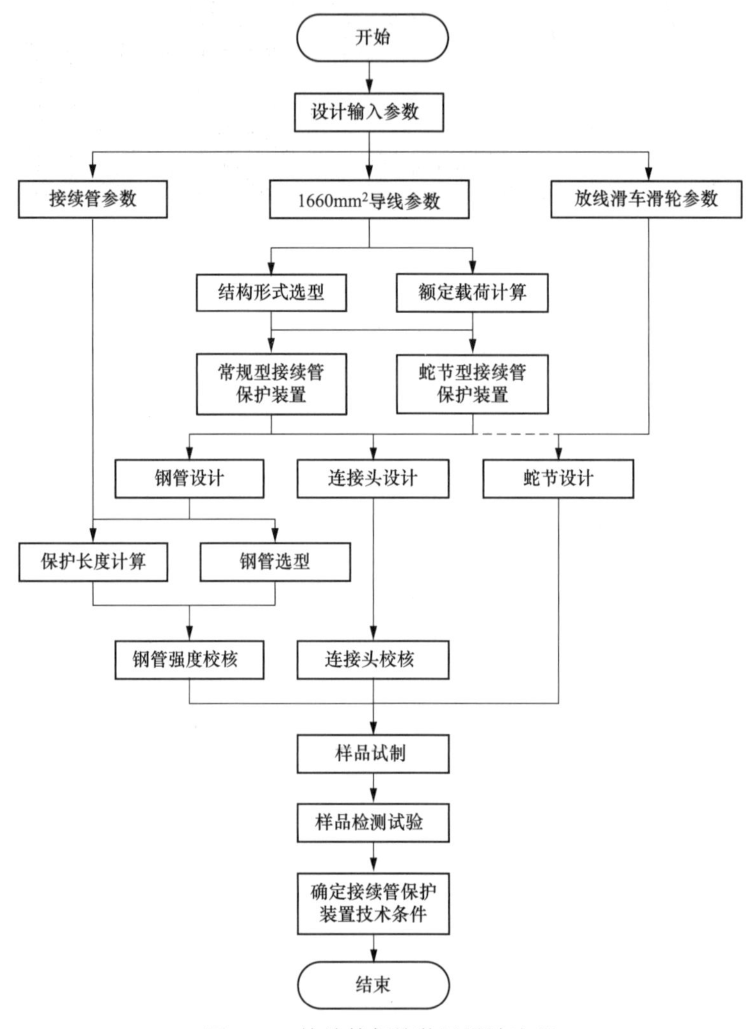


图 6-14　接续管保护装置设计流程

## （二）接续管保护装置设计创新

（1）使用蛇节结构。接续管保护装置增加蛇节结构保护导线，蛇节及其连接头以及蛇节之间形成能够活动的关节，从而消除导线应力集中，保护端部导线，避免安全事故的发生。蛇节的回转体结构截面设计成“S”形，蛇节尺寸与接续管保护装置的钢管配套，蛇节可随导线弯曲一定角度，相邻蛇节之间及蛇节与连接头之间连接不脱扣，且能够绕轴向自由转动。

(2) 选用新型高强材料。根据以往设计资料，1250mm² 大截面导线用 $SJ_{I}$-ϕ80×1050/43 型接续管保护装置已经达到 80kg。本次设计的使用常规 Q355 钢的 1660mm² 导线用 $SJ_{II}$-ϕ80×1380/49-A 接续管保护装置达到了 135kg。为了达到减小接续管保护装置质量的目的，对 1660mm² 导线用接续管保护装置进行轻量化设计，首次使用了 BG890QL 高强度无缝钢管作为保护钢管的材料，接续管保护装置重 88kg，比常规材料钢管接续管保护装置轻 47kg，质量大大降低。

## 第二节 装配式牵引器

### 一、装配式牵引器定义及性能要求

装配式牵引器是一种由钢管、连接件、橡胶套、卡爪、压板、蛇节等组成的可拆卸重复使用的牵引工具，在放线过程中能够安全有效牵引导线。在张力放线过程中，一般采用网套连接器牵引导线，但是网套连接器用于较大截面碳纤维芯导线时，容易引起导线缩芯的安全隐患。为了提高导线牵引的安全性，1660mm² 导线牵引采用装配式牵引器。

导线装配式牵引器的设计参照 DL/T 875—2016《架空输电线路施工机具基本技术要求》，主要有以下几点要求：

(1) 在额定载荷作用下，装配式牵引器应无塑性变形，导线应无断丝。

(2) 在 1.25 倍额定载荷作用下，装配式牵引器应无塑性变形，导线应无断丝。

(3) 将装配式牵引器与适用导线一起进行破断试验，导线单丝开始产生断裂的拉力不得低于导线额定拉断力的 60%。

(4) 在额定张力下通过滑车 20 次，装配式牵引器端部导线应无明显变形、散股、断丝等现象。

### 二、装配式牵引器分类及特点

根据适用导线种类不同，装配牵引器可分为钢芯铝绞线用装配式牵引器和碳纤维芯导线用装配式牵引器两种类型。

1. 钢芯铝绞线用装配式牵引器

钢芯铝绞线用装配式牵引器主要由钢管、卡爪、锥形橡胶头及绑扎物等部件组成，如图 6-15 所示。在 1250mm² 大截面导线展放施工中，中国电科院创新研发的装配式牵引器作为单头网套连接器的替代机具得到成功应用，楔形小卡爪可有效卡紧钢芯，楔形大卡爪可有效卡紧导线。

2. 碳纤维芯导线用装配式牵引器

碳纤维芯导线用装配式牵引器结构示意图如图 6-16 所示，它主要由卡爪、连接件、蛇节、钢管及橡胶头等组成，与钢芯铝绞线用装配式牵引器相比增加了蛇节。碳纤维芯导线用装配式牵引器专为碳纤维芯导线设计，采用楔形小卡爪结构夹持碳纤维芯棒，楔形大卡爪卡紧导线，达到高可靠性夹持效果。在过滑车时装配式牵引器端头会产生较大的集中应力，由于碳纤维芯棒抗弯性能差的特点，借鉴接续管保护装置的设计，在装配式牵引器尾部设计了多段蛇节结构。在 710mm² 及以下截面碳纤维芯导线研究过程中，蛇节型装配式牵引器作为碳纤维芯导线专用牵引装置，达到了预期效果。

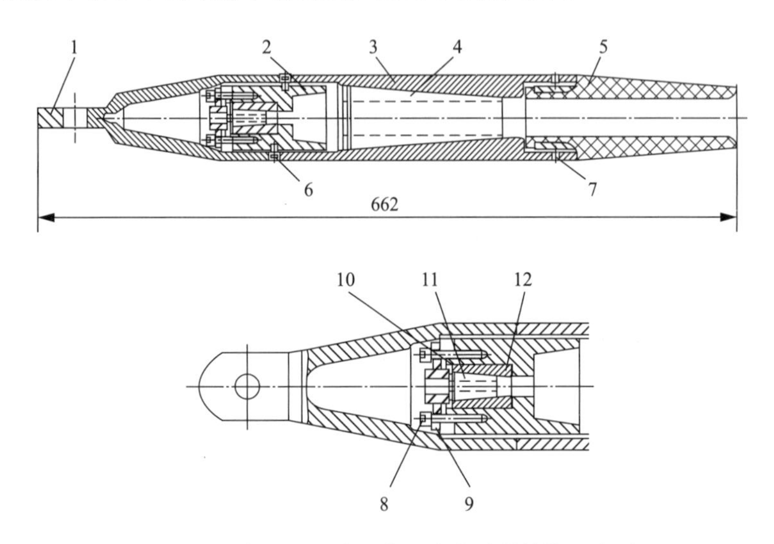

图 6-15　钢芯铝绞线用装配式牵引器结构示意图

1—上连接件；2—中间连接件；3—钢管；4—大卡爪；5—锥形橡胶头
6—限位螺栓；7—限位螺钉；8—压板螺栓；9—压板；
10—卡簧；11—小卡爪；12—卡爪安装座

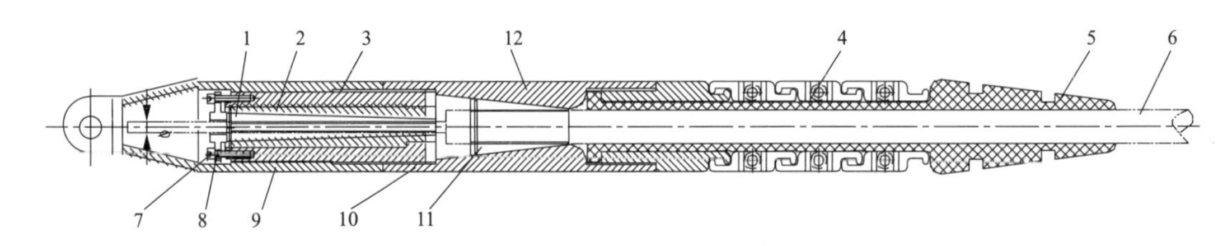

图 6-16　碳纤维芯导线用装配式牵引器结构示意图

1—小卡爪；2—小卡爪安装座；3—中间连接座；4—蛇节；5—橡胶头；6—导线；
7—压板螺栓；8—压板；9—上连接件；10—下连接件；11—大卡爪；12—钢管

## 三、装配式牵引器设计

装配式牵引器的设计主要包括额定载荷确定、结构设计校核。

### （一）额定载荷确定

装配式牵引器作为张力架线中常用的牵引导线工器具，其主要技术参数为额定载荷。装配式牵引器额定载荷按下式计算

$$P = K_P T_P \tag{6-6}$$

式中　$P$——额定载荷；

$K_P$——牵引力系数，一般取 0.2～0.3，综合考虑取大值 0.3；

$T_P$——导线额定拉断力。

适用于 JLZ2X1F2A-1660/95-492 导线的装配式牵引器的额定拉断力为 401.63kN，额定载荷计算值为 120.5kN。为了保证施工安全可靠，装配式牵引器额定载荷取 125kN。

（二）结构设计校核

为减小装配式牵引器质量，其主要受力零部件材料选用高强度 40Cr 不锈钢，其材料力学性能如表 6-5 所示。

**表 6-5　　40Cr 不锈钢材料力学性能**

| 牌号 | 屈服强度（MPa） | 抗拉强度（MPa） | 许用应力（MPa） |
|---|---|---|---|
| 40Cr | 785 | 980 | 262 |

$1660mm^2$ 导线用装配式牵引器的受力危险部位主要有连接螺纹、中间连接器底座、连接耳板部位。按下式进行校核

$$\begin{cases} \tau_w = \dfrac{10^{-3}F_w}{K_z \pi D b z} \\ \sigma_w = \dfrac{3\times 10^{-3}F_w m}{K_z \pi D b^2 z} \\ \tau_D = \dfrac{10^{-3}F_w}{\pi d_z h} \\ \sigma_E = \dfrac{10^{-3}F}{tl} \end{cases} \tag{6-7}$$

式中　$\tau_w$——螺纹连接剪应力，MPa；

$F_w$——最大轴向外荷载，取 $F_w=0.6RTS=241$（kN）；

$K_z$——载荷不均匀系数，根据经验取 $K_z=1.2$；

$D$——内螺纹直径，选用螺栓为 M101×6，$D=101$mm；

$b$——螺纹牙根部宽度，$b=6$mm；

$z$——结合圈数，旋入 8 圈，即 $z=8$；

$m$——螺纹工作高度，$m=0.87b=0.87\times 6=5.22$mm；

$\sigma_w$——螺纹连接弯曲应力，MPa；

$d_z$——中间连接件内径，$d_z=44$mm；

$h$——中间连接件底座厚度，$h=14$mm；

$\tau_D$——中间连接件底座剪应力，MPa；

$\sigma_E$——连接耳板拉应力，MPa；

$F$——额定载荷，$F=125$kN；

$t$——连接耳板厚度，$t=14$mm；

$l$——连接耳板销孔中心截面承力宽度，$l=36$mm。

校核计算结果如表 6-6 所示，选用的 40Cr 不锈钢材料满足使用要求。

表 6-6　　　　　　　　　　　　　**相关部位校核计算结果**

| 危险部位 | 校核内容 | 校核计算结果（MPa） | 许用应力（MPa） |
| --- | --- | --- | --- |
| 螺纹连接 | 剪应力 $\tau_w$ | 13 | 188.4 |
| | 弯曲应力 $\sigma_w$ | 34 | 314 |
| 中间连接件底座 | 剪应力 $\tau_D$ | 125 | 188.4 |
| 连接耳板 | 拉应力 $\sigma_E$ | 145 | 314 |

因使用工况相同，装配式牵引器蛇节部分参考接续管保护装置的蛇节设计。设计的 SLQT-1660 型装配式牵引器如图 6-17 所示。

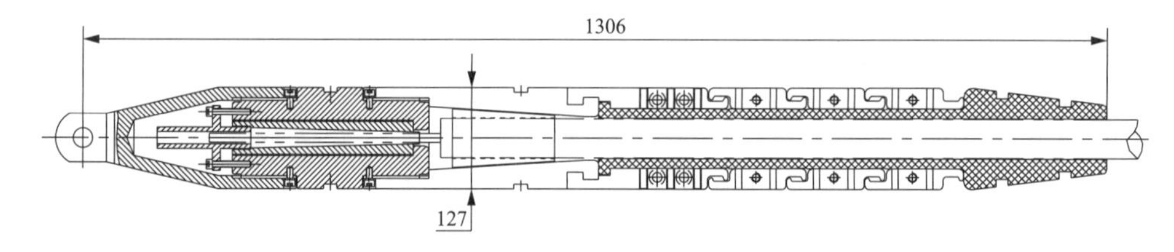


图 6-17　SLQT-1660 型装配式牵引器

## 四、装配式牵引器样品试制及试验

### （一）装配式牵引器试制

根据设计结果对 SLQT-1660 型装配式牵引器进行试制。其中，上连接件、中间连接件、下连接件、标准蛇节、压板采用 40Cr 不锈钢，通过数控机床加工成型，再经镀硬铬处理；橡胶头使用磨具注射成型；其余为标准件外购。组装完成的装配式牵引器总重 75kg。试制完成的装配式牵引器样品如图 6-18 所示，其主要技术参数如表 6-7 所示。

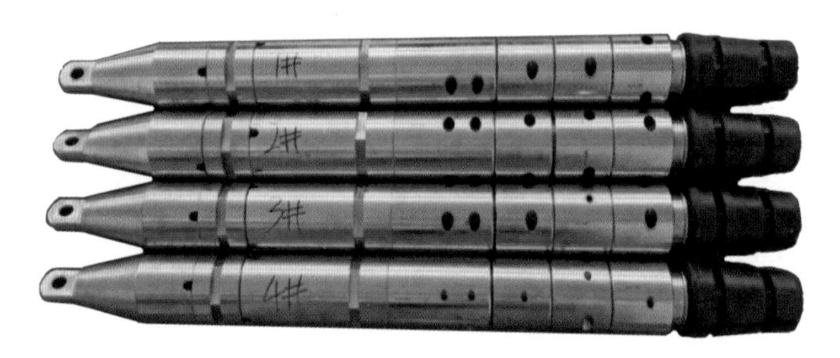

图 6-18　SLQT-1660 型装配式牵引器

表 6-7　　　　　　　　　　**SLQT-1660 型装配式牵引器主要技术参数**

| 型号 | SLQT-1660 |
| --- | --- |
| 额定牵引力（kN） | 125 |
| 橡胶头内径（mm） | 50.5 |
| 最大外径（mm） | 127 |
| 总长度（mm） | 1341 |

续表

| 总重（kg） | 75 |
| --- | --- |
| 安装导线后的拉断力（kN） | ≥241.0（0.6*RTS*） |

### （二）装配式牵引器试验

装配式牵引器检测试验依据 DL/T 875—2016《架空输电线路施工机具基本技术要求》进行，试验项目包括外观检测、过滑轮试验及载荷试验。

1. 外观检测

装配式牵引器外观检测主要包括总体尺寸、总长度、外径、连接销孔内径等主要尺寸检测。

2. 过滑轮试验

DL/T 875—2016 要求装配式牵引器在额定张力下通过滑车 20 次，装配式牵引器端部导线应无明显变形，无散股、断丝等现象。用连板连接两个装配式牵引器的上连接件开展过滑车试验，如图 6-19 所示。

图 6-19　装配式牵引器过滑车试验

3. 载荷试验

装配式牵引器载荷试验主要对其施加 1.0、1.25 倍额定载荷，装配式牵引器应无塑性变形，导线应无断丝。进行破坏试验，应能承受适用导线额定拉断力 60%的拉力，卸载后装配式牵引器拆装灵活，无塑性变形。

各试验项目试验结果全部符合要求，SLQT-1660 型装配式牵引器试制合格。

## 五、装配式牵引器设计方法总结

装配式牵引器是特殊导线牵引施工的重要工器具。根据标准规定的性能要求，结合应用导线的特点，通过理论计算结合试验验证的方法对其进行设计和定型。主要设计流程如下：

（1）装配式牵引器类型选择。鉴于碳纤维芯导线易产生缩芯和抗弯性能差的特点，对于 400mm² 及以上截面积的碳纤维芯导线，应选用装配式牵引器代替网套连接器作为牵引机具，且应选用具有蛇节的装配式牵引器。

（2）额定载荷确定。应以牵引力确定装配式牵引器的额定载荷，牵引力系数可取 0.3，并根据计算结果向上取整至末位为 5 或 0 确定额定载荷。

（3）根据额定载荷进行各结构部件的设计计算，并选用高强度钢材以减轻装置总质量。

针对 1660mm² 导线用装配式牵引器的设计流程如图 6-20 所示。

开始
↓
分析新型导线特性，选择装配式牵引器类型
↓
额定载荷计算
↓
结构设计校核
↓
样品试制
↓
样品检测试验
↓
确定装配式牵引器技术条件
↓
结束

图 6-20　装配式牵引器设计流程

# 第三节 “一提 2”提线器

## 一、提线器定义及性能要求

提线器是架空输电线路施工中专用线索提升工器具，在导线附件安装或检修中用于提升导线至所需高度。提线器具有结构简单、便于拆分组装、使用方便、不易损伤导线等特点。提线器提吊导线作业时，需配合紧线器或手扳葫芦等工具使用。

1660mm² 导线提线器的设计参照 DL/T 875—2016《架空输电线路施工机具基本技术要求》，并参考碳纤维复合材料芯导线施工机具研制经验，主要有以下几点要求：

（1）提线钩底部接触面长度应满足包络角不小于 25°。

（2）与导线接触的部件或部位均应设置橡胶衬，橡胶衬与导线接触部分应光滑。

（3）在 1.25 倍额定载荷作用下，橡胶衬无损伤。

（4）在受拉力状态下，提线器安全系数不小于 3。

（5）包胶厚度参考 DL/T 371—2019《架空输电线路放线滑车》的规定不小于 6mm，且包胶硬度在邵氏硬度 75±5 范围内。

（6）根据碳纤维芯导线的特性，提线器提线钩槽底纵剖面半径参考放线滑车的槽底半径确定。

## 二、提线器分类

提线器按照导线分裂数及施工方案的不同分为“一提 2”提线器、“一提 3”提线器和“一提 4”提线器等，如图 6 21 所示。“一提 2”提线器一次提升两根导线，“一提 3”提线器一次提升 3 根导线，以此类推。

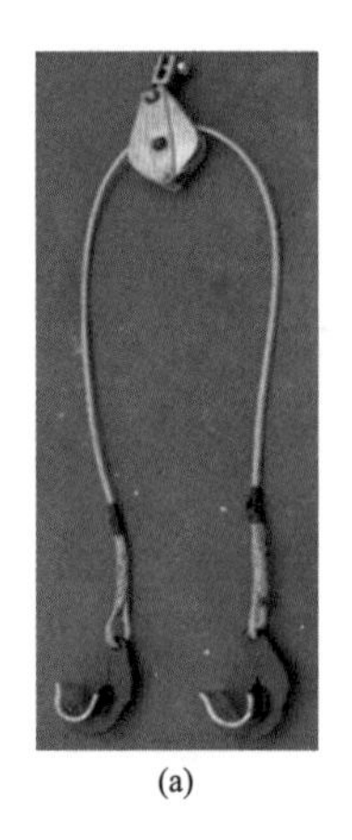
(a)

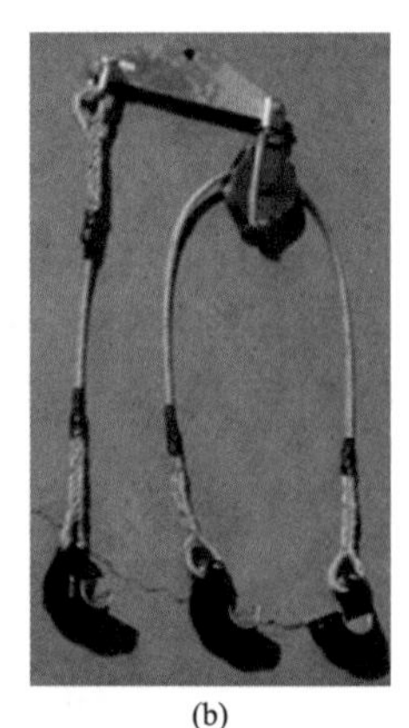
(b)

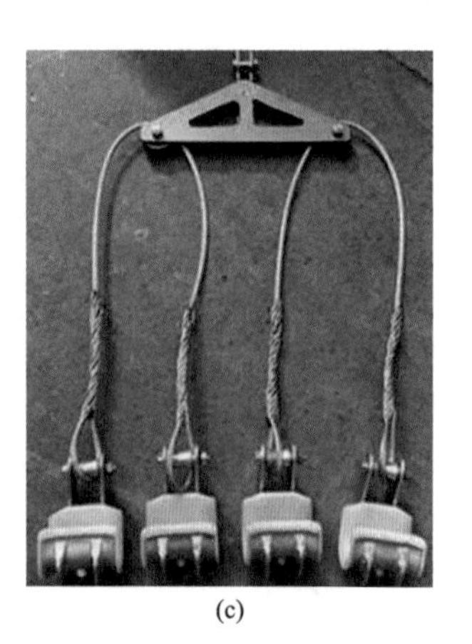
(c)

图 6-21 提线器

（a）“一提 2”；（b）“一提 3”；（c）“一提 4”

"一提 3"提线器、"一提 4"提线器等可由"一提 2"提线器、平衡挂板、钢丝绳、提线钩等组装而成，故"一提 2"提线器是多线提线器的基础，1660mm² 导线采用"一提 2"提线器。

## 三、"一提 2"提线器设计

提线器的设计主要包括额定载荷确定、提线钩设计、吊点滑车及钢丝绳选型等。

### （一）额定载荷计算

提线器的核心部件为与导线接触的提线钩，提吊导线的过程中导线将受到较大的弯矩，因此根据额定载荷确定提线器提线钩的结构尺寸是提线器设计的重点。1660mm² 碳纤维芯导线提线器的研制考虑兼容 1660mm² 钢芯铝绞线。提线钩的额定载荷参照下式计算确定

$$P = 9.8\frac{l}{\sin 75^{\circ}}\gamma \tag{6-8}$$

式中 $P$——额定载荷，N；

$l$——档距，取 1km；

$\gamma$——导线单位长度质量，kg/km。

提线钩额定载荷计算值如表 6-8 所示。

**表 6-8　提线钩额定载荷计算值**

| 导线型号 | 外径（mm） | 线密度（kg/km） | 额定拉断力（kN） | 额定载荷（kN） |
|---|---|---|---|---|
| JLZ2X1/F2A-1660/95-492 | 49.2 | 4813.8 | 401.6 | 48.8 |
| JL1/G2A-1660/135-84/19 | 55.2 | 5661.7 | 433.7 | 57.4 |

根据提线钩载荷计算结果，确定提线器的额定载荷为 60kN。

### （二）提线钩设计

提线钩主要设计参数如表 6-9 所示。为减轻提线器总体质量，选用高强钢 Q1100，初步设计结构图如图 6-22 所示。

**表 6-9　提线钩主要设计参数**

| 参数 | 数值 |
|---|---|
| 单钩额定载荷（kN） | 60 |
| 提线钩沿线方向有效宽度（mm） | 330 |
| 提线钩槽底纵剖面半径（mm） | 750 |
| 提线钩包络角（°） | 25 |
| 提线钩槽深（mm） | 60 |
| 提线钩槽底横剖面半径（mm） | 34 |

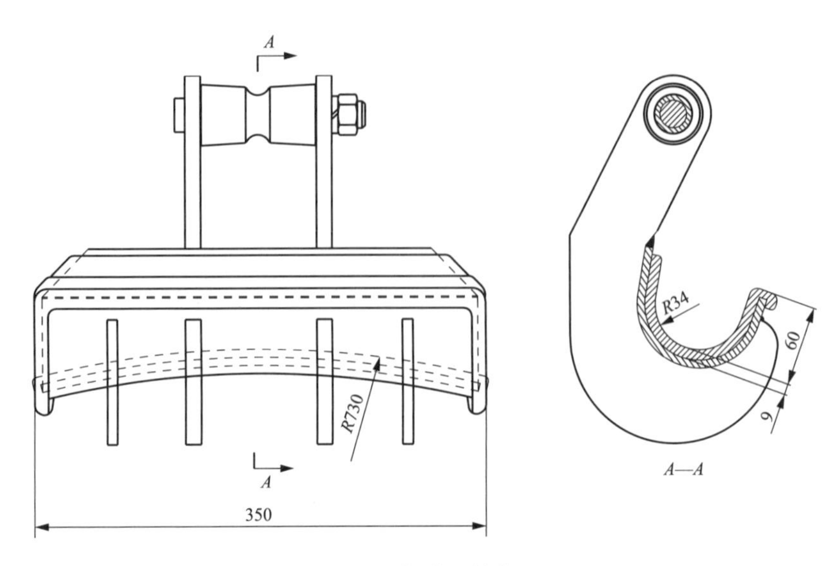


图 6-22　提线钩结构图

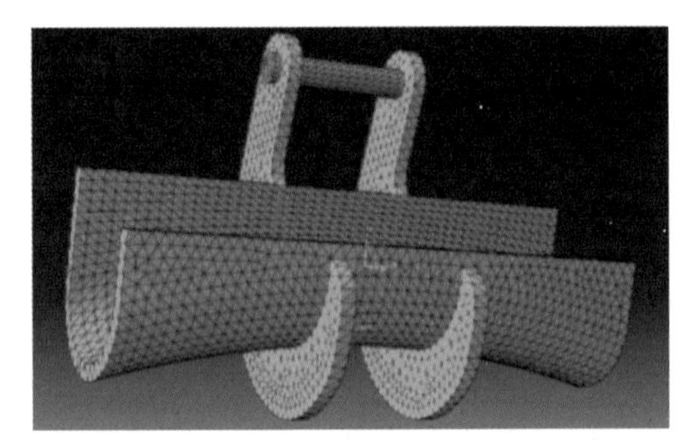

图 6-23　提线钩与销轴网格划分

根据初步设计结果，采用有限元分析的方法进行提线钩强度校核。根据提线钩的设计参数，首先采用三维软件建立提线钩及销轴的模型，然后再将提线钩与销轴模型导入有限元分析软件，并进行装配。定义模型为三维可变形体，销轴和提线钩选择 C3D10 单元。对模型进行离散后，共得到 23967 个四面体单元，如图 6-23 所示。

高强钢 Q1100 具有较好的力学性能，其材料力学性能参数见表 6-10。

**表 6-10　　高强钢 Q1100 的材料力学性能参数**

| 牌号 | 规格(mm) | 弹性模量(GPa) | 泊松比 | 屈服强度(MPa) | 抗拉强度(MPa) | 屈服强度/抗拉强度 |
|---|---|---|---|---|---|---|
| Q1100 | 8 | 200 | 0.3 | 1163 | 1352 | 0.86 |

在采用分析软件模拟提线钩受力时，由于无法在整个钩槽上施加垂直于钩槽底面法线的均布载荷，所以建立参考点与钩槽底面的耦合约束。被约束区域为刚性平面，此区域的各节点之间不会发生相对位移，只会随着控制点做刚体运动。这种加载方式与提线器提吊导线时提线钩的受力状态一致。

根据 DL/T 875—2016《架空输电线路施工机具基本技术要求》规定，提升机具过载试验载荷不小于 1.25 倍额定载荷；提线器安全系数不小于 3。即提线钩承受 1.25 倍额定载荷应不发生塑性变形，承受 3 倍额定载荷应不发生破坏。

分别对提线钩在 1.0 倍、1.25 倍、3 倍额定载荷的加载情况进行仿真计算。仿真结果见表 6-11。

表 6-11　　　　　　　　　　　　**提线钩仿真计算结果**

| 载荷 | 最大变形（mm） | 最大应力（MPa） | 判别要求 | 应力要求（MPa） |
|---|---|---|---|---|
| 1.0 倍额定载荷 | 1.17 | 395.7 | 不发生塑性变形 | ≤594.6 |
| 1.25 倍额定载荷 | 1.46 | 494.0 | 不发生塑性变形 | ≤594.6 |
| 3 倍额定载荷 | 3.50 | 1177 | 不发生破坏 | ≤1352 |

三种加载情况下，计算所得提线钩的应力及变形量均符合要求，提线钩设计方案可行，可进行下一步试制及试验。

### （三）吊点滑车及钢丝绳选型

提线钩额定载荷为 60kN，且为“一提 2”形式，确定吊点滑车额定载荷为 120kN。为满足提线器 3 倍安全系数要求，钢丝绳拉断力不应小于 180kN，所以确定钢丝绳直径为 $\phi$22mm，最小拉断力为 240kN。

## 四、“一提 2”提线器样品试制及试验

### （一）“一提 2”提线器样品试制

根据设计结果对 1660mm$^2$ 导线用 STT-2×60 型“一提 2”提线器进行试制。主要结构包括提线钩、吊点滑车、钢丝绳三部分。提线钩采用高强钢 Q1100，采用激光切割、模具弯折和焊接工艺，焊接完成后对提线钩进行镀锌和包胶处理。吊点滑车和钢丝绳根据设计要求进行选配。最后将各个部件组装在一起。

试制完成的提线器样品如图 6-24 所示。其主要技术参数如表 6-12 所示。

表 6-12　　**提线器主要技术参数**

| 型号 | STT-2×60 |
|---|---|
| 吊点滑车额定载荷（kN） | 120 |
| 钢丝绳拉断力（kN） | 240 |
| 单钩额定载荷（kN） | 60 |
| 提线钩沿线方向有效宽度（mm） | 350 |
| 提线钩槽底纵剖面半径（mm） | 750 |
| 提线钩包络角（°） | 25 |
| 提线钩槽深（mm） | 60 |
| 提线钩槽底横剖面半径（mm） | 34 |
| 提线钩包胶硬度（邵尔 A） | 80 |
| 提线钩材料强度（MPa） | 1352 |
| 包胶厚度（mm） | 8 |

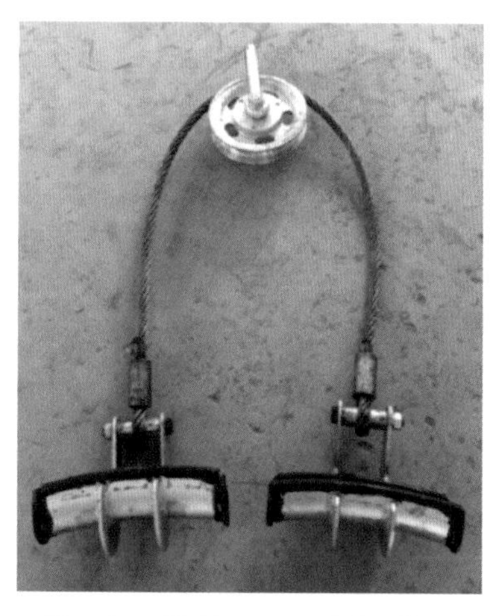

图 6-24　STT-2×60 型“一提 2”提线器

### （二）“一提 2”提线器样品试验

STT-2×60 型“一提 2”提线器试验依据 GB/T 20118—2017《钢丝绳通用技术条

件》、DL/T 875—2016《架空输电线路施工机具基本技术要求》、JB/T 9007—2018《起重滑车技术条件》等标准，试验项目包括外观检测、提线钩载荷试验、吊点滑车载荷试验以及钢丝绳拉断力试验。

1. 外观检测

提线器外观检测包括外观检查，核实吊点滑车额定载荷及提线器提线钩单钩额定载荷，测量提线钩沿线方向宽度、提线钩宽度方向曲率半径、提线钩包胶硬度、提线钩最小包胶厚度、钢丝绳直径，判断提线器是否合格。

2. 提线钩载荷试验

对提线钩分别施加 1.0 倍额定载荷、1.25 倍额定载荷及 3 倍额定载荷，提线钩载荷试验布置见图 6-25。各载荷加载完成后提线钩不发生标准规定的明显包胶损伤、塑性变形及破坏为合格。

3. 吊点滑车载荷试验

吊点滑车载荷试验时，施加 1.0 倍额定载荷、1.6 倍额定载荷、2.0 倍额定载荷、3.0 倍额定载荷，吊点滑车不发生裂纹、塑性变形为合格，见图 6-26。

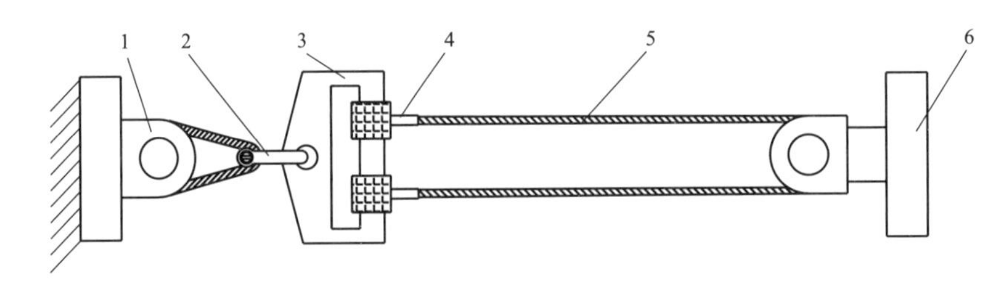


图 6-25　提线钩载荷试验布置图

1—卧式拉力机尾车；2—连接件；3—工装件；4—提线钩；5—钢丝绳；6—卧式拉力机移动端

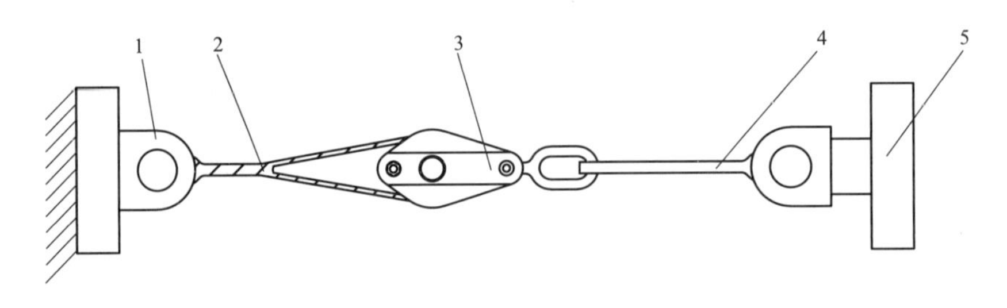


图 6-26　吊点滑车载荷试验

1—卧式拉力机尾车；2—滑车配套钢丝绳；3—吊点滑车；4—连接件；5—卧式拉力机移动端

吊点滑车静强度试验步骤为：依次施加 1.0 倍额定载荷后卸载，施加 1.6 倍额定载荷后卸载，施加 2.0 倍额定载荷后卸载，施加 3.0 倍额定额定载荷保持 5min 后卸载。试验完成后检查被试验吊点滑车是否有破坏（可存在轻微塑性变形）。

4. 钢丝绳拉断力试验

对提线器的钢丝绳施加拉力直至拉断，钢丝绳拉断力不低于钢丝绳最小拉断力为合格。钢丝绳拉断力试验见图 6-27。钢丝绳最小拉断力为 240kN，试验拉断力为 248kN，试验拉断力与最小拉断力比值为103.3%，试验结果满足要求。

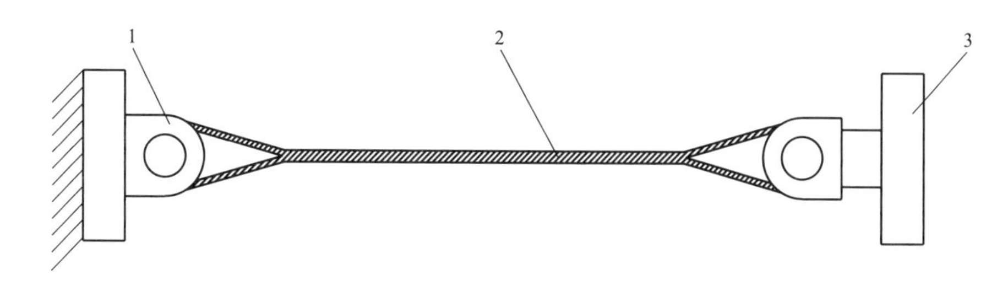


图6-27　钢丝绳拉断力试验

1—卧式拉力机尾车；2—钢丝绳；3—卧式拉力机移动端

各试验项目全部符合要求，STT-2×60型“一提2”提线器试制合格。

### 五、“一提2”提线器设计方法总结

提线器是多分裂导线进行提线操作的重要工器具。1660mm$^2$大截面碳纤维芯导线与常规钢芯铝绞线用提线器设计方法基本相同。根据型式确定、设计、试制、试验的流程进行提线器研制，最终定型和应用。其设计流程及要点如下：

（1）提线器型式确定。根据导线分裂数和导线展放施工方案确定提线方式及提线器类型。

（2）额定载荷确定。提线钩与导线直接接触，其额定载荷为在1km档距导线、包络角不大于30°等条件下，导线对提线钩的最大垂直载荷。

（3）提线钩设计。对于常规导线，提线钩底部接触面长度应不小于2.5倍的导线直径。对于900mm$^2$以上截面积常规导线，接触面长度应不小于3倍导线直径，接触面的曲率半径不小于8倍导线直径，包络角不小于22°。对于碳纤维芯导线，接触面长度应不小于3倍导线直径，接触面的曲率半径不小于15倍导线直径（且参考放线滑车的槽底半径），包络角不小于25°。提线钩经初步设计确定结构尺寸后，因其主要承载弯矩载荷，应根据承载工况条件对其进行强度校核。提线器安全系数不应小于3。

（4）吊点滑车和钢丝绳选型设计。吊点滑车规格和钢丝绳拉断力应根据导线分裂数和提线钩额定载荷确定，再进行选型。

## 第四节　网套连接器

### 一、网套连接器定义及性能要求

网套连接器是一种主体部分由钢丝编织、受拉后收缩夹持导（地）线的筒状柔性连接装置。网套连接器安装方便、成本低、可重复使用，已被普遍应用。适用于1000mm$^2$及以下截面积导线的网套连接器额定载荷最大为80kN，从设计到生产已经成熟并已系列化。

根据DL/T 875—2016《架空输电线路施工机具基本技术要求》规定，网套连接器需

满足以下基本要求：

（1）网套连接器的夹持力与额定拉断力之比应不小于 3；

（2）张力波动时，网套连接器不得打滑；

（3）网套连接器使用的钢丝应柔软，保证安装、拆卸方便；

（4）网套连接器夹持长度应不小于所夹持导线、钢绞线和光缆直径的 30 倍；

（5）压接管至网套过渡部分的钢丝必须用薄壁金属管保护。

## 二、网套连接器分类

### 1. 单头网套连接器

单头网套连接器用于钢丝绳或牵引板和导线的连接，一般由钢丝绳环套、金属压接管、金属保护管、编织网体组成，如图 6-28 所示。钢丝绳环套两头绳股交叉后用金属压接管压接在一起。编织网体被纵向压缩后内径扩大，导线由编织网体尾部插入预定位置。受拉力后，编织网体部分沿受力方向伸长、内径缩小而紧握导线表面，与导线产生摩擦力。网套所受拉力越大，编织网体部分与导线摩擦力越大，从而使网套连接器紧紧夹握导线。

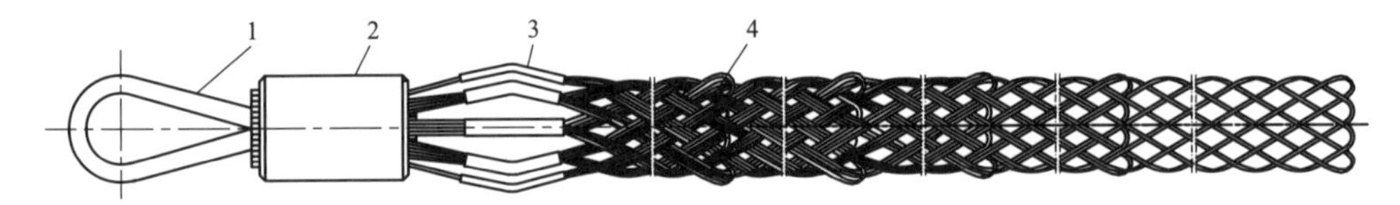


图 6-28　单头网套连接器

1—钢丝绳环套；2—金属压接管；3—金属保护管；4—编织网体

### 2. 双头网套连接器

双头网套连接器两侧为编织网体，中间为金属压接管。由于接续管不能直接通过张力机放线卷筒轮槽，在张力场导线换盘时使用双头网套连接器分别连接前盘导线尾端和后盘导线的首端，使其通过张力机卷筒后再进行压接。双头网套连接器通常用于导线换轴时的临时连接。但对于大截面导线，为了避免双头网套连接器受扭破坏，在导线换盘通过张力机时的临时连接不再使用双头网套连接器。

大截面导线的临时连接方式多采用在两个单头网套连接器之间连接一个抗弯旋转连接器组合使用，1660mm$^2$ 导线换盘过张力机时使用该连接方式，如图 6-29 所示。

图 6-29　单头网套连接器配合抗弯旋转连接器过张力机

## 三、网套连接器设计选型

因为 1660mm$^2$ 导线不使用双头网套连接器，所以只针对单头网套连接器进行研究。网套连接器的设计主要包括额定载荷确定、夹持长度计算及结构设计。

### （一）额定载荷确定

单头网套连接器额定载荷按下式计算

$$P = K_P T_P \tag{6-9}$$

式中 $P$——网套连接器额定载荷，kN；

$K_P$——牵引力系数，一般取 0.2～0.3，综合考虑取大值 0.3；

$T_P$——导线额定拉断力，kN。

根据计算结果，取网套连接器额定载荷为 120kN。

### （二）夹持长度计算

DL/T 875—2016《架空输电线路施工机具基本技术要求》规定网套连接器的夹持长度为不小于 30 倍导线外径。JLZ2X1/F2A-1660/95-492 型导线外径为 49.2mm，所用网套连接器的夹持长度计算值为 1476mm。

根据以往试验结果及工程经验，为防止打滑及缩芯等现象，用于碳纤维芯导线施工的网套连接器夹持长度应比标准规定的夹持长度更长，所以推荐网套连接器夹持长度不小于 1800mm。

### （三）结构设计

400mm$^2$ 及以上截面积碳纤维芯导线牵引应采用装配式牵引器，不应采用单头网套连接器。导线换盘应采用两个单头网套连接器加抗弯旋转连接器的形式，不应采用双头网套连接器。网套连接器的设计参数应满足下面两式的要求

$$d_w = d - 6 \tag{6-10}$$

$$F_c n \geqslant 3P \tag{6-11}$$

式中 $d_w$——网套连接器的内径（生产时支撑网套编织的铁棒直径），mm；

$d$——导线直径，mm；

$F_c$——网套钢丝的单丝拉断力，kN；

$n$——钢丝股数；

$P$——网套连接器的额定载荷，kN。

## 四、网套连接器兼容性试验研究

1250mm$^2$ 钢芯铝绞线外径为 43.7～47.8mm，1520mm$^2$ 钢芯铝绞线外径为 48.1～48.7mm，上述两种导线可共用 SL-W-120 型网套连接器，其主要技术参数如表 6-13 所示。

表 6-13　　SL-W-120 型网套连接器主要技术参数

| 型号 | SL-W-120 |
| --- | --- |
| 适配导线直径范围（mm） | 43.7～48.7 |
| 额定载荷（kN） | 120 |
| 夹持长度（mm） | 1800 |

注　过张力机的网套连接器采用两个单头网套连接器连接一个 80kN 抗弯旋转连接器。

1660mm² 导线外径为 49.2mm，与 SL-W-120 型网套连接器适配导线直径范围（43.7～48.7mm）比较接近，而且 SL-W-120 型网套连接器的额定载荷和夹持长度满足 JLZ2X1/F2A-1660/95-492 导线的要求。因此选用 SL-W-120 型网套连接器对 1660mm² 导线进行适配试验。SL-W-120 型网套连接器如图 6-30 所示。

图 6-30　SL-W-120 型网套连接器

试验依据 DL/T 875—2016《架空输电线路施工机具基本技术要求》，试验项目包括外观检测、载荷试验。选用导线型号为 JLZ2X1/F2A-1660/95-492。

（一）外观检测

网套连接器外观检测包括导线插入长度和拆装方便性检查。SL-W-120 型网套连接器的导线插入长度满足设计要求，拆装方便性符合规范要求。

（二）载荷试验

网套连接器载荷试验包括负载试验、过载试验和破坏试验，载荷试验如图 6-31 所示。其中，负载试验载荷系数 1.0、过载试验载荷系数 1.25，负载试验、过载试验需加载保持 10min，破坏试验载荷系数 3.0。试验时网套连接器应无打滑、破坏现象，且握力有效、装卸方便。SL-W-120 型网套连接器载荷试验结果符合相关标准要求。

图 6-31　SL-W-120 型网套连接器载荷试验

综上所述，在 1660mm² 导线过张力机时可使用 SL-W-120 型网套连接器，使用之前应进行适配试验。

### 五、网套连接器选型设计方法总结

网套连接器通常主要和抗弯旋转连接器配合，在张力场导线换盘时使用。其选择流程及要点如下：

（1）载荷计算。网套连接器额定载荷计算时，牵引力系数可取 0.3。

（2）夹持长度计算。DL/T 875—2016《架空输电线路施工机具基本技术要求》规定，网套连接器的夹持长度为不小于 30 倍导线外径。

（3）结构设计。网套连接器的内径为导线直径减去 6mm；钢丝的拉断力不小于 3 倍的网套连接器的额定载荷。

（4）试验验证。若现有型号的网套连接器的适用导线直径、额定载荷和夹持长度等参数满足要求，可选用现有型号产品，但使用前应配合导线进行兼容性试验，试验合格后方可使用。

（5）对于 400mm$^2$ 以下碳纤维芯导线，采用单头网套连接器牵引碳纤维芯导线进行张力放线和采用双头网套连接器进行碳纤维芯导线连接换盘，均应事先进行适配试验。

## 第五节　抗弯旋转连接器

### 一、抗弯旋转连接器定义及性能要求

#### （一）定义

抗弯旋转连接器是由钢丝绳连接的对称布置的一对旋转连接构件，如图 6-32 所示。在张力场导线换盘时，抗弯旋转连接器与网套连接器配合使用，连接两侧导线通过张力机卷筒，能释放导线本身扭力。抗弯旋转连接器是结合了抗弯连接器与旋转连接器特点的一种新型连接装置。

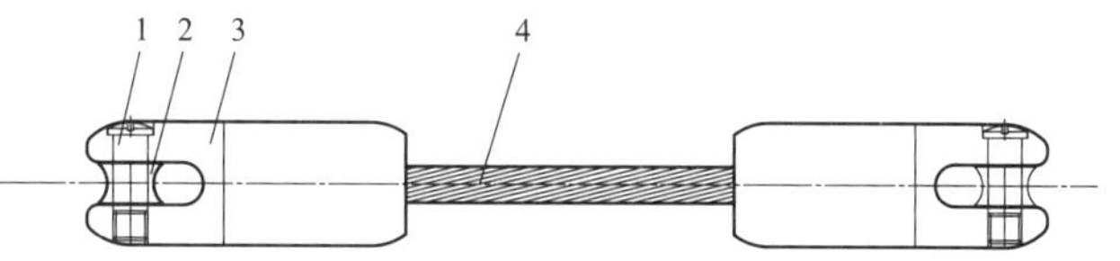

图 6-32　抗弯旋转连接器结构示意图

1—承载销钉轴；2—销钉轴套；3—旋转轴接头；4—钢丝绳

抗弯旋转连接器结构简单、可靠性高、现场安装极为方便；能够顺利通过张力机卷筒；可及时释放导线上的扭矩，防止扭矩造成网套连接器或导线破坏，消除施工安全隐患。

#### （二）抗弯旋转连接器性能要求

抗弯旋转连接器性能要求：①在额定载荷作用下应具有足够的强度和良好的转动灵活性，通过张力机卷筒后不应产生弯曲变形；②应具有良好的密封性；③表面应进行镀铬防腐处理，在日常保管条件下不应锈蚀；④表面光滑，不应有明显斑点、皱纹、气泡、流痕等缺陷；⑤抗弯旋转链接器的安全系数不应小于 3。

使用抗弯旋转连接器前应检查外观是否完好无损，转动是否灵活，有无卡阻现象。抗弯旋转连接器不可超载使用。使用时，抗弯旋转连接器的销钉应拧紧到位，与索具连接时应安装销钉轴套，且销钉轴套应与销钉轴匹配。

## 二、抗弯旋转连接器选型

根据 DL/T 5290—2013《1000kV 架空输电线路张力架线施工工艺导则》的规定，主张力机单导线额定制动张力系数取值范围为 0.12～0.18，应根据具体地形地貌条件选用相应的系数。抗弯旋转连接器额定载荷根据主张力机单导线额定制动张力的 0.18 倍计算，即

$$F = 0.18RTS = 0.18 \times 401.6 = 72.29(\mathrm{kN})$$

式中 $F$——抗弯旋转连接器的额定载荷，kN。

因 1660mm$^2$ 导线使用两个单头网套连接器搭配抗弯旋转连接器通过张力机，对抗弯旋转连接器无特别技术要求，所以不需要特别研制。

根据计算结果，选用额定载荷为 80kN 的 SLKX-80 型抗弯旋转连接器，如图 6-33 所示。其技术参数如表 6-14 所示。

图 6-33 SLKX-80 型抗弯旋转连接器

表 6-14 SLKX-80 型抗弯旋转连接器技术参数表

| 型号 | 额定载荷（kN） | 外径（mm） | 槽宽（mm） | 质量（kg） | 安全系数 |
|---|---|---|---|---|---|
| SLKX-80 | 80 | 56 | 24 | 11.5 | 3 |

## 三、抗弯旋转连接器选型设计方法总结

抗弯旋转连接器和单头网套连接器配合使用，用于张力场导线换盘，能够释放扭矩，并能承受较大弯矩，其选型流程如下：

（1）根据主张力机单导线额定制动张力的 0.18 倍计算确定抗弯旋转连接器额定载荷。

（2）试验验证。额定载荷下，若现有型号的抗弯旋转连接器满足要求可选用现有型号产品，但使用前应配合导线进行兼容性试验，试验合格后方可使用。

# 第六节 旋转连接器

## 一、旋转连接器定义及性能要求

### （一）定义

旋转连接器用于钢丝绳和牵引板、牵引板和导线，以及牵引展放单根导线时钢丝绳和导线等之间的连接。它在承受张力的情况下能正、反方向自由旋转，以消除各种情况下产生的扭矩。它由承载销钉轴、销钉轴套、旋转轴接头、滚动轴承及安装固定组件、定位螺

钉、轴承座旋转接头等组成，如图 6-34 所示。旋转连接器具备以下优点：能够及时释放导线上的扭矩，防止扭矩造成网套连接器或导线破坏，消除施工安全隐患；结构简单、可靠性高，现场安装极为方便。

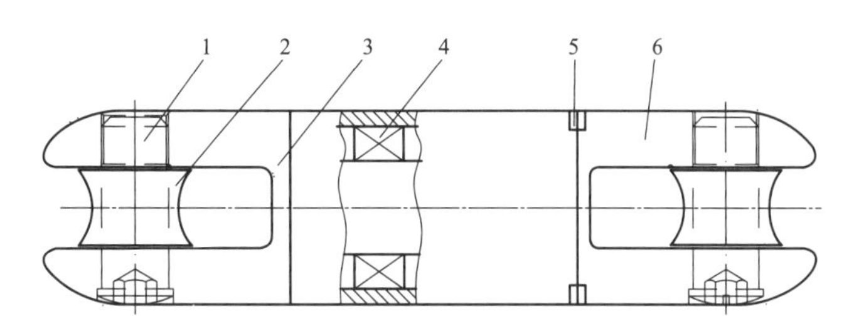


图 6-34　旋转连接器结构示意图

1—承载销钉轴；2—销钉轴套；3—旋转轴接头；
4—滚动轴承及安装固定组件；5—定位螺钉；6—轴承座旋转接头

### （二）旋转连接器性能要求

旋转连接器的外径应至少埋入滑轮轮槽深度 2/3 以上，旋转连接器在额定载荷作用下应具有足够的强度和良好的转动灵活性，通过放线滑车轮槽后不应产生弯曲变形；应具有良好的密封性；表面应进行镀铬防腐处理，在日常保管条件下不应锈蚀；表面光滑，不应有明显斑点、皱纹、气泡、流痕等缺陷；旋转连接器的安全系数不应小于 3。

使用旋转连接器前应检查外观是否完好无损，转动是否灵活，有无卡阻现象。旋转连接器不可超载使用。使用时，旋转连接器的销钉应拧紧到位，与索具连接时应安装销钉轴套，且销钉轴套应与销钉轴相匹配。

## 二、旋转连接器选型

根据 DL/T 5286—2013《±800kV 架空输电线路张力架线施工工艺导则》的规定，主牵引机单导线额定牵引力系数取值范围为 0.2～0.3，应根据具体地形地貌条件选用相应的系数。旋转连接器额定载荷根据主牵引机单导线额定牵引力的 0.2～0.3 倍计算。地势较为平坦且放线段较短时取 0.25。选用型号为 JL1/G3A-1250/70-76/7 的钢芯铝绞线进行工程试验，计算拉断力为 299.4 kN，则旋转连接器额定载荷为 $F=0.25RTS=0.25\times299.4=74.85$ (kN)。

根据牵引力的实际计算结果，单根子导线牵引力约为 61.9kN，不大于旋转连接器额定载荷，可选用额定载荷为 80kN 的 SLX-80 型旋转连接器，如图 6-35 所示。若牵引方式

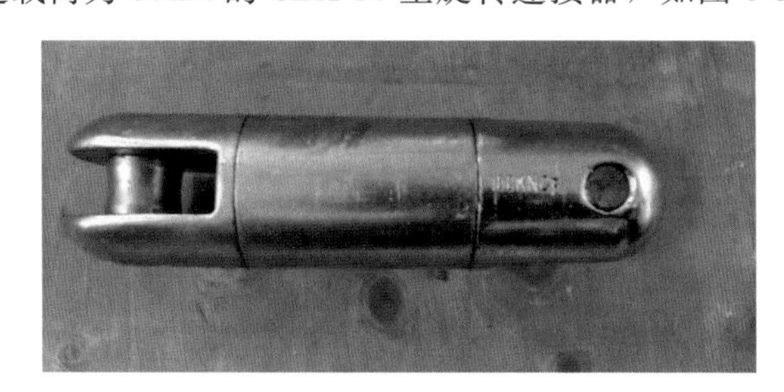

图 6-35　SLX-80 型旋转连接器

为“一牵 2”，则牵引板前边的旋转连接器载荷不应小于 160kN，可选用额定载荷为 180kN 的 SLX-180 型旋转连接器。两种型号的旋转连接器的技术参数如表 6-15 所示。

表 6-15　　旋转连接器技术参数

| 型号 | 额定载荷（kN） | 外径（mm） | 槽宽（mm） | 质量（kg） | 安全系数 |
|---|---|---|---|---|---|
| SLX-80 | 80 | 56 | 24 | 3 | 3 |
| SLX-180 | 180 | 75 | 28 | 8 | 3 |

## 三、旋转连接器选型设计方法总结

在导线展放过程中，旋转连接器在牵引板前后多处使用，用于牵引导线并释放导线扭矩。其选型流程如下：

（1）确定旋转连接器额定载荷时，牵引板后部的旋转连接器载荷根据单导线计算拉断力的 0.3 倍计算；牵引板前的旋转连接器载荷由牵引板后连接的旋转连接器的载荷相加获得。

（2）试验验证。若额定载荷下现有型号的旋转连接器满足要求，可选用现有型号产品，但使用前应配合导线进行兼容性试验，试验合格后方可使用。

# 第七节　牵　引　板

## 一、牵引板定义及性能要求

### （一）定义

牵引板在展放多分裂导线的过程中，用于牵引钢丝绳和导线之间的连接。牵引板主要由带翼板的本体结构、焊接在本体上的大导向拉板、小导向拉板以及防捻器等组成，如图 6-36 所示。防捻器是为了防止牵引板的翻转而在尾部加的平衡块。在牵引板的作用力下，牵引板带着导线逐一通过各杆塔上的放线滑车，最后到达放线区段的终点。

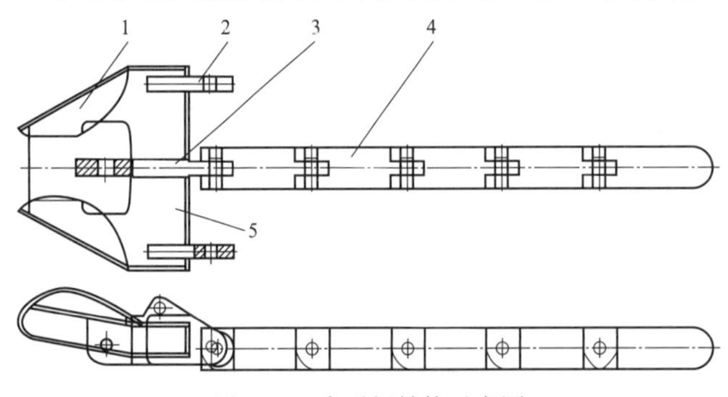


图 6-36　牵引板结构示意图

1—翼板；2—小导向拉板；3—大导向拉板；4—防捻器；5—本体

### （二）牵引板性能要求

（1）在通过放线滑车时，牵引板应正确无误地将旋转连接器和各导线导入相应的滑轮槽中，不发生导线跳槽、错槽和卡死等现象。

（2）牵引板底部在放线滑车轮缘上通过时，摩擦阻力要小，更不允许有卡阻现象。

（3）各部分的强度，特别是受拉件必须有足够的安全系数，确保焊接质量。

（4）铰接在牵引板尾部的防捻器应质量适当、结构合理并有足够的反扭矩，以克服导线和牵引绳因扭向回转而产生的扭矩。

（5）尾部防捻器链节应结构合理，串接长度适当，并且在牵引板导引下也能顺利地通过放线滑车。

## 二、牵引板选型

牵引板选型主要根据导线的牵引方式确定，有“一牵 2”牵引板、“一牵 4”牵引板等。由于 1660$mm^2$ 导线的牵引方式为“一牵 2”，所以选用“一牵 2”牵引板，具体参数见表 6-16。牵引板的额定载荷参考主牵引机的额定载荷，应不小于 160kN。牵引板前边的旋转连接器选用额定载荷为 180kN 的 SLX-180 型旋转连接器，大导向拉板应与之安装配合良好。

**表 6-16　　牵引板技术参数表**

| 形式 | 额定载荷（kN） | 宽度（mm） | 导线宽（mm） | 安全系数 |
|---|---|---|---|---|
| “一牵 2”牵引板 | ≥160 | 354 | 292 | 3 |

## 三、牵引板选型设计方法总结

在导线展放过程中，牵引板和旋转连接器配合使用，用于牵引导线。其选型流程如下：

（1）牵引板的形式及规格根据导线的牵引形式确定，并与放线滑车相配合（如各导向板之间的距离根据放线滑车的轮槽间距设计并加工）。

（2）确定牵引板额定载荷时，牵引板的载荷可以根据主牵引机的牵引力确定，或由牵引板后连接的旋转连接器的载荷相加获得。

（3）牵引板的大导向拉板及小导向拉板应与旋转连接器的连接槽宽度与深度配套。

# 第七章

# 工 程 试 验

$1660mm^2$ 导线的特性使得传统的施工工艺与施工机具不能完全满足其放线施工需求，为支撑其工程应用，中国电科院研制了配套施工机具并制定了展放施工工艺，为验证配套施工机具的适配性和施工工艺的可行性、合理性，开展了过滑车试验、过张力机试验、紧线试验等多个工程依托试验。放线施工中导线过张力机及放线滑车、紧线为连续开展的工艺，若设计完整模拟整个工艺流程的综合性试验，需要的施工时间长，难以在工程上实施，而且由于各工艺多项影响因素相互叠加，无法清晰分辨具体是哪个工艺环节的影响。为研究单一工艺环节对导线施工质量的影响，依托在建的特高压工程，将过滑车试验、过张力机试验、紧线试验设计为三个独立的试验，虽不能完全模拟工程实际，但便于操作和分析。

在工程试验前，开展了导线的性能试验、试压接试验、施工机具的抽检试验，以确保工程试验的安全性，并在试验中布置摄像头、传感器，以便采集试验前后导线和机具形态等重要影像资料及关键数据。同时，对工程试验后的导线也进行了性能分析。

## 第一节 试验条件确定

### 一、试验区段选取

#### （一）选取原则

工程试验的展放区段宜处于平原地带，以平地、农田最佳，无恶劣天气且交通较便利，可满足设备、材料运输要求。在整个区段上选取过滑车试展放试验区段还需遵循以下原则：

（1）现场尽量选取交叉跨越较少的放线段，并避开省道、国道、高速、铁路、航道、35kV 及以上电力线等重要跨越物。

（2）现场尽量选取轻冰区、非高山大岭区、非舞动易发区。

（3）为保证试验用导线到位后能顺利落线回收，牵引场需设置在临近耐张塔侧。

（4）碳纤维芯导线展放时，经过滑车数量以 20 个左右为宜，包络角大于 25°时需悬挂双滑车。

#### （二）选取结果

按照上述选取原则进行筛选，选取昌吉—古泉±1100kV 特高压直流输电线路河南段

23 标段开展相关试验。

（1）选取塔位 N8401（牵引场）～N8414（张力场）区段开展 1660mm$^2$ 导线试展放试验，本区段具有以下特征：

1）线路全长 7.9km，共有铁塔 14 基，其中直线塔 12 基、转角塔 2 基，导线同塔单回架设。

2）交叉跨越物较少，交叉跨越电力线均为 10kV 及以下电压等级，无重要交叉跨越物。

3）N8401 为耐张塔，牵引场设置在 N8401 小号侧。

4）在该架线段内包络角大于 25°的塔位（6 基）增挂双滑车，滑车总共 20 个。

（2）根据现场条件，决定在塔位 N8543～N8545 区段开展过张力机试验及紧线试验。

## 二、导线和配套金具

本次试验展放的 1660mm$^2$ 导线参数见表 1-2～表 1-4。根据导线的结构和性能参数设计配套金具，详见第二章相关内容。

为确保导线顺利进行试展放，需在试验室内对导线进行性能试验，以验证试展放导线和金具的质量及导线与金具的适配性，具体试验项目见表 7-1。

表 7-1　　导线试验项目

| 序号 | 类别 | 试验项目 |
|---|---|---|
| 1 | 绞线试验 | 表面质量 |
| 2 | | 线密度、截面积、外径节径比 |
| 3 | | 单位直流电阻 |
| 4 | | 绞线拉断力 |
| 5 | 铝单线 | 表面质量 |
| 6 | | 等效直径 |
| 7 | | 绞后直流电阻率 |
| 8 | | 绞后抗拉强度 |
| 9 | 芯棒 | 外观 |
| 10 | | 芯棒直径及 $f$ 值 |
| 11 | | 玻璃纤维层厚度 |
| 12 | | 抗拉强度 |
| 13 | | 卷绕 |
| 14 | | 扭转 |
| 15 | | 径向耐压 |
| 16 | | 保护套弯折处芯棒表面形态观察 |

2017 年 11 月，中国电科院分别对 6 个厂家生产的 1660$mm^2$ 导线按表 7-1 的试验项目开展试验，试验结果分析如下。

### （一）铝单线机械性能试验

铝单线拉断力试验在 50kN 微机控制电子万能试验机上进行。铝单线机械性能测试结果见表 7-2。

**表 7-2　　铝单线机械性能**　　MPa

| 厂家 | 要求值 | 实测值 | | |
|---|---|---|---|---|
| | | 最大抗拉强度 | 最小抗拉强度 | 平均值 |
| 厂家 1 | ≥110 | 124.6 | 111.0 | 118 |
| 厂家 2 | | 132.0 | 107.1 | 121 |
| 厂家 3 | | 131.8 | 106.3 | 121 |
| 厂家 4 | | 128.0 | 111.1 | 118 |
| 厂家 5 | | 132.0 | 107.1 | 121 |
| 厂家 6 | | 118.8 | 110.6 | 111 |

由试验结果分析可知，铝单线抗拉强度只有厂家 1、厂家 4、厂家 6 满足标准要求，厂家 2、厂家 3、厂家 5 均不满足标准要求，分析其原因是由于半硬铝材质铝单线在国内尚属首次应用，各生产厂家生产工艺稳定性欠佳。

### （二）芯棒性能试验

芯棒性能试验包括卷绕试验、扭转试验和径向耐压试验。各试验结果见表 7-3。

**表 7-3　　芯棒性能试验结果**　　MPa

| 厂家 | 芯棒直径（mm） | 抗拉强度 | 平均值 | 径向耐压 | 卷绕 | 扭转 | 扭转后强度 | 平均值 |
|---|---|---|---|---|---|---|---|---|
| 厂家 1 | 11.01 | 2930 | 2841 | 合格 | 合格 | 合格 | 2885 | 2884 |
| | 11.01 | 2852 | | | | | 2904 | |
| | 11.01 | 2741 | | | | | 2863 | |
| 厂家 2 | 10.97 | — | — | | 3 根芯棒全部劈裂 | — | — | — |
| | 10.97 | — | | | | | — | |
| | 10.97 | — | | | | | — | |
| 厂家 3 | 10.97 | — | — | | 3 根芯棒中 1 根劈裂 | — | — | — |
| | 10.97 | — | | | | | — | |
| | 10.97 | — | | | | | — | |
| 厂家 4 | 11.00 | 2502 | 2483 | | 合格 | 合格 | 2599 | 2499 |
| | 11.00 | 2511 | | | | | 2424 | |
| | 11.00 | 2436 | | | | | 2474 | |

续表

| 厂家 | 芯棒直径(mm) | 抗拉强度 | 平均值 | 径向耐压 | 卷绕 | 扭转 | 扭转后强度 | 平均值 |
|---|---|---|---|---|---|---|---|---|
| 厂家 5 | 11.00 | 2605 | 2620 | 合格 | 合格 | 合格 | 2672 | 2654 |
| | 11.01 | 2679 | | | | | 2721 | |
| | 11.01 | 2576 | | | | | 2568 | |
| 厂家 6 | 10.99 | 2769 | 2751 | | 合格 | 合格 | 2809 | 2784 |
| | 11.00 | 2719 | | | | | 2799 | |
| | 10.99 | 2766 | | | | | 2745 | |

**注** 1. 芯棒的抗拉强度要求不小于 2400MPa；
2. 芯棒径向耐压试验的破坏压力应大于 30kN；
3. 芯棒应在 50*d* 直径的筒体上，以不大于 3r/min 的速度卷绕 1 圈并保持 2min，芯棒不开裂、不断裂；
4. 截取卷绕试验后的长度为 170*d* 的芯棒试样，以不大于 2r/min 的扭转速度进行扭转 360°试验，其表层应不开裂，扭转后的试样再进行抗拉强度试验；
5. 由于卷绕试验不合格，所以厂家 2 和厂家 3 未进行扭转及抗拉强度试验。

通过芯棒性能试验结果分析可知：

(1) 厂家 1、厂家 4、厂家 5 及厂家 6 的导线芯棒均满足标准要求。

(2) 厂家 2 导线的芯棒经卷绕试验，3 根试样的芯棒全部劈裂。厂家 3 导线的芯棒经卷绕试验，1 根试样的芯棒劈裂。

(3) 同一厂家同一批次导线，芯棒卷绕试验后的芯棒抗拉强度比未经卷绕试验的芯棒抗拉强度大，分析原因主要有：①芯棒抗拉强度试验结果存在分散性，可能与芯棒和楔形线夹配合有关；②厂家使用的芯棒性能缺乏稳定性。

### (三) 电性能试验研究

根据 GB/T 3048.2—2007《电线电缆电性能试验方法　第 2 部分：金属材料电阻率试验》，测量在 20℃时铝单线的直流电阻率和绞线的单位直流电阻，测试结果见表 7-4。

**表 7-4　　电性能测试结果**

| 厂家 | 20℃的铝单线直流电阻率（nΩ·m） | | 20℃的绞线单位直流电阻（Ω/km） | |
|---|---|---|---|---|
| | 要求值 | 实测值 | 要求值 | 实测值 |
| 厂家 1 | ≤27.808 | 27.606 | ≤0.01725 | 0.01700 |
| 厂家 2 | | 27.504 | | 0.01688 |
| 厂家 3 | | 27.618 | | 0.01704 |
| 厂家 4 | | 27.498 | | 0.01693 |
| 厂家 5 | | 27.329 | | 0.01690 |
| 厂家 6 | | 27.585 | | 0.01695 |

由试验结果分析可知，6 个厂家导线 20℃的铝单线直流电阻率和 20℃的绞线单位直流电阻均满足标准要求。

### (四) 绞线拉断力试验研究

绞线拉断力试验在 2000kN 的卧式拉力试验机上进行。绞线两端使用耐张线夹压接，中间采用直线接续管压接，制成拉断力试验用试件，在拉力机上进行拉断力试验，结果见表 7-5。

**表 7-5　绞线拉断力试验结果**　kN

| 厂家 | 要求值 | 实测值 | 平均值 | 检测情况 |
|---|---|---|---|---|
| 厂家 1 | ≥381.6<br>(401.635×95%) | 427.2 | 427.4 | 耐张线夹出口绞线断 |
| | | 422.4 | | 耐张线夹出口绞线断 |
| | | 432.6 | | 耐张线夹出口绞线断 |
| 厂家 4 | | 352.2 | 350.5 | 耐张线夹出口绞线断 |
| | | 352.2 | | 耐张线夹出口绞线断 |
| | | 347.0 | | 耐张线夹出口绞线断 |
| 厂家 5 | | 384.4 | 384.3 | 耐张线夹出口绞线断 |
| | | 383.6 | | 耐张线夹出口绞线断 |
| | | 385.0 | | 耐张线夹出口绞线断 |
| 厂家 6 | | 409.8 | 416.4 | 耐张线夹出口绞线断 |
| | | 425.0 | | 耐张线夹出口绞线断 |
| | | 414.4 | | 耐张线夹出口绞线断 |

**注**　由于厂家 2、厂家 3 的芯棒卷绕试验和扭转试验不合格，故未进行拉断力试验。

绞线压接试件的拉断力值应不小于 95%$RTS$，即 381.6kN。通过表 7-5 的试验结果分析可知，厂家 1、厂家 5 及厂家 6 三个厂家的数值均满足要求值。厂家 4 的绞线拉断力值均小于 95%$RTS$，不合格。

### （五）试验结果

根据上述试验结果，仅厂家 1 和厂家 6 两个厂家生产的导线各项试验数据满足标准要求。厂家 2 和厂家 3 的导线芯棒在卷绕试验时出现劈裂；厂家 4 的绞线拉断力未达到要求值；厂家 2、厂家 3、厂家 5 的铝单线抗拉强度未达到要求值。对试验不合格的 4 个厂家加倍送样进行试验，试验仍然不合格。

所以采用厂家 1 和厂家 6 生产的导线、配套厂家 J 生产的金具开展过滑车试验和过张力机试验，并采用厂家 1 生产的导线开展紧线试验，见表 7-6。

**表 7-6　工程试验中的导线和金具**

| 试验项目 | 导线生产厂家 | | 金具生产厂家 |
|---|---|---|---|
| 过滑车试验 | 厂家 1 | 厂家 6 | 厂家 J |
| 过张力机试验 | 厂家 1 | 厂家 6 | 厂家 J |
| 紧线试验 | 厂家 1 | — | 厂家 J |

## 三、铁塔强度校核

为顺利开展 1660mm$^2$ 导线的试展放和紧线工程试验，需对依托工程中涉及试验的铁塔进行相关的强度校核。结合放线滑车的悬挂绳索强度（包括偏转角度和悬挂方式），试验区段内铁塔和悬挂滑车绳索强度经计算均满足试验要求，铁塔挂点无须加固。

# 第二节 过滑车试验

## 一、试验方案概述

展放导线采用“一牵 2”放线方式，每列导线采用同一个厂家的导线相互连接，后面紧连工程用 1250mm² 导线，导线连接方式为“□25mm 防扭钢丝绳❶＋18t 旋转连接器＋‘一牵 2’牵引板＋8t 旋转连接器＋防扭钢丝绳套＋装配式牵引器＋1660mm² 导线试件＋装配式牵引器＋普通牵引头＋1250mm² 导线（JL1/G3A-1250/70-76/7）”，见图 7-1。

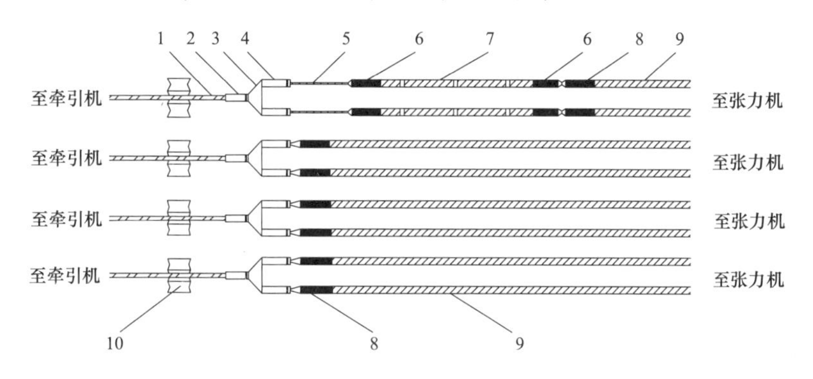


图 7-1 张力场导线连接示意图

1—□25mm 防扭钢丝绳；2—18t 旋转连接器；3—“一牵 2”牵引板；4—8t 旋转连接器；5—防扭钢丝绳套；6—装配式牵引器；7—1660mm² 导线试件；8—普通牵引头；9—1250mm² 导线；10—放线滑车

碳纤维芯导线试件可采用 1 台牵引机和 1 台二线张力机，展放 2 条子导线（“一牵 2”）。子导线展放张力按标准要求最大不超过 25%$RTS$，试验时按照实际情况计算控制牵张力；放线速度按照正常放线速度，控制在 5km/h，直至将 1660mm² 导线试件和工程本体导线（1250mm² 导线）牵到牵引场附近。

当碳纤维芯导线试件和工程导线连接的旋转连接器通过 N8401 转角塔放线滑车约 5m 后，将工程用 1250mm² 导线高空临锚，并将碳纤维芯导线试件缓慢落地。在 30m 长试件中间及装配式牵引器出口处截开，从而获得 3 根 30m 长且带接续管的导线试样，如图 7-2 所示。导线取样时，地面铺彩条布以防导线磨损。导线取样后，使用泡沫薄膜将其包裹好运至张力场或材料站，以备发回试验室进行导线相关性能试验。

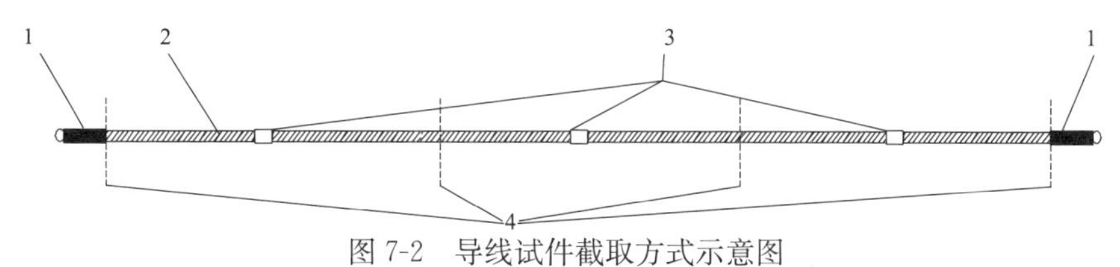


图 7-2 导线试件截取方式示意图

1—装配式牵引器；2—1660mm² 导线试件；3—接续管；4—试件截取位置

---

❶ “□”表示方径，指防扭钢丝绳两对称平面间的距离尺寸，单位为 mm。

展放导线时，在转角较大、高差较大的塔位上布置监控摄像头，以观察导线通过滑车时的情况。具体的摄像头布置塔位和拍摄内容及要求见表 7-7。

**表 7-7　　摄像头布置塔位和拍摄内容及要求**

| 布置塔位 | 拍摄内容 | 拍摄要求 |
| --- | --- | --- |
| N8414（张力场） | 1. 导线展放前状态；<br>2. 导线接续 | 关键部位、关键工艺特写 |
| N8412、N8407、N8405、N8402 | 1. 导线小转角过放线滑车；<br>2. 压接管过放线滑车及过滑车后状态；<br>3. 放线滑车运转情况及存在缺陷 | 塔外 50m 全局，关键部位、关键工艺特写 |
| N8401（牵引场） | 1. 各接续管取样前情况；<br>2. 导线展放完成后变化情况 | 关键部位、关键工艺特写 |

## 二、试验前准备

1660mm² 导线在进行过滑车试验前，为保证厂家提供的导线、金具、施工机具等产品质量满足要求，且为保证过滑车试验安全开展，试验前仍需对厂家提供的导线、金具、施工机具等进行抽检试验。

### （一）导线试压接试验

对厂家 1 和厂家 6 生产的 1660mm² 导线进行试压接试验，试验结果满足标准要求，才能进行过滑车试验。导线参数及试压接试验结果详见表 7-8。

**表 7-8　　厂家 1 和厂家 6 生产的 1660mm² 导线参数及试压接试验结果**　　mm

| 厂家 | 样品编号 | 直线管外径 | 直线管长度 | | 导线外径 | 直线管压接后对边距平均值 | 耐张线夹压接后对边距平均值 | 拉断力（kN） |
| --- | --- | --- | --- | --- | --- | --- | --- | --- |
| | | | 压接前 | 压接后 | | | | |
| 厂家 1 | 1 号 | 80.40 | 1380.0 | 1461.5 | 49.20 | 68.67 | 68.68 | 451.0 |
| | 2 号 | 80.38 | 1380.2 | 1460.2 | 49.12 | 68.66 | 68.64 | 443.0 |
| | 3 号 | 80.39 | 1379.9 | 1460.0 | 49.27 | 68.64 | 68.62 | 432.8 |
| 厂家 6 | 1 号 | 80.21 | 1380.0 | 1464.5 | 49.66 | 68.64 | 68.62 | 411.1 |
| | 2 号 | 80.18 | 1380.0 | 1464.0 | 49.71 | 68.74 | 68.66 | 430.6 |
| | 3 号 | 80.20 | 1380.0 | 1465.0 | 49.53 | 68.66 | 68.68 | 428.5 |
| 评判数据（kN）（≥95%*RTS*） | | | | | ≥381.6 | | | |
| 试验结果 | | | | | 1. 厂家 1 生产的 3 个导线试件均合格，试验合格；<br>2. 厂家 6 生产的 3 个导线试件均合格，试验合格 | | | |

由表 7-8 可知，厂家 1 和厂家 6 生产的导线试件的拉断力均大于 95%*RTS*，故导线试压接试验合格，均可用于试展放工程试验。

### （二）施工机具抽检试验

用于 1660mm² 导线试展放试验的专用配套施工机具已由中国电科院研发，并由相关厂家进行生产。在工程使用前进行了专用施工机具的抽检工作，确保机具质量。配套施工机具信息如表 7-9 所示。

表 7-9　配套施工机具信息

| 生产厂家 | 机具名称 | 型号 | 是否有型式试验报告 | 是否有出厂试验报告 |
|---|---|---|---|---|
| 厂家 1 | 放线滑车 | SH-D-3NJ-1500/140 | 有 | 有 |
| 厂家 2 | 装配式牵引器 | SL-QT-1660 | 有 | 有 |
| 厂家 3 | 接续管保护装置 | $SJ_{II}$-$\phi$80×1380/49（普通型）；<br>$SJ_{II}$-$\phi$80×1380/49-B（轻型） | 有 | 有 |
| 厂家 4 | 牵引板 | SB-2B-182/250 | 有 | 有 |

抽检工作包括检验配套施工机具的型式试验报告和出厂试验报告是否有效，参考 DL/T 875—2016《架空输电线路施工机具基本技术条件》，对放线滑车、装配式牵引器和牵引板进行了抽检试验，试验要求见表 7-10。

表 7-10　各专用施工机具抽检试验要求

| 序号 | 名称 | 样品数量（个） | 额定载荷（kN） | 加载倍率 | 试验载荷（kN） | 保持时间（min） |
|---|---|---|---|---|---|---|
| 1 | 装配式牵引器 | 3 | 125 | 1.25 | 156.25 | 10 |
| 2 | 放线滑车 | 3 | 140 | 1.25 | 175.00 | 10 |
| 3 | 牵引板 | 3 | 250 | 1.25 | 375.00 | 5 |

按照要求采用拉力机对施工机具进行力学性能试验，如图 7-3 所示。经抽检试验验证，放线滑车、装配式牵引器、牵引板合格，可用于 1660mm² 导线过滑车试验。

(a)

(b)

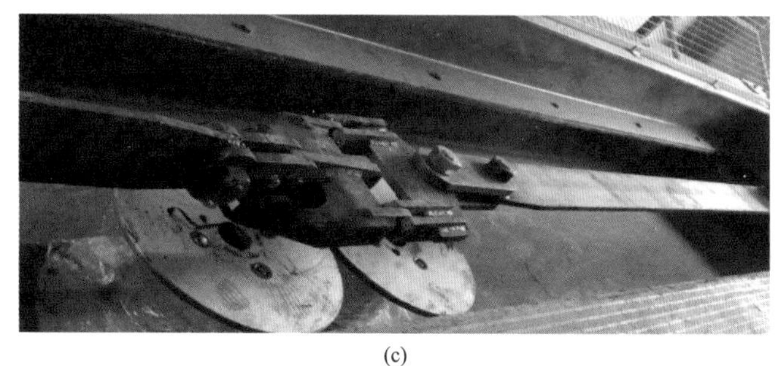

(c)

图 7-3　配套施工机具抽检试验

(a) 装配式牵引器；(b) 放线滑车；(c) 牵引板

综上所述，完成了 1660mm² 导线的试压接试验和配套施工机具抽检试验，为导线试展放工程试验提供了安全保证。

## 三、过滑车试验分析

### （一）机具工程应用分析

过滑车试验中子导线平均展放张力为 123.7kN，约为 1660mm² 导线的 15.4%$RTS$，放线速度控制在 5km/h。安装在各塔位的摄像头记录了过滑车试验中配套牵引板、装配式牵引器、接续管保护装置的状态，如图 7-4 所示。

(a)

(b)

(c)

图 7-4　专用配套施工机具过滑车试验

(a) N8414 塔位（张力场）牵引板过滑车；(b) N8407 塔位装配式牵引器过滑车；(c) N8412 塔位接续管保护装置过滑车

由图 7-4 可以看出，装配式牵引器、接续管保护装置、牵引板与 1660mm$^2$ 导线配合良好，无脱落、断线等事故发生，且均能顺利通过放线滑车。1660mm$^2$ 导线试展放过滑车试验，由上述机具组成的牵引系统可确保导线顺利通过 20 个放线滑车，且放线滑车运转无阻滞现象。

（二）导线外观分析

在牵引板经过 N8401 塔位后，将 1660mm$^2$ 导线缓慢放下并拆除接续管保护装置。导线形态和表面情况，以及专用施工机具状态见图 7-5。

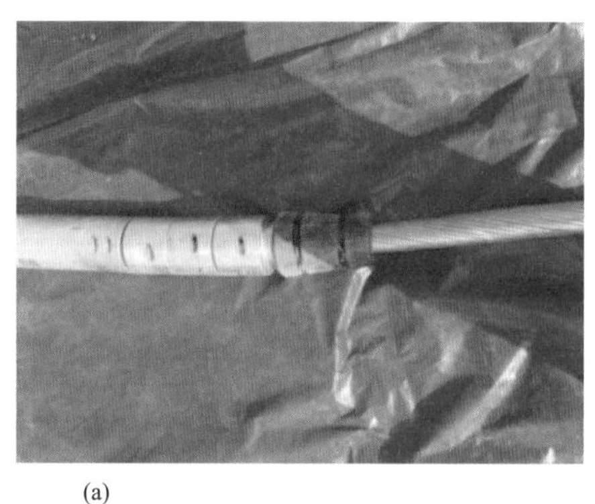

(a)

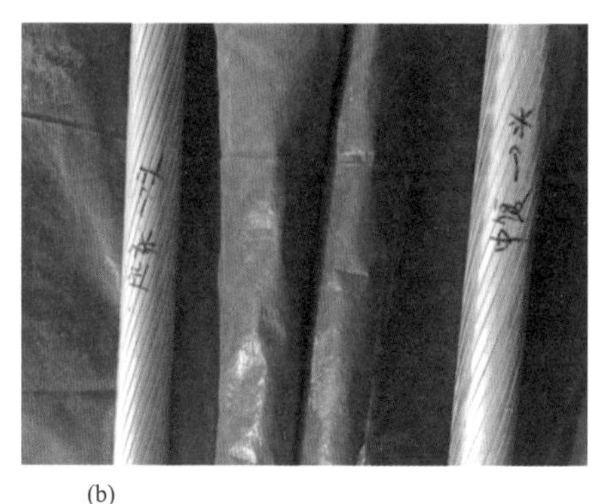

(b)

(c)

图 7-5　导线和专用施工机具完成过滑车试验后的情况

（a）牵引板和接续管保护装置下落后的状态；（b）导线下落后形态和表面情况；
（c）装配式牵引器后导线的形态和表面情况

由图 7-5 可以看出，1660mm$^2$ 导线试件经过 20 个槽底直径为 1500mm 的放线滑车落地后，导线表面均无明显划痕，导线无明显松股。

接续管保护装置拆除后观察，导线无折损、断线等外观缺陷，导线与展放前外观基本无异。展放试验后接续管保护装置、装配式牵引器拆卸方便，滑车各轮片转动灵活。试验基本验证了装配式牵引器、接续管保护装置和放线滑车等专门研制的施工机具与 1660mm$^2$ 导线适配良好。

## 四、过滑车试验后导线性能试验

对过滑车试验后的 1660mm$^2$ 导线性能进行试验检测，试验内容及分析如下。

### （一） 铝单线机械性能试验研究

1. 试验结果

导线过 1500mm 槽底直径滑车后铝单线机械性能测试结果见表 7-11。

表 7-11　铝单线机械性能　MPa

| 厂家 | 试件 | 最大抗拉强度 | 最小抗拉强度 | 平均值 | 过滑车后强度/原强度 |
|---|---|---|---|---|---|
| 厂家 1 | 新线试件 | 124.6 | 111.0 | 118 | 1.02 |
| | 过滑车试验后试件 | 129.8 | 110.2 | 120 | |
| 厂家 6 | 新线试件 | 118.8 | 110.6 | 111 | 1.04 |
| | 过滑车试验后试件 | 119.7 | 110.7 | 115 | |

2. 结果分析

（1） 两个厂家的 1660mm$^2$ 导线过滑车试验后铝单线抗拉强度均满足标准要求。

（2） 过滑车试验后，铝单线强度没有降低，且强度平均值比原强度平均值要大，这可能是材料加工硬化所致。

### （二） 芯棒性能试验研究

1. 试验结果

芯棒卷绕试验、扭转试验与径向耐压试验结果见表 7-12。

2. 结果分析

（1） 两个厂家的 1660mm$^2$ 导线过滑车试验后芯棒的抗拉强度、径向耐压、扭转试验结果均满足标准要求。

（2） 同一厂家同一批次的导线试验后的芯棒抗拉强度相差较大，主要原因可能有两个：①厂家批量生产的芯棒性能缺乏稳定性；②芯棒抗拉强度试验结果存在分散性，可能与芯棒和楔形线夹配合有关。

（3） 厂家 1 过滑车试验后的芯棒强度平均值比原强度平均值略大，厂家 6 过滑车试验后的芯棒强度平均值比原强度平均值略小，这可能是测量的分散性所致，过滑车试验后芯棒强度没有大幅降低。

表 7-12　　芯棒性能试验结果　　MPa

| 厂家 | 试件 | 芯棒直径（mm） | 抗拉强度 | 平均值 | 过滑车后强度/原强度 | 径向耐压 | 卷绕 | 扭转 | 扭转后强度 | 平均值 | 扭转后强度/原强度 |
|---|---|---|---|---|---|---|---|---|---|---|---|
| 厂家 1 | 新线试件 | 11.01 | 2930 | 2841 | 1.02 | 合格 | 合格 | 合格 | 2885 | 2884 | 1.01 |
| | | 11.01 | 2852 | | | | | | 2904 | | |
| | | 11.01 | 2741 | | | | | | 2863 | | |
| | 过滑车试验后试件 | 11.01 | 2844 | 2904 | | | | | 2939 | 2900 | |
| | | 11.01 | 2956 | | | | | | 2895 | | |
| | | 11.01 | 2913 | | | | | | 2865 | | |
| 厂家 6 | 新线试件 | 10.99 | 2769 | 2751 | 0.97 | | | | 2809 | 2784 | 0.98 |
| | | 11.00 | 2719 | | | | | | 2799 | | |
| | | 10.99 | 2766 | | | | | | 2745 | | |
| | 过滑车试验后试件 | 10.99 | 2705 | 2675 | | | | | 2720 | 2715 | |
| | | 11.00 | 2612 | | | | | | 2744 | | |
| | | 11.00 | 2709 | | | | | | 2682 | | |

注　1. 芯棒的抗拉强度要求不小于 2400MPa；
2. 芯棒径向耐压试验的破坏压力应大于 30kN；
3. 复合芯棒卷绕试验应在 $50d$ 直径的筒体上，以不大于 3r/min 的速度卷绕 1 圈并保持 2min，芯棒不开裂、不断裂；
4. 卷绕试验后截取 $170d$ 长度的复合芯棒试样以不大于 2r/min 的速度扭转 360°进行试验，其表层应不开裂，且扭转后的抗拉强度满足相应的规定。

## （三）电性能试验研究

1. 试验结果

导线电性能试验结果见表 7-13。

**表 7-13　　电性能试验结果**

| 厂家 | 试件 | 20℃的铝单线直流电阻率（nΩ·m） | | | 20℃的绞线单位直流电阻（Ω/km） | | |
|---|---|---|---|---|---|---|---|
| | | 要求值 | 实测值 | 过滑车后电阻率/原电阻率 | 要求值 | 实测值 | 过滑车后电阻/原电阻 |
| 厂家 1 | 新线试件 | ≤27.808 | 27.606 | 1.01 | ≤0.01725 | 0.01700 | 1.00 |
| | 过滑车试验后试件 | | 27.768 | | | 0.01700 | |
| 厂家 6 | 新线试件 | | 27.585 | 1.00 | | 0.01695 | 1.01 |
| | 过滑车试验后试件 | | 27.707 | | | 0.01706 | |

2. 结果分析

（1）两个厂家的 $1660mm^2$ 导线过 1500mm 槽底直径滑车试验后 20℃的铝单线直流电阻率以及 20℃的绞线单位直流电阻均满足标准要求。

（2）过滑车试验后，20℃的铝单线直流电阻率不小于原铝单线直流电阻率，20℃的绞线单位直流电阻平均值不小于原绞线的单位直流电阻平均值，这可能是测量的分散性所致。

## （四）绞线拉断力试验研究

1. 试验结果

绞线两端使用耐张线夹时的拉断力试验结果见表 7-14。

**表 7-14　　绞线拉断力试验结果　　kN**

| 厂家 | 试件 | 要求值 | 实测值 | 平均值 | 过滑车后绞线拉断力/原拉断力 | 试验情况 |
|---|---|---|---|---|---|---|
| 厂家 1 | 新线试件 | ≥381.6（401.635×95%） | 427.2 | 427.4 | 0.94 | 耐张线夹出口绞线断 |
| | | | 422.4 | | | 耐张线夹出口绞线断 |
| | | | 432.6 | | | 耐张线夹出口绞线断 |
| | 过滑车试验后试件 | | 389.0 | 402.2 | | 耐张线夹出口绞线断 |
| | | | 419.8 | | | 耐张线夹出口绞线断 |
| | | | 397.8 | | | 耐张线夹出口绞线断 |
| 厂家 6 | 新线试件 | | 409.8 | 416.4 | 0.99 | 耐张线夹出口绞线断 |
| | | | 425.0 | | | 耐张线夹出口绞线断 |
| | | | 414.4 | | | 耐张线夹出口绞线断 |
| | 过滑车试验后试件 | | 405.4 | 410.8 | | 耐张线夹出口绞线断 |
| | | | 417.6 | | | 耐张线夹出口绞线断 |
| | | | 409.4 | | | 耐张线夹出口绞线断 |

2. 结果分析

(1) 1660mm$^2$ 导线过滑车试验后绞线拉断力均满足标准要求。

(2) 过滑车试验后的绞线拉断力平均值均小于原绞线拉断力平均值，这可能是过滑车试验后绞线发生一定程度的变形导致强度损失。

(五) 导线检测结果分析

通过试展放过滑车试验可以确定，厂家 1 和厂家 6 的导线检测指标均满足相关标准要求，1660mm$^2$ 导线与新研制放线滑车及配套机具在展放过程中适配良好，且制定的展放工艺可行，能够指导 1660mm$^2$ 导线展放施工，也验证了对于 1660mm$^2$ 导线采用不定长张力放线方式的可行性。

## 第三节　过张力机试验

### 一、试验方案概述

开展 1660mm$^2$ 导线过张力机试验，主要为研究导线放线质量与张力机主卷筒槽底直径之间的关系，并验证新研制的 SA-ZY-2×100 型张力机对 1660mm$^2$ 导线的适配性，以及配套网套连接器的可靠性。

试验使用一台张力机和一台牵引机，布置在一条直线上，一牵一张，使 1660mm$^2$ 导线通过张力机卷筒，试验前、后对导线试样机电性能进行分析。试验场布置示意图如图 7-6 所示。

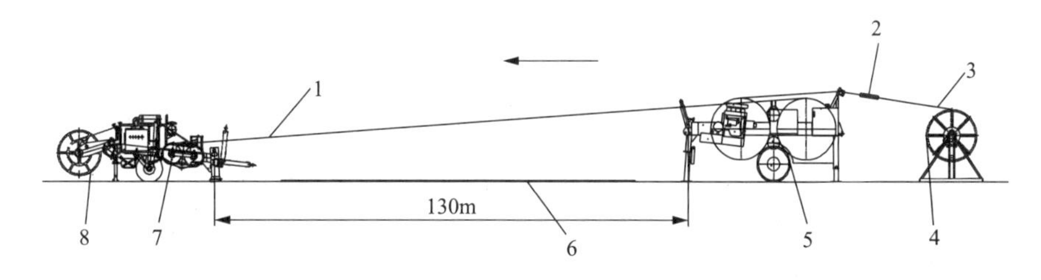


图 7-6　试验场布置示意图

1—钢丝绳；2—抗弯旋转连接器及网套连接器；3—试验导线；4—导线交货盘及尾车；5—张力机；6—塑料布；7—牵引机；8—钢丝绳收线盘

过张力机试验步骤设计如下：

(1) 根据试验方案准备张力机、牵引机、网套连接器等机具及导线试件，按照试验方案布置试验场。选取每个厂家的导线 150m，用油性笔标记编号。

(2) 选择方径 20mm 的防扭钢丝绳按照展放形式及现场布置提前卷绕在张力机和牵引机上，导线试件在进入张力机前通过网套连接器和抗弯旋转连接器与防扭钢丝绳连在一起。

(3) 安装网套连接器前测量导线两端的缩芯量。导线试件正式展放前，调节确保导线展放张力为 25%$RTS$。用防扭钢丝绳牵引导线以 6m/min 的速度通过张力机。

(4) 导线在交货盘上剩余 10m 时停止展放，用卡线器进行临锚，通过网套连接器和抗弯旋转连接器更换导线。用记号笔在网套连接器和卡线器钳口处做标记，卸下卡线器。

（5）一个厂家的导线完全通过张力机后，用卡线器对下一个厂家的导线进行临锚，卸下完成试验的导线试件。测量网套连接器的滑移及试验后导线两端的缩芯量。采用数码照相机对完成试验的导线试件进行图像记录，观测导线是否出现明显压痕或散股等现象，并记录数据。

（6）全部试验结束后，将导线试件运回试验室进行机电性能检测。包装导线试件时线盘直径应大于 2m。

（7）通过导线过张力机前后机电性能参数的变化，研究张力机主卷筒槽底直径对导线放线质量的影响。

## 二、试验前准备

在过张力机试验中，涉及的施工机具包括网套连接器、装配式牵引器。其中，装配式牵引器与导线的配合性试验已在过滑车试验前进行了验证。网套连接器型号为 SL-W-120，为 1250mm$^2$ 大截面导线用网套连接器，经型式试验合格。需通过抽检试验验证网套连接器与 1660mm$^2$ 导线的适配性。网套连接器抽检试验相关要求见表 7-15。

表 7-15　网套连接器抽检试验要求

| 名称 | 样品数量（个） | 额定载荷（kN） | 加载倍率 | 试验载荷（kN） | 保持时间（min） |
| --- | --- | --- | --- | --- | --- |
| 网套连接器 | 3 | 125 | 1.25 | 156.25 | 10 |

开展配合性试验时，取 3 个网套连接器样品，利用卧式拉力机采用对拉的方式开展配合性试验，如图 7-7 所示。

图 7-7　网套连接器与导线配合性试验

加载结束后，SL-W-120 型网套连接器与 1660mm$^2$ 导线之间无明显的滑移，导线无明显破坏，且网套连接器装卸自如，可判定 SL-W-120 型网套连接器与 1660mm$^2$ 导线配合良好，能够满足工程应用要求。另外，在开展过张力机工程试验前，要求操作人员经厂家培训，并对新研制的 SA-ZY-2×100 型张力机进行试运行操作，确保试验顺利进行。

## 三、主卷筒槽底直径对放线质量的影响

在 1660mm$^2$ 导线研制初期，还没有研制出主卷筒槽底直径为 2200mm 的 SA-ZY-2×100 型张力机，中国电科院为研究主卷筒槽底直径对放线质量的影响，先后开展了 1660mm$^2$ 导线与工程上常用的主卷筒槽底直径为 1500、1700、1850mm 的三种张力机的

配合性试验。

用两个厂家的1660mm² 导线做过主卷筒槽底直径分别为1500、1700、1850mm张力机的配合性试验。试验后从导线外观来看，过不同槽底直径张力机后的导线均无明显散股、松股情况，不同厂家生产的相同规格的导线在过同一张力机后导线表面散股程度有小差异，过张力机后的导线大都存在微量缩芯。由于存在散股的导线散股距离很小，单从外观并不能明显反映出张力机主卷筒槽底直径对放线质量的影响。

从芯棒性能试验数据可见，有试件过卷筒槽底直径为1500、1700、1850mm张力机的芯棒抗拉强度低于要求值，但芯棒抗拉强度不随张力机主卷筒槽底直径增长呈规律性变化，可能与试件数量少或产品研制初期性能不稳定有关。

由此可知，现有的张力机不能满足1660mm² 导线的工程放线需求，需开展更大主卷筒槽底直径的张力机研制。

## 四、2200mm主卷筒槽底直径张力机对1660mm² 导线的适配性

### （一）过张力机试件外观分析

用两个厂家的1660mm² 导线过卷筒槽底直径为2200mm的张力机，测量网套连接器的滑移及试验后导线两端的缩芯量。采用数码照相机对完成试验的导线试件进行图像记录，见图7-8。

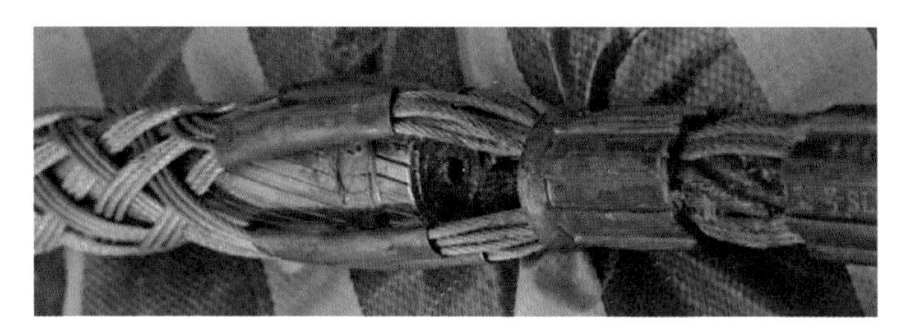

图7-8 导线无缩芯

观测导线是否出现明显压痕、散股、缩芯等现象并记录，现场记录数据见表7-16。

表7-16 过张力机试验现场记录数据 mm

| 厂家 | 张力机主卷筒槽底直径 | 放线张力(kN) | 有无压痕 | 有无散股 | 单丝间距 | 网套滑移 | | 缩芯量 | |
|---|---|---|---|---|---|---|---|---|---|
| | | | | | 平均值 | 首部 | 尾部 | 首部 | 尾部 |
| 厂家1 | 2200 | 100 | 无 | 无 | 0 | 0 | 0 | 2 | 0 |
| 厂家6 | 2200 | 100 | 无 | 无 | 0 | 0 | 0 | 0 | 0 |

由表7-16可以看出，在过张力机试验中SL-W-120型网套连接器与1660mm² 导线之间无明显的滑移，碳纤维复合材料芯无明显缩芯现象，说明SL-W-120型网套连接器能够满足工程应用需求。

厂家1和厂家6生产的1660mm² 导线过张力机主卷筒后的导线形态如图7-9所示。由图可以看出，两个厂家生产的1660mm² 导线过张力机主卷筒后，导线无轻微散股，可初步证明SA-ZY-2×100型张力机与1660mm² 导线适配良好。

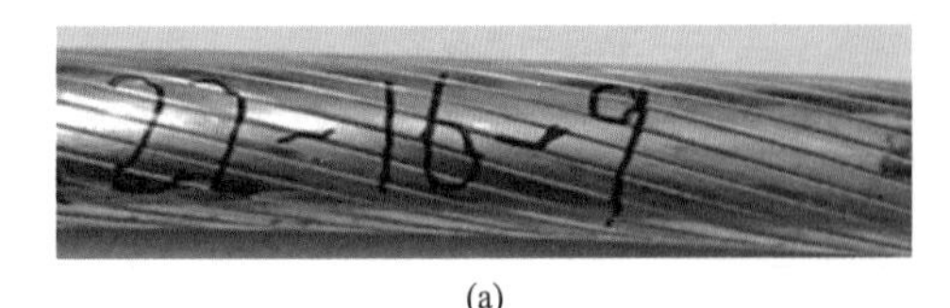


(a)

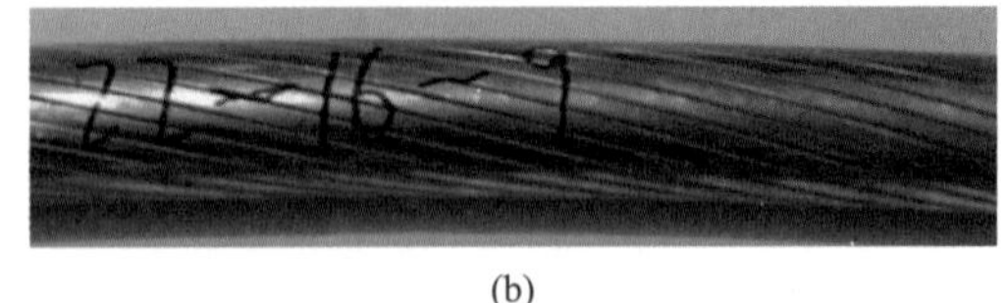


(b)

图 7-9　过张力机试验后的导线形态

（a）厂家 1 导线；（b）厂家 6 导线

测量记录后，通过张力机反牵将导线试件重新卷绕在导线盘上。试验结束后，将导线试件运回试验室进行性能检测，以便进一步分析过张力机试验前后导线性能参数的变化，研究张力机主卷筒槽底直径对 1660mm² 导线放线质量的影响。

### （二）过张力机试验后的导线性能试验

对过张力机试验后的 1660mm² 导线进行性能检测，试验内容及分析如下。

1. 铝单线机械性能试验

导线过张力机后铝单线机械性能测试结果见表 7-17。

**表 7-17　　铝单线机械性能测试结果**　　MPa

| 厂家 | 试件 | 最大抗拉强度 | 最小抗拉强度 | 平均值 | 要求值 |
|---|---|---|---|---|---|
| 厂家 1 | 过张力机后试件 | 124.6 | 111.0 | 118 | ≥110 |
| | | 129.4 | 110.5 | 121 | |
| 厂家 6 | 过张力机后试件 | 118.8 | 110.6 | 111 | ≥110 |
| | | 125.0 | 112.1 | 116 | |

两个厂家的 1660mm² 导线过 2200mm 主卷筒槽底直径张力机后铝单线抗拉强度均满足标准要求。

2. 芯棒性能试验

芯棒卷绕试验、扭转试验与径向耐压试验结果见表 7-18。

**表 7-18　　芯棒性能试验结果**　　MPa

| 厂家 | 试件 | 芯棒直径（mm） | 抗拉强度 | 平均值 | 径向耐压 | 卷绕 | 扭转 | 扭转后强度 | 平均值 |
|---|---|---|---|---|---|---|---|---|---|
| 厂家 1 | 过张力机后试件 | 11.01、11.01、11.01 | 2930、2852、2741 | 2841 | 合格 | 合格 | 合格 | 2885、2904、2863 | 2884 |
| | | 11.01、11.00、11.00 | 2958、2970、2879 | 2936 | | | | 2814、2892、2824 | 2843 |
| 厂家 6 | 过张力机后试件 | 10.99、11.00、10.99 | 2769、2719、2766 | 2751 | | | | 2809、2799、2745 | 2784 |
| | | 10.99、10.99、10.98 | 2754、2722、2813 | 2763 | | | | 2815、2857、2836 | 2836 |

**注**　1. 芯棒的抗拉强度要求不小于 2400MPa；
2. 芯棒径向耐压试验的破坏压力应大于 30kN；
3. 卷绕试验复合芯棒应在 50$d$ 直径的筒体上以不大于 3r/min 的速度卷绕 1 圈并保持 2min，芯棒不开裂、不断裂；
4. 卷绕试验后，应截取 170$d$ 长度的复合芯棒试样，以不大于 2r/min 的速度扭转 360°，试验结束后其表层应不开裂，且扭转后的抗拉强度符合相应的规定。

由表 7-18 试验数据可知：

（1）过张力机试验后两个厂家的 1660mm² 导线芯棒的抗拉强度、径向耐压试验、扭转试验结果均满足标准要求，说明 2200mm 卷筒槽底直径的张力机可以满足 1660mm² 导线工程放线需求。

（2）同一厂家的导线试验后的芯棒抗拉强度相差较大，主要原因有两个：①厂家批量生产的芯棒性能缺乏稳定性；②芯棒抗拉强度试验结果存在分散性，可能与芯棒和楔形线夹配合有关。

3. 电性能试验

导线电性能测试结果见表 7-19，可见过张力机试验后两个厂家的 1660mm² 导线 20℃的铝单线直流电阻率以及 20℃的绞线单位直流电阻均满足标准要求。

**表 7-19　导线电性能测试结果**

| 厂家 | 试件 | 20℃的铝单线直流电阻率（nΩ·m） | | 20℃的绞线单位直流电阻（Ω/km） | |
|---|---|---|---|---|---|
| | | 要求值 | 实测值 | 要求值 | 实测值 |
| 厂家 1 | 过张力机后试件 | ≤27.808 | 27.606 | ≤0.01725 | 0.01700 |
| | | | 27.426 | | 0.01690 |
| 厂家 6 | 过张力机后试件 | | 27.585 | | 0.01695 |
| | | | 27.390 | | 0.01703 |

4. 绞线拉断力试验

绞线两端使用耐张线夹的拉断力试验结果见表 7-20。

**表 7-20　绞线拉断力试验结果**　kN

| 厂家 | 试件 | 要求值 | 实测值 | 平均值 | 检测情况 |
|---|---|---|---|---|---|
| 厂家 1 | 过张力机后试件 | ≥381.6（401.635×95%） | 427.2 | 427.4 | 耐张线夹出口绞线断 |
| | | | 422.4 | | 耐张线夹出口绞线断 |
| | | | 432.6 | | 耐张线夹出口绞线断 |
| | | | 405.0 | 417.5 | 耐张线夹出口绞线断 |
| | | | 427.6 | | 耐张线夹出口绞线断 |
| | | | 419.8 | | 耐张线夹出口绞线断 |
| 厂家 6 | 过张力机后试件 | | 409.8 | 416.4 | 耐张线夹出口绞线断 |
| | | | 425.0 | | 耐张线夹出口绞线断 |
| | | | 414.4 | | 耐张线夹出口绞线断 |
| | | | 423.2 | 428.9 | 耐张线夹出口绞线断 |
| | | | 438.0 | | 耐张线夹出口绞线断 |
| | | | 425.5 | | 耐张线夹出口绞线断 |

两个厂家导线过 SA-ZY-2×100 型张力机试验后拉断力均满足标准要求。

5. 导线检测结果分析

过张力机试验后的 1660mm² 导线，经现场表面观察和导线性能试验验证，导线性能满足标准要求，表明 1660mm² 导线和 SA-ZY-2×100 型张力机、SL-W-120 型网套连接器配合良好，这些机具可用于 1660mm² 导线工程展放。

## 第四节 紧 线 试 验

### 一、试验方案概述

开展 1660mm² 导线紧线试验，主要为研究 1660mm² 导线配套卡线器的工程适用性，验证 1660mm² 导线紧线施工工艺，分析 1660mm² 导线的蠕变规律。紧线试验采用厂家 1 生产的 1660mm² 导线，并根据紧线段的铁塔布置选取要求，确定试验场地为昌吉—古泉 ±1100kV 特高压直流输电线路工程 23 标段的 N8543～N8545 耐张段，耐张段长 1023m，档距分别为 611m 和 412m，塔型分别为 J27101A1-67、Z27102A1-80、J27101A1-64。紧线前后对卡线器与导线配合情况进行观察。紧线后的导线保持 7 天，且每天固定三个时间点对固定观测点张力、弧垂、温度等进行观测记录。

### 二、机具抽检试验

紧线试验主要的施工机具为 SK-LT-125-B 型卡线器，对其开展抽检试验，试验要求见表 7-21。

表 7-21　　卡线器抽检试验要求

| 名称 | 抽检数量（个） | 额定载荷（kN） | 加载倍率 | 试验载荷（kN） | 保持时间（min） |
|---|---|---|---|---|---|
| 卡线器 | 3 | 125 | 1.5 | 187.5 | 10 |

抽取样品 3 个，采用对拉的方式开展抽检试验。截取不短于 10m 的 1660mm² 导线，用 2 把卡线器前后夹持，卡线器后端导线不小于 1m。将样品放在拉力机上进行加载，加载到 187.5kN 保持 10min 后卸载，如图 7-10 所示。

图 7-10　卡线器抽检试验

加载结束后，卡线器与 1660mm² 导线之间无明显的滑移，导线无明显破坏，且卡线器装卸自如。判定 SK-LT-125-B 型卡线器与 1660mm² 导线配合良好，可以进行紧线试验。

## 三、紧线试验分析

### （一）跨越处理及牵张场布置

根据紧线试验方案和试验计划安排，张力场设置在 N8543 耐张塔的小号侧，放置一台新研制的 SA-ZY-2×100 型张力机。牵引场设置在 N8545 耐张塔的大号侧，放置一台 ZQT-80kN 型牵引机。在 N8543～N8545（耐—直—耐）放线段内采用张力放线方式展放导线。

由于受地形限制，张力场距 N8543 塔的距离较近，导致 N8543 塔的滑车包络角较大，所以需在 N8543 塔挂双滑车，以减小导线通过滑车时的包络角，如图 7-11 所示。

图 7-11　N8543 塔挂双滑车

### （二）导线展放

牵引绳通过 8t 旋转连接器及装配式牵引器连接 N8543 侧张力机出口导线，缓慢牵引导线至 N8545 塔位，完成导线展放，如图 7-12 所示。

(a)

(b)

(c)

图 7-12　导线展放过程

(a) 安装旋转连接器及装配式牵引器；(b) 装配式牵引器牵线；(c) 导线展放

### （三）大号侧耐张塔挂线

在 N8545 耐张塔进行空中临锚，取下导线端部的装配式牵引器。在此过程中要将导线端部与手扳葫芦绑缚在一起，避免导线端部自由下垂，在卡线器处形成硬弯，造成导线及芯棒损伤，如图 7-13 所示。

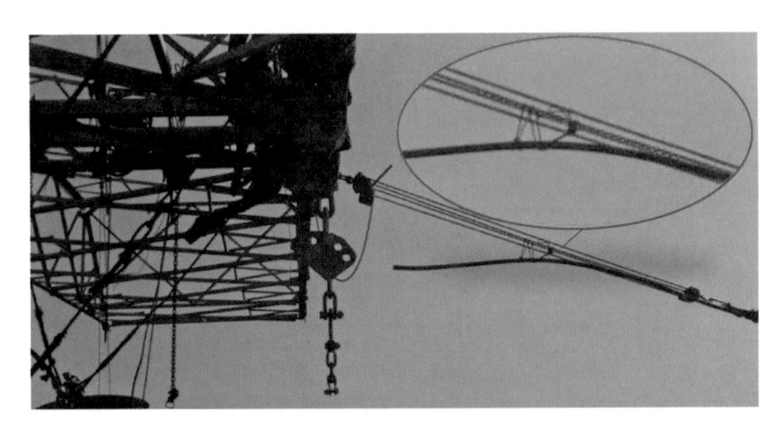

图 7-13　导线空中临锚

按照正确的工艺完成导线端部的断线、剥线、楔形连接件安装以及耐张线夹铝管压接，如图 7-14 所示。

(a)　(b)　(c)　(d)

图 7-14　高空压接施工

(a) 断线；(b) 剥线；(c) 楔形连接件安装；(d) 耐张线夹铝管压接

将碳纤维芯导线耐张线夹与耐张金具串连接好，软挂至横担上。同时用卡线器卡住导线，虚挂在横担上，起到防护作用，以防耐张线夹处出现断线等事故，如图 7-15 所示。

### （四）小号侧耐张塔紧线

在 N8543 耐张塔横担上悬挂好耐张金具串，并在耐张串金具子导线连板（或子导线调整板）上连接紧线滑车组，滑车组选用 100kN“走二走三”紧线滑车组，滑车组前方连接 SK-LT-125-B 型卡线器。

利用 100kN“走二走三”紧线滑车组开始预紧线。收紧过程中，为防止导线在卡线器后端下垂，造成弯曲半径过小损伤导线，需将线尾同步吊起，如图 7-16 所示。

图 7-15　N8545 耐张塔挂线

图 7-16　线尾同步吊起

按照表 7-22 所列条件对单根导线进行紧线试验，使子导线达到弧垂设计值，然后进行画印。

**表 7-22　　N8543-N8545 档架线张力弧垂**

| 架线温度（℃） | 架线张力（N） | 弧垂（m） |
| --- | --- | --- |
| 0 | 100149 | 21.997 |
| 5 | 98547 | 22.355 |
| 10 | 97008 | 22.709 |
| 15 | 95530 | 23.061 |
| 20 | 94109 | 23.409 |
| 25 | 92742 | 23.754 |
| 30 | 91426 | 24.096 |
| 35 | 90158 | 24.435 |
| 40 | 88935 | 24.771 |

### （五）卡线器使用检测

导线紧线时按过牵引 10cm 进行控制，避免过牵引过大造成导线张力过大，引发倒塔等事故。检查导线外层铝股受力变形情况，然后完成紧线，使紧线滑车组不受力，拆除卡线器，检查卡线器滑移情况及卡线器对导线的磨损和挤压情况。

（1）卡线器滑移情况。实际工程中对卡线器卡槽及夹持导线的首、中、尾部做红色标记，挂线后检查卡线器与导线之间的滑移情况。

（2）卡线器对导线的磨损和挤压情况。卸掉卡线器后，检查被夹持导线表面有无压痕，卡线器装、拆是否灵活，有无破坏现象。

根据紧线弧垂反推出紧线施工时卡线器的实际载荷。测试结果见表 7-23。

**表 7-23　　紧线过程卡线器测试结果**

| 样品编号 | 额定负载（kN） | 实际载荷（kN） | 保持时间（min） | 被夹持导线表面质量 | 相对滑移 | 被夹持导线直径 | 卡线器装、拆灵活 | 破坏现象 |
|---|---|---|---|---|---|---|---|---|
| 1 | 125 | 96.30 | 80 | 无压痕 | 无相对滑移 | 无压扁 | 是 | 无破坏 |

试验结果表明，新研制的 SK-LT-125-B 型卡线器与 1660mm$^2$ 导线之间配合良好，能够有效卡紧导线，并且不会对导线造成损伤，满足工程应用要求。

### （六）挂线及附件安装

根据 DL/T 5284—2019《碳纤维复合材料芯架空导线施工工艺导则》要求，完成 N8543 号塔导线端部的断线、剥线、楔形连接件安装以及耐张线夹铝管压接等高空操作，然后在紧线端部金具串中串接拉力传感器，完成挂线。耐张串组装方式示意图如图 7-17 所示。

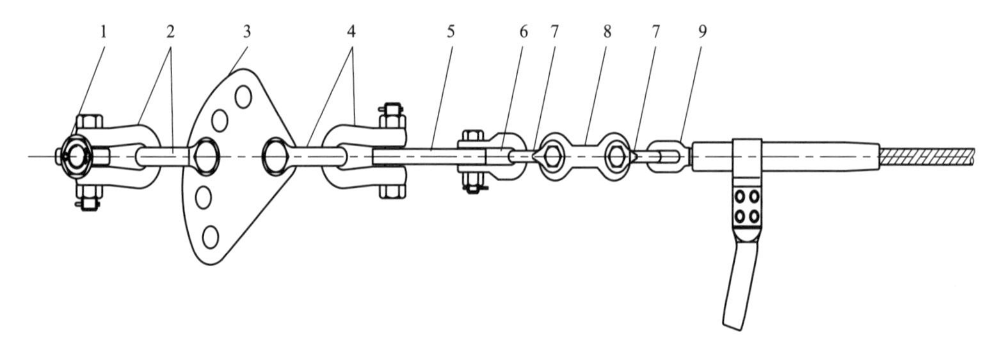


图 7-17　耐张串组装方式示意图

1—挂点金具；2，4，6，7—U 型挂环；3—调整板；5—牵引板；8—200kN 拉力传感器；9—耐张线夹

在压接及挂线过程中，需将耐张线夹的钢锚与钢丝绳绑缚，注意导线尾端不能下垂，之后在 N8544 号塔进行附件安装，完成挂线施工，对放线、锚线、紧线时间进行记录，工程试验中各环节记录信息见表 7-24。

**表 7-24　　紧线试验现场记录表**

| 工序 | 记录事项 | 记录数据 | 备注 |
|---|---|---|---|
| 放线 | 开始时间（日期/时间） | 12.9/11：05 | 张力机 1.5t<br>牵引机 4.2t |
| | 结束时间（日期/时间） | 12.9/12：25 | |
| | 时长（h） | 1.33 | |
| 锚线 | 开始时间 | 12.9/12：25 | — |
| | 结束时间 | 12.10/14：00 | |
| | 时长（h） | 25.58 | |

续表

| 工序 | 记录事项 | 记录数据 | 备注 |
| --- | --- | --- | --- |
| 紧线 | 开始时间 | 12.10/14：00 | 12.11 早上完成挂线 |
| | 结束时间 | 12.10/15：20 | |
| | 时长（h） | 1.33h | |
| | 环境温度（℃） | 5 | |
| | 设计弧垂（m） | 22.355 | |

**注** 时间精确到分。

## （七）紧线试验数据处理

紧线后，挂好导线保持 7 天，并利用经纬仪每天固定 3 个时间点对 N8453～N8454 档的弧垂、拉力传感器的读数进行观测记录，如表 7-25 所示。

**表 7-25　　N8543～N8544 档弧垂观测记录表**

| 序号 | 观测日期 | 观测时间 | 环境温度（℃） | 拉力传感器读数（kN） | 观测弧垂（m） |
| --- | --- | --- | --- | --- | --- |
| 1 | 12.11 | 09：00 | 5 | 96.30 | 23.061 |
| 2 | 12.11 | 13：00 | 13 | 93.46 | 23.770 |
| 3 | 12.11 | 17：00 | 10 | 94.00 | 23.527 |
| 4 | 12.12 | 09：00 | 2 | — | 22.858 |
| 5 | 12.12 | 13：00 | 6 | 96.22 | 23.000 |
| 6 | 12.12 | 16：35 | 7 | 96.44 | 22.956 |
| 7 | 12.13 | 9：00 | 1 | 97.05 | 22.804 |
| 8 | 12.13 | 12：57 | 4 | 96.74 | 22.875 |
| 9 | 12.13 | 17：04 | 5 | 97.64 | — |
| 10 | 12.14 | 8：54 | 3 | 98.58 | 22.536 |
| 11 | 12.14 | 11：04 | 3 | 98.42 | — |
| 12 | 12.14 | 12：41 | 4 | 98.34 | 22.670 |
| 13 | 12.14 | 17：03 | 2 | 98.57 | — |
| 14 | 12.15 | 11：21 | 2 | 98.39 | — |
| 15 | 12.15 | 13：08 | 4 | 98.16 | — |
| 16 | 12.15 | 17：07 | 3 | 98.04 | — |
| 17 | 12.16 | 9：26 | 1 | 98.53 | 22.550 |
| 18 | 12.16 | 12：51 | 6 | 97.24 | 22.860 |
| 19 | 12.16 | 15：17 | 7 | 96.80 | 22.900 |
| 20 | 12.16 | 17：19 | 5 | 97.36 | 22.870 |
| 21 | 12.17 | 9：16 | -1 | 97.93 | 22.510 |

续表

| 序号 | 观测日期 | 观测时间 | 环境温度（℃） | 拉力传感器读数（kN） | 观测弧垂（m） |
|---|---|---|---|---|---|
| 22 | 12.17 | 12∶56 | 6 | 95.11 | 23.240 |
| 23 | 12.17 | 16∶28 | 5 | 96.25 | 23.030 |

**注** 12 月 13～15 日为大雾天气，部分时间无法利用经纬仪测得弧垂。

对弧垂及张力观测数据进行处理和研究，具体内容如下：

（1）拉力传感器记录导线悬点张力，根据档距、荷载、高差角计算导线水平张力。

（2）根据水平张力、荷载、高差角计算观测弧垂。弧垂计算值与观测值误差在 5%以上的记录点可认为是无效点，应删除。

（3）计算观测时间与紧线完成时间的时间差，精确到分。

（4）对每组数据利用状态方程，可求出导线伸长率 ε。

$$\sigma_e^2\left\{\sigma_e+\left[\frac{E_F{\gamma_m}^2l^2}{24{\sigma_m}^2}-\sigma_m+\alpha E_F(t_e-t_m)-E_F\varepsilon\right]\right\}=\frac{E_F\gamma_e^2l^2}{24} \tag{7-1}$$

式中 $\sigma_e$——考虑初伸长的紧线应力，N/mm²；

$\gamma_e$——紧线时的电线比载，N/（m·mm²）；

$t_e$——紧线时的气温，℃；

ε——紧线应力下的导线伸长率；

$\sigma_m$——最终运行期间的电线应力，N/mm²；

$\gamma_m$——最终运行期间的电线比载，N/（m·mm²）；

$t_m$——最终运行期间气温，℃；

$E_F$——最终运行期间电线弹性系数；

$l$——档距（对于连续档为代表档距 $l_r$），m；

α——电线温度线膨胀系数，1/℃。

（5）将导线伸长率 ε、经历时间绘制成对数坐标曲线（即蠕变曲线），与实验室型式试验得出的数据进行对比。由于 12 月 12～13 日 N8543 号塔小号侧进行工程用 1250mm² 大截面导线的紧、挂线工作，观测的弧垂数据不具备参考性，试验数据从 12 月 14 日开始。将工程试验现场的蠕变曲线与实验室的蠕变曲线进行对比，如图 7-18 所示。

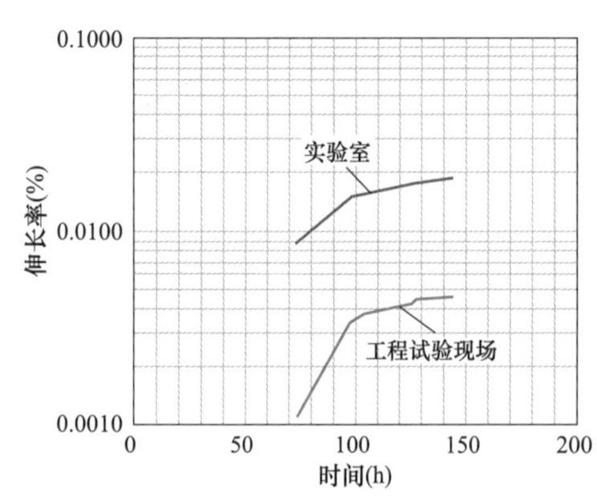


图 7-18 工程试验现场的蠕变曲线与实验室的蠕变曲线对比

从图 7-18 可得出以下结论：

（1）现场实测导线伸长率明显小于实验室伸长率。分析原因可能是因为在观测记录之前导线经过放线、紧线、临锚、挂线，已经释放一定程度的结构变形。

（2）实验室导线伸长率与工程试验现场导线伸长率随着时间的推移，都呈增长趋势。

（3）本次试验无法测量现场临锚时间内的结构性伸长；现场导线伸长率与实验室导线伸长率差距较大的原因可能是实验室试验方法选取导致实验室导线伸长率偏大。

# 第五节　试验方法总结

## 一、工程试验设计

工程试验是研究张力放线施工技术及配套施工机具对导线损伤影响程度的主要方法，包括实验室试验及工程展放试验。实验室试验主要包括施工工艺参数试验、施工机具性能试验及适用性试验等。工程展放试验能够在真实展放条件下全面验证导线的结构稳定性及展放特性、施工工艺及主要施工参数选择的合理性，以及牵张设备、放线滑车及接续管保护装置等展放施工机具的适配性，并为工程应用提供直接指导。所以工程试验在大截面及新型导线的研制与工程应用中起着重要作用。

为研究单一施工工艺对导线施工质量的影响，首先将过滑车试验、过张力机试验、紧线试验设计为三个独立试验；然后，根据选定试验区段编制确实可行的工程试验方案；其次，准备试验条件，开展工程试验；最后，试验结束后对试验结果进行分析，得出试验结论。工程试验流程见图 7-19。

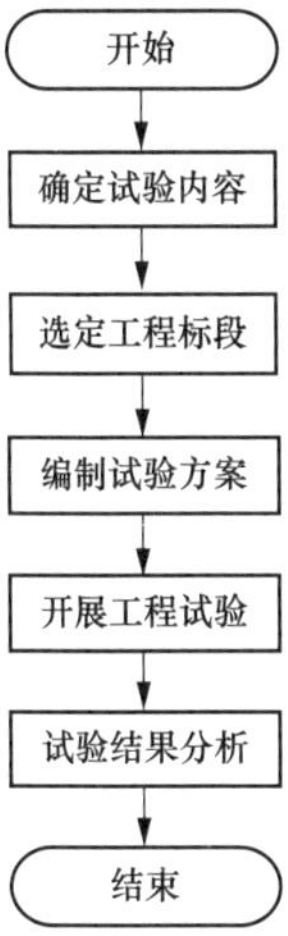

开始
确定试验内容
选定工程标段
编制试验方案
开展工程试验
试验结果分析
结束

图 7-19　工程试验流程图

## 二、创新性方法

1660mm$^2$ 导线工程试验所采用的试验方法，既满足 1660mm$^2$ 导线用施工机具及施工工艺的研究，同时也引领了新型导线研制过程中相关技术的发展，研究成果处于国内领先水平，取得了如下创新：

（1）本工程试验将过滑车试验、过张力机试验、紧线试验设计为三个独立试验，侧重单个工艺参数或单类施工机具的试验与验证，研究在特定条件下施工参数或施工机具对导线损伤的影响。

（2）得出导线张力放线及紧线过程中，在导线损伤允许程度内关键参数选用或施工机具设计的边界值，为新型导线配套机具及相关施工工艺的研究及应用提供技术基础。

# 参 考 文 献


[1] 万建成，等. 架空导线应用技术［M］. 北京：中国电力出版社，2015.

[2] 叶鸿声，毛庆传，王彬. 铝包钢芯高导电率铝绞线在输电线路中的应用［J］. 电力建设，2014，35（8）：108-112.

[3] 丁广鑫，孙竹森，张强，等. 节能导线在输电线路中的应用分析［J］. 电网技术，2012：24-30.

[4] 刘东雨，李文杰，韩钰，等. 高电导率耐热铝合金导体材料的合金设计［J］. 材料热处理学报，2014（S1）：17-21.

[5] 杨小平，黄志彬，张志勇，等. 实现节能减排的碳纤维复合材料应用进展［J］. 材料导报：综述篇，2010，24（2）：1-5.

[6] 孙微，贺福. 高端新产品一碳纤维复合芯电缆［J］. 化工新型材料，2010，38（6）：16-17.

[7] 杨宁. ACCC碳纤维复合芯导线技术在我国的应用前景分析［J］. 电器应用，2008，27（5）：50-52.

[8] 黄晓艳. 碳纤维复合芯导线设计安装运行经验交流会［C］. 北京，2010：121-122.

[9] 黄先绪. ACCC碳纤维复合芯铝绞线导线应用探讨［J］. 湖北电力，2006，30（12）：44-57.

[10] 黄礼平，张颖璐，李金福. 碳纤维复合芯导线输送能力的试验和运行分析［J］. 电力建设，2008，29（12）：44-47.

[11] Nakada M，Miyano Y，Kinoshita M，et al. Time-Temperature Dependence of Tensile Strength of Unidirectional CFRP［J］. Journal of Composite Materials，2002，36（22）：2567-2581.

[12] Bosze E J，Alawar A，Bertschger O，et al. High-temperature strength and storage modulus in unidirectional hybrid composites［J］. Composites Science and Technology，2006，66（13）：1963-1969.

[13] 余长水，余虹云，曹钧. 碳纤维复合芯铝导线高温拉断力探讨［J］. 浙江电力，2008，27（3）：44-47.

[14] Burks B，Middleton J，Kumosa M. Micromechanics modeling of fatigue failure mechanisms in a hybrid polymer matrix composite［J］. Composites Science and Technology，2012，72（15）：1863-1869.

[15] 姜文东，张勇. 碳纤维复合芯导线在线路增容工程中的应用 [J]. 华东电力，2009，37 (3)：418-421.
[16] 庞士顺，桂和怀，黄成云. 碳纤维复合芯导线的施工工艺 [J]. 电力建设，2010，31 (05)：49-52.
[17] 黄鹏贤，陈强. 碳纤维复合芯导线跨江架线施工技术的探讨 [J]. 海峡科学，2010，6 (10)：52-54.
[18] 佘刚，孙学文，廖永红，等. 碳纤维复合芯导线施工工艺改进 [J]. 湖北电力，2010，34 (1)：57-58.
[19] Abdullah A B M，Rice J A，Hamilton H R，et al. An investigation on stressing and breakage response of a prestressing strand using an efficient finite element model [J]. Engineering Structures，2016，123：213-224.
[20] 蒋平海. 放线滑轮底径对滑车摩阻系数及导线磨损的影响 [J]. 电力建设，2009 (1)：8-11.
[21] 施渊吉，黎军顽，吴晓春，等. 汽车法兰盘热锻模具磨损失效的试验分析和数值研究 [J]. 摩擦学学报，2016，36 (2)：215-225.
[22] Burks B，Middleton J，Armentrout D，et al. Effect of excessive bending on residual tensile strength of hybrid composite rods [J]. Composites Science and Technology，2010，70 (10)：1490-1496.
[23] 何州文，陈新，王秋玲，等. 国内碳纤维复合芯导线的研究和应用综述 [J]. 电力建设，2010，31 (4)：90-93.
[24] 柏晓路，李健，徐大成，等. 碳纤维复合芯导线在新建线路中应用的技术经济分析 [J]. 电力建设，2013，34 (10)：29-33.
[25] 董玉明，万建成，王孟，等. 扩径导线在张拉载荷下的股线分层应力的计算 [J]. 电力科学与工程，2015，31 (7)：65-69.
[26] 吴雄文，陈创，陈泽师，等. 绞合型碳纤维芯导线的性能及施工工艺研究 [J]. 电气设备，2014，4.
[27] 徐至伟，路桂来，李若谷. 架空导线用碳纤维复合芯棒强度的有限元模拟 [J]. 电力科学与工程，2014，30 (7)：65-67.
[28] 张春雷，胡平，何凤生. 架空导线碳纤维复合芯棒的结构、组织和性能分析 [J]. 南方电网技术，2012，6 (2)：104-107.
[29] 余虹云，王梁，李瑞，等. 架空导线用碳纤维复合芯棒拉升破坏形式分析 [J]. 中国电力，2014，47 (1)：49-52.
[30] 蒋平海. 放线滑轮槽底直径对滑车摩阻系数及导线磨损的影响 [J]. 电力建设，2009，30 (1)：8-11.
[31] 张光武，王国忠，龚欣明. 架空导线的绞合节距和弯曲半径探讨 [J]. 电线电缆，2011，(3)：15-17.

[32] 黄坤，吴世娟，卢泓方，等. 沿坡敷设输气管道应力分析 [J]. 天然气与石油，2012，30 (4)：1-4.
[33] 潘春平，廖民传，麻闽政. 输电线路增容改造工程导线选型的技术经济性分析 [J]. 南方电网技术，2014，8 (3)：109-113.
[34] 孟宪彬，戴云飞，王红辉. 特制卡线器在碳纤维复合芯导线施工中的应用 [J]. 光纤与电缆及其应用技术，2014 (5)：39-41.

# 后　记

1660mm² 导线在国际上尚属首次研制。针对 JLZ2X1/F2A-1660/95-492 型导线的工程应用，中国电科院开展了大截面碳纤维芯导线施工工艺及配套施工机具研究，取得了丰硕的成果，研究成果填补了大截面碳纤维芯导线施工工艺及配套施工机具在国际上的空白，提升了我国电力线路工程施工水平在国际上的影响力，推进了大截面碳纤维芯导线在电力线路工程中的应用，有力推动了国内碳纤维材料产业的发展，对于带动相关产业升级也具有非常重要的意义。

在国家电网有限公司的统一组织下，由中国电科院和主要施工机具生产厂家共同组成的国内一流的科研攻关团队，针对 1660mm² 导线工程施工需求，深入分析问题来源、强化仿真技术应用、全面完善试验项目，研制了全套施工机具，提出了全流程施工工艺。依托特高压工程完成了展放试验，验证了施工机具的有效性及施工工艺的合理性，为 1660mm² 导线的规模化工程应用奠定了基础。

## 一、深入分析问题根源，解决工程技术难题

1660mm² 导线本体直径和芯棒直径大，在张力放线施工过程中要求更大的弯曲半径。通过增大张力机卷筒、放线滑车滑轮槽底直径的常规方法将大大增加机具的尺寸和质量，给运输和施工造成极大困难，甚至是不可实现的。故对导线进行大量的仿真分析和试验对比，创新提出了导线芯棒破坏、半硬铝单线破坏、导线散股、铝股塑性区发展等失效形式或缺陷状态的判断依据，为 1660mm² 导线施工机具及施工工艺的设计指明了方向，成功解决了工程技术难题。

## 二、全面总结创新设计，提炼机具设计方法

鉴于张力机、放线滑车等施工机具均存在多个运动部件，导线铝股间的受力更是一个复杂的过程，通过创新建立了包含芯棒、铝股等特征的精细化导线有限元模型，考虑导线芯棒与铝股间以及各层铝股间的接触效应、导线在张力机卷筒和放线滑轮上的动态卷绕过程等关键细节，实现施工机具精细化设计。对 1660mm² 导线施工机具设计过程、创新设计方法进行总结、提炼，提出了导线主要施工机具的通用设计方法，为施工机具关键参数确定及精细化设计提供了指导。

## 三、总结工程试验设计方法，保证施工工艺合理性

导线张力放线涉及的施工机具多、施工工序多、施工过程复杂，任何一个环节出现问

题都可能影响导线展放的安全和质量，或者给输电线路的长期安全稳定运行带来隐患。为保证放线张力、过滑车次数、过滑车包络角等施工工艺关键参数的准确性，放线工艺、接续工艺、紧线工艺的合理性，对以往工程试验方法和试验手段进行完善，提出了 1660mm$^2$ 导线工程试验设计方法，为今后类似工作的开展提供了参考。

## 四、引领新型导线施工机具研制

大容量、新材料等新型导线的出现和使用，促进了输电线路张力放线施工机具的性能提升、智能操作和智慧互联，推动了施工工艺的便捷性、可操作性提升。本书全面介绍了 1660mm$^2$ 导线配套施工机具的研制方法，提出了新型导线通用的施工机具设计方法，为今后新型导线推广应用提供理论基础和技术支撑，有效提高我国输电线路施工机具的设计水平，促进导线展放施工技术的进步。